Linux命令行大全

第2版

THE LINUX COMMAND LINE 2ND EDITION

[美] 威廉 · 肖特斯（William Shotts）◎ 著　　门佳 李伟 ◎ 译

人民邮电出版社

北京

图书在版编目（CIP）数据

Linux命令行大全 ： 第2版 / (美) 威廉·肖特斯 (William Shotts) 著 ； 门佳， 李伟译. -- 北京 ： 人民邮电出版社， 2021.3
ISBN 978-7-115-55143-6

Ⅰ. ①L… Ⅱ. ①威… ②门… ③李… Ⅲ. ①Linux操作系统－程序设计 Ⅳ. ①TP316.85

中国版本图书馆CIP数据核字(2020)第208637号

◆ 著　[美] 威廉·肖特斯（William Shotts）
译　门 佳 李 伟
责任编辑　陈聪聪
责任印制　王 郁 彭志环
◆ 人民邮电出版社出版发行　北京市丰台区成寿寺路 11 号
邮编　100164　电子邮件　315@ptpress.com.cn
网址　https://www.ptpress.com.cn
北京七彩京通数码快印有限公司印刷
◆ 开本：800×1000　1/16
印张：27.75　2021 年 3 月第 1 版
字数：616 千字　2024 年 11 月北京第 14 次印刷
著作权合同登记号　图字：01-2019-8027 号

定价：129.00 元

读者服务热线：(010)81055410　印装质量热线：(010)81055316
反盗版热线：(010)81055315
广告经营许可证：京东市监广登字 20170147 号

内容提要

本书对Linux命令行进行详细的介绍，全书内容包括4个部分，第一部分由Shell的介绍开启命令行基础知识的学习之旅；第二部分讲述配置文件的编辑，如何通过命令行控制计算机；第三部分探讨常见的任务与必备工具；第四部分全面介绍Shell编程，读者可通过动手编写Shell脚本掌握Linux命令的应用，从而实现常见计算任务的自动化。通过阅读本书，读者将对Linux命令有更加深入的理解，并且可以将其应用到实际的工作中。

本书适合Linux初学人员、Linux系统管理人员及Linux爱好者阅读。

前　言

我想讲一个故事。这个故事不是林纳斯·本纳第克特·托瓦兹（Linus Benedict Torvalds）在 1991 年如何编写了 Linux 内核的第 1 版，你在很多 Linux 图书中都能找到相关内容。我也不打算向你讲述理查德·马修·斯托曼（Richard Matthew Stallman）在更早之前，如何为了创建一个自由的类 UNIX 系统而发起了 GNU 项目。这也是一件大事，不过大多数 Linux 图书中同样有所讲述。

我想告诉大家的是一个如何夺回计算机控制权的故事。

我开始和计算机打交道时，正值 20 世纪 70 年代，那时我还是一名大学生，一场“革命”同时正在进行。微处理器的发明使你我这样的普通人都有可能拥有一台自己的计算机。今天，很多人难以想象，只有大型公司和政府机构才能够使用计算机的世界是怎样的。只能说，你很难身临其境。

如今，世界已经截然不同。计算机遍布各个领域，从微型腕表到大型数据中心，以及介于二者之间的各种形式。除随处可见的计算机之外，我们还有一个无处不在的网络，它将所有计算机相互连接在一起。这造就了个人赋权和自由创作的奇妙纪元。但在过去的数十年间，还发生着另一些事情。少数大公司将控制权施加到计算机上，决定你对计算机能做什么、不能做什么。庆幸的是，世界各地的人们奋力抗争，通过自己编写软件来维护对自己计算机的控制权。他们创造了 Linux。

在提及 Linux 的时候，很多人会说到“自由”，但是我觉得大多数人并不明白自由的真谛。自由就是有权决定计算机可以做什么，而获得这种自由的唯一方法就是了解计算机正在做什么；自由就是计算机没有秘密可言，只要你足够仔细，任何事情都可以找出答案。

为什么使用命令行

你有没有注意到，电影里的“超级黑客”（就是那些用不了半分钟就能侵入极为安全的计算机的人）端坐在计算机前时，从来都没碰过鼠标？这是因为制片人清楚，作为人类，我们从本能上就知道，要想在计算机上真正“搞定一切”的方式就是通过键盘输入命令！

如今的大多数计算机用户只熟悉图形用户界面（Graphical User Interface，GUI），甚至少数厂商和专家说命令行界面（Command Line Interface，CLI）是过去的玩意儿。这真遗憾，良好的 CLI 是一种极富表达力的人机交互方式，就像人们之间的书信交流一样。“GUI 使简单的任务更简单，而 CLI 使完成艰难的任务成为可能。”这句话放到今天仍然正确。

由于 Linux 操作系统参照了 UNIX 系列操作系统，因此分享了 UNIX 丰富的命令行工具。UNIX 操作系统在 20 世纪 80 年代早期就占据了主流地位（尽管它在 20 世纪 70 年代才被开发出来），GUI 在当时尚未被广泛采用，因此诞生了大量的 CLI。事实上，Linux 的早期实践者选择 Linux 而非 Windows NT 的主要原因之一就是，其强大的 CLI 使“完成艰难的任务成为可能”。

这是一本什么样的书

这是一本全面讲述 Linux 命令行用法的图书。本书从更广泛的意义上向你传授如何使用 CLI、CLI 工作原理、CLI 都有哪些功能，以及最佳实践是什么。

这不是一本有关 Linux 操作系统管理的图书。任何关于命令行的严肃讨论都会不可避免地转向操作系统管理方面的话题，本书仅触及少数管理问题。为了让你能开展后续的学习，本书提供了坚实的命令行基础知识，这可是完成重要的系统管理任务必不可少的工具。

本书以 Linux 为中心，只讨论当前的 Linux 发行版。尽管本书 95%的内容对其他类 UNIX 系统用户也有帮助，但本书主要还是面向目前的 Linux 命令行用户。

学习本书的你

本书适合从其他操作系统转向 Linux 的新用户。你很可能曾是某一版 Windows 的“高手”；也可能是老板让你去管理 Linux 服务器，或是自己走进了像树莓派这样的单板计算机（Single Board Computer，SBC）的神奇新世界；又或者是厌烦了各种安全问题的桌面用户，想要体验 Linux 操作系统。这都无妨，欢迎阅读。

话虽如此，但万事开头难，学习命令行也不例外。学习命令行是一项挑战，需要付出辛勤的汗水。这倒不是说它有多难，而是它涵盖的内容着实广泛。在普通的 Linux 操作系统中，能够在命令行上使用的程序数以千计，这毫不夸张。先提醒你自己，学习命令行可不是件容易的事。

然而，学习 Linux 命令行所带来的回报颇丰。如果你觉得自己是“高手”，那么先等一等吧。你对真正的“力量”还一无所知。而且，不考虑其他的计算机技能，命令行知识是经久不衰的。你今天学到的知识在 10 年后仍旧管用。命令行知识经受得住时间的考验。

如果你没有编程经验，也不用担心，依然可以从本书开始学起。

内容编排

本书的内容经过精心编排，阅读时你会感觉就像有一位老师坐在身旁手把手地指导你。许多作者可能采用系统化的方法来讲解书中的内容。从我的角度来讲，这很合理，但是对初学者而言，可能会让人摸不着头脑。

本书的另一个目标是让你熟悉 UNIX 的思考方式，它不同于 Windows 的思考方式。在此过程中，我们还会帮助你理解命令行的工作原理和方式。Linux 不仅仅是一个软件，还是庞大的 UNIX 文化中的一小部分，有自己的语言和历史。

本书包括 4 个部分，每一部分都涵盖了命令行不同方面的知识。

- 第一部分：学习 Shell。这部分开启命令行基础知识的学习之旅，包括命令结构、浏览文件系统、编辑命令行以及查找命令帮助和文档。
- 第二部分：配置与环境。这部分讲述编辑配置文件，如何通过命令行的方式控制计算机操作。
- 第三部分：常见任务与必备工具。这部分探讨很多在命令行上执行的常规任务。类 UNIX 系统，例如 Linux，包含大量“经典的”命令行程序，可用于对数据执行强有力的操作。
- 第四部分：编写 Shell 脚本。这部分介绍 Shell 编程，它是一项公认的基础技术，但并不难学，很多常见计算任务能借助其实现自动化。通过学习 Shell 编程，你会熟悉一些同样能够应用于其他编程语言中的概念。

如何阅读

从头读到尾。本书不是一本参考书，而更像是一本故事书，有开头，有过程，有结尾。

预备知识

为了阅读本书，你只需要安装好 Linux 操作系统。可以通过下列任意一种方式实现。

在计算机（不用是最新的）上安装 Linux。无论选择哪个 Linux 发行版都没有问题，不过大多数人会从 Ubuntu、Fedora、OpenSUSE 中选择。如果你拿不准，就先试一试Ubuntu。安装现代Linux发行版时，由于硬件配置不同，要么简单至极，要么难得令人发指。建议采用近两年的桌面计算机，至少配备2GB的内存和6GB的空闲磁盘空间。尽可能避免使用笔记本计算机和无线网络，因为这二者经常难以正常工作。

使用LiveCD或U盘。许多Linux发行版有一个挺酷的功能，你可以直接通过CD-ROM或U盘运行Linux，完全不用安装。只需进入BIOS设置界面，将计算机设为从CD-ROM或USB设备启动，然后重启即可。使用这种方法可以在安装之前很好地测试硬件兼容性。缺点在于相较于在硬盘上安装的Linux，运行速度会比较慢。Ubuntu和Fedora（以及其他发行版）都有LiveCD版本。

不管你用哪种方式安装Linux，都会偶尔需要超级用户（也就是管理员）权限来完成本书中的某些任务。

安装好之后，就可以边读边练习了。本书的大部分内容需要你“亲自动手”学习。

为什么没有采用“GNU/Linux”的称谓

在某些群体中，将Linux操作系统称为“GNU/Linux操作系统”。其实不存在哪种称呼“Linux”的方式完全正确，因为它是由遍布世界各地的开发人员共同造就的。从技术层面来讲，Linux只是操作系统内核的名称，仅此而已。内核自然非常重要，没有它，操作系统就无法运转，但是它并不足以构成一个完整的操作系统。

理查德·马修·斯托曼是一位“天才哲学家”。他发起自由软件运动，成立了自由软件基金会，创建了自由软件项目并编写了GNU C语言编译器（GCC）的第一个版本，还制定了GNU通用公共许可证（GNU General Public License，GPL）等。他坚持将Linux称为“GNU/LINUX”，目的是准确地反映GNU项目对Linux操作系统做出的贡献。尽管GNU项目先于Linux内核出现，其贡献有目共睹，不容忽视。但是将GNU也加入名称中，对其他为Linux操作系统的发展做出巨大贡献的人来说是不公平的。除此之外，由于Linux内核先于其他程序启动，因此我觉得“Linux/GNU”这个名称在技术上更为准确。

在目前流行的名称中，“Linux”指代的是内核和在典型的Linux发行版中出现的所有其他自由和开源软件，也就是整个Linux生态环境，而不仅仅是GNU的组成部分。操作系统市场似乎偏好单个词的名称，例如DOS、Windows、macOS、Solaris、Irix、AIX。我也选择使用这个名称。但如果你更喜欢“GNU/Linux”，那么阅读时请在脑海中执行“查找—替换”操作。

第 2 版中的新内容

尽管基本结构和内容保持不变，但第 2 版其实做了各种改善、更新，并与时俱进，其中有很多是基于读者的反馈。除此之外，还有两处特别的改进。首先，本书现在假定使用 Bash 4.x，该版本在初稿时并未广泛使用。Bash 的 4.x 版添加了一些新特性，我们自然不会错过。其次，对本书第四部分进行了更新，提供了更好的脚本实践示例。第四部分中包含的脚本已经做出了修订，以使其更加稳健，同时我还修复了其中的几处错误。

欢迎反馈

就像许多开源软件项目一样，本书的创作也是一个永不止步的项目。如果你发现本书中的技术错误，请给我发送邮件（bshotts@users.sourceforge.net）。

请务必指明你正在阅读的书的确切版本。你的建议可能会被纳入将来的版本中。

资源与支持

本书由异步社区出品，社区（https://www.epubit.com/）为您提供相关资源和后续服务。

提交勘误

作者和编辑尽最大努力来确保书中内容的准确性，但难免会存在疏漏。欢迎您将发现的问题反馈给我们，帮助我们提升图书的质量。

当您发现错误时，请登录异步社区，按书名搜索，进入本书页面，单击“提交勘误”，输入勘误信息，单击“提交”按钮即可。本书的作者和编辑会对您提交的勘误进行审核，确认并接受后，您将获赠异步社区的 100 积分。积分可用于在异步社区兑换优惠券、样书或奖品。

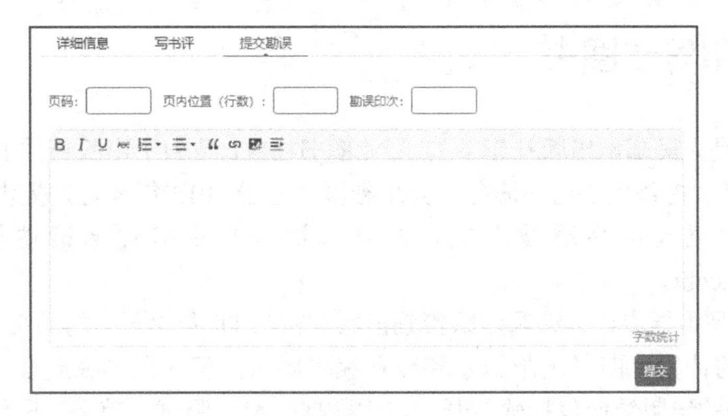

扫码关注本书

扫描下方二维码，您将会在异步社区微信服务号中看到本书信息及相关的服务提示。

与我们联系

我们的联系邮箱是 contact@epubit.com.cn。

如果您对本书有任何疑问或建议，请您发邮件给我们，并请在邮件标题中注明本书书名，以便我们更高效地做出反馈。

如果您有兴趣出版图书、录制教学视频，或者参与图书翻译、技术审校等工作，可以发邮件给我们；有意出版图书的作者也可以到异步社区在线提交投稿（直接访问 www.epubit.com/selfpublish/submission 即可）。

如果您所在的学校、培训机构或企业，想批量购买本书或异步社区出版的其他图书，也可以发邮件给我们。

如果您在网上发现有针对异步社区出品图书的各种形式的盗版行为，包括对图书全部或部分内容的非授权传播，请您将怀疑有侵权行为的链接发邮件给我们。您的这一举动是对作者权益的保护，也是我们持续为您提供有价值的内容的动力之源。

关于异步社区和异步图书

“异步社区”是人民邮电出版社旗下 IT 专业图书社区，致力于出版精品 IT 技术图书和相关学习产品，为作译者提供优质出版服务。异步社区创办于 2015 年 8 月，提供大量精品 IT 技术图书和电子书，以及高品质技术文章和视频课程。更多详情请访问异步社区官网 https://www.epubit.com。

“异步图书”是由异步社区编辑团队策划出版的精品 IT 专业图书的品牌，依托于人民邮电出版社近 30 年的计算机图书出版积累和专业编辑团队，相关图书在封面上印有异步图书的 LOGO。异步图书的出版领域包括软件开发、大数据、AI、测试、前端、网络技术等。

异步社区

微信服务号

目　　录

第一部分　学习 Shell

第二部分　配置与环境

第三部分　常见任务与必备工具

第四部分　编写 Shell 脚本

第一部分

学习 Shell

第1章 什么是 Shell

当我们谈起命令行时，其实指的是 Shell。Shell 是一个程序，它接收由键盘输入的命令并将其传递给操作系统（简称系统）来执行。几乎所有的 Linux 发行版都提供了来自 GNU 项目的 Shell 程序 Bash。Bash 是 Bourne Again Shell 的缩写，以此表明 Bash 是 sh 的增强版，而 sh 是由史蒂夫·伯恩（Steve Bourne）编写的最初的 UNIX Shell 程序。

1.1 终端仿真器

当使用图形用户界面（Graphical User Interface，GUI）时，我们需要另一种叫作终端仿真器（terminal emulator）的程序与 Shell 进行交互。如果仔细查看桌面菜单，应该能在其中找到终端仿真器。在 KDE 下使用的是 konsole，在 GNOME 下使用的是 gnome-terminal，但是在菜单上很可能将它们简单地统称为终端（terminal）。Linux 系统中可用的终端仿真器数目众多，不过基本上做的都是同样的事情：让用户访问 Shell。根据功能特性的不同，你可能会偏好某种终端仿真器。

1.2 小试牛刀

现在就让我们开始吧。启动终端仿真器，随后出现类似于下面的提示符：

```
[me@linuxbox ~]$
```

这叫作Shell提示符，出现在Shell已经准备好接收输入的时候。在不同的Linux发行版中，提示符的格式可能会有所差异，不过通常都包括username@machinename、当前工作目录（稍后详述）及一个$。

如果提示符的最后一个字符是#，而非$，表明该终端会话具有超级用户权限。这就意味着要么我们是以超级用户（root用户）登录的，要么我们选用的终端仿真器提供了超级用户权限。

假设目前为止一切顺利，接下来尝试从键盘输入内容。像这样输入一些字符：

```
[me@linuxbox ~]$ kaekfjaeifj
```

因为这是个毫无意义的命令，所以Shell会报错并让我们重新输入：

```
bash: kaekfjaeifj: command not found
[me@linuxbox ~]$
```

1.2.1 命令历史

如果按上方向键，将会看到先前输入过的命令kaekfjaeifj又出现在了提示符之后，这称为命令历史记录。默认情况下，大部分Linux发行版能记住最近输入的1000个命令。按下方向键，刚才出现的命令就又消失了。

1.2.2 光标移动

再按上方向键，重新调出先前输入过的命令。如果按左方向键和右方向键，能够将光标移动到命令行的任意位置。这可以让我们很容易地编辑命令。

关于鼠标和焦点

虽然Shell与用户的交互全部是通过键盘来完成的，但是在终端仿真器中也可以使用鼠标。X Window系统（驱动GUI的底层系统）内建立了一种机制，支持快速“复制—粘贴”技术。如果按住鼠标左键，拖动鼠标选中部分文本（或者双击选中一个单词），这些文本会被复制到由X Window维护的缓冲区中。按鼠标中键可以将复制好的文本粘贴到光标所在的位置。你可以试一下。

别试图在终端窗口中使用 Ctrl-C 和 Ctrl-V 组合键执行复制和粘贴操作，这是没用的。这些组合键对 Shell 而言有不同的含义，它们在 Windows 发布之前就已经另有他用了。

你所使用的图形化桌面环境（大概率是 KDE 或 GNOME），为了模仿 Windows 的行为，可能采用了“通过单击获得焦点”（click to focus）的策略。这意味着要想让一个窗口获得焦点（成为当前窗口），需要单击该窗口。这与 X Window 的传统行为正好相反，后者采用的是“焦点跟随鼠标”（focus follows mouse）的策略。也就是说，当鼠标指针经过窗口时，窗口随即获得焦点。该窗口能够接收输入，但只有单击它的时候才会进入前台。将焦点策略设置为“焦点跟随鼠标”会使“复制—粘贴”技术更加实用。如果可以的话（有些桌面环境，例如 Ubuntu 的 Unity，已经不再支持这种焦点策略），不妨尝试一下，我想你会喜欢的。你可以在窗口管理器的配置程序中找到相关设置。

1.3 几个简单的命令

我们已经学会了在终端仿真器中输入字符，现在来尝试几个简单的命令。那就先从 date 命令开始吧，该命令可以显示当前的时间和日期：

```
[me@linuxbox ~]$ date
Fri Feb  2 15:09:41 EST 2018
```

另一个相关的命令是 cal，默认显示当前月份的日历：

```
[me@linuxbox ~]$ cal
   February 2018
Su Mo Tu We Th Fr Sa
             1  2  3
 4  5  6  7  8  9 10
11 12 13 14 15 16 17
18 19 20 21 22 23 24
25 26 27 28
```

幕后的虚拟控制台

即便没有运行终端仿真器，一些终端会话也会在图形化桌面环境的后台运行。在大多数 Linux 发行版中，按 Ctrl-Alt-F1 到 Ctrl-Alt-F6 组合键，就能够访问这些终端会话（又称虚拟控制台）。当访问某个虚拟控制台时，它会显示登录提示符，我们可以在其中输入用户名和密码。要想切换虚拟控制台，依次按Alt-F1到Alt-F6组合键即可。在大多数系统中，按Alt-F7组合键就可以返回图形化桌面环境。

要想查看磁盘的当前可用空间，输入df命令：

```
[me@linuxbox ~]$ df
Filesystem          1K-blocks      Used    Available    Use%     Mounted on
/dev/sda2            15115452   5012392      9949716     34%     /
/dev/sda5            59631908  26545424     30008432     47%     /home
/dev/sda1              147764     17370       122765     13%     /boot
tmpfs                  256856         0       256856      0%     /dev/shm
```

与此类似，如果想查看可用内存容量，输入free命令：

```
[me@linuxbox ~]$ free
             total       used       free     shared    buffers     cached
Mem:        513712     503976       9736          0       5312     122916
-/+ buffers/cache:     375748     137964
Swap:      1052248     104712     947536
```

1.4 结束终端会话

结束终端会话的方法不止一种，关闭终端仿真器窗口、在 Shell 提示符下输入exit命令，或是按Ctrl-D组合键均可：

```
[me@linuxbox ~]$ exit
```

1.5 总结

本章介绍了Shell、命令行以及如何启动和结束终端会话，这标志着Linux命令行之旅正式启程。我们还学习了如何输入一些简单的命令并进行简单的命令行编辑。这也没那么可怕，不是吗？

在第2章中，我们将会学习更多的命令，“畅游”Linux文件系统。

第2章 导航

我们要学习的第一件事（除如何输入之外）就是在 Linux 文件系统中导航。在本章中，我们将介绍下列命令。

- pwd：输出当前的工作目录名称。
- ls：列出目录内容。
- cd：修改目录。

2.1 理解文件系统树

和 Windows 一样，类 UNIX 系统（如 Linux）也是按照有层次的目录结构来组织文件的。这意味着文件是在树状的目录（在其他系统中有时称为文件夹）中组织的，目录中还可以有文件和其他目录。文件系统的第一个目录称为根目录，其中包含了文件和子目录，而子目录中还可以包含更多的文件和子目录，依此类推。

需要注意的是，在 Windows 系统中，每个存储设备都有各自独立的文件系统树。而在类 UNIX 系统中（如 Linux），不管计算机安装了多少存储设备，都只有一个文件系统树。按照负责维护系统的超级用户的设置，存储设备将会连接（更准确地说是“挂载”）到文件系统树的不同位置。

2.2 当前工作目录

大多数人对图形化文件管理器并不陌生，它能够形象地呈现文件系统树，如图 2-1 所示。

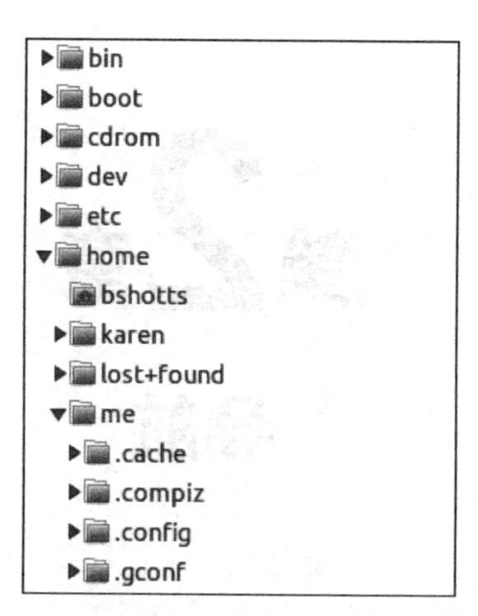

图 2-1 图形化文件管理器呈现的文件系统树

注意，这棵树通常是倒置显示的。也就是说，“根部”在上，“枝叶”在下。

但是，命令行可不是图形化的，要想在文件系统树中导航，我们需要改变思维方式。

把文件系统想象成一座迷宫，形如一棵倒置的树，我们就位于其中。在任何时刻，我们都处在某个目录中，能够看到该目录中包含的文件、上级目录（父目录）以及下级目录（子目录）。我们所处的目录称为当前工作目录。可以使用 pwd（print working directory，输出工作目录）命令将其显示出来：

```
[me@linuxbox ~]$ pwd
/home/me
```

当首次登录系统（或是启动终端仿真器）时，当前工作目录就是用户的主目录。每个用户都有自己的主目录，这是普通用户唯一有权限写入文件的地方。

2.3 列出目录内容

ls 命令能够列出当前工作目录中的文件和子目录：

```
[me@linuxbox ~]$ ls
Desktop Documents Music Pictures Public Templates Videos
```

其实我们可以使用 ls 命令列出任意目录中的内容，并不局限于当前工作目录。除此之外，ls 命令还拥有不少有趣的功能。等到第 3 章的时候再详述。

2.4 更改当前工作目录

cd 命令可以更改当前工作目录（我们当前所在的位置）。只需要在 cd 命令之后输入要更改的工作目录的路径名即可。路径名是沿着文件系统树的分支到达目标目录的路线。路径名分为两种：绝对路径名和相对路径名。首先来谈谈绝对路径名。

2.4.1 绝对路径名

绝对路径名从根目录开始，随后紧接着一个又一个分支，直到目标目录或文件。例如，系统里有一个目录，大多数系统程序安装在其中。该目录的路径名是/usr/bin。这就意味着根目录（在路径名中用/来表示）中有一个名为 usr 的目录，该目录包含一个 bin 目录：

```
[me@linuxbox ~]$ cd /usr/bin
[me@linuxbox bin]$ pwd
/usr/bin
[me@linuxbox bin]$ ls
...Listing of many, many files ...
```

可以看到，我们现在已经将当前工作目录更改到了/usr/bin，其中包含了大量文件。有没有注意到 Shell 提示符的变化？为了方便，提示符通常都被设置为自动显示当前工作目录名。

2.4.2 相对路径名

绝对路径名从根目录开始，一直通往目标，而相对路径名则是从当前工作目录开始的。为此，用到了两种特殊表示法来描述目标在文件系统树中的相对位置：.（点号）和..（双点号）。

.代表当前工作目录，..代表当前工作目录的父目录。下面是两者的用法。让我们再次将当前工作目录更改到/usr/bin：

```
[me@linuxbox ~]$ cd /usr/bin
[me@linuxbox bin]$ pwd
/usr/bin
```

假设我们现在想将当前工作目录更改到/usr/bin 的父目录，也就是/usr。有两种方式可以实现，一种是使用绝对路径名：

```
[me@linuxbox bin]$ cd /usr
[me@linuxbox usr]$ pwd
/usr
```

另一种是使用相对路径名：

```
[me@linuxbox bin]$ cd ..
[me@linuxbox usr]$ pwd
/usr
```

这两种方式殊途同归。我们该使用哪种？当然是字数少的那种！

同样，我们还可以用两种方式将当前工作目录从/usr 更改回/usr/bin，一种是使用绝对路径名：

```
[me@linuxbox usr]$ cd /usr/bin
[me@linuxbox bin]$ pwd
/usr/bin
```

另一种是使用相对路径名：

```
[me@linuxbox usr]$ cd ./bin
[me@linuxbox bin]$ pwd
/usr/bin
```

有件重要的事要在这里指出，在大多数情况下，我们可以忽略./，因为这部分是隐含的。如下面的写法：

```
[me@linuxbox usr]$ cd bin
```

一般而言，如果没有指定路径名，则默认为当前工作目录。

有关文件名的一些重要说明

Linux 系统中的文件命名方式类似于 Windows 等其他操作系统，但仍存在一些重要差异。

- 以点号开头的文件名是隐藏的。这说明 ls 命令不会列出这些文件，除非使用 ls -a。在创建账户时，主目录里会放置一些用于配置账户的隐藏文件。我们将会在第 11 章仔细观察这些文件，了解如何自定义环境。除此之外，有些应用程序也会把自己的配置文件以隐藏文件的形式放在主目录之中。

- 与 UNIX 一样，Linux 中的文件名与命令也是区分大小写的。文件名 File1 和 file1 指向不同的文件。
- 虽然 Linux 支持长文件名，其中可以包含嵌入的空格和标点符号，但是标点符号仅限于点号、半字线以及下画线。最重要的是，别在其中使用空格[1]。如果你想分隔文件名中的单词，可以使用下画线。以后你会庆幸这种做法的。
- 不像其他操作系统，Linux 并没有“文件扩展名”的概念。你想怎么命名文件都行。文件内容或用途是由其他方式来决定的。尽管类 UNIX 系统不使用文件扩展名来决定文件内容或用途，但很多应用程序却是这么做的。

2.4.3 一些有用的便捷写法

表 2-1 列出了一些可以快速改变当前工作目录的方法，即 cd 命令的便捷写法。

表 2-1 cd 命令的便捷写法

便捷写法	效果
cd	将当前工作目录更改为用户主目录
cd -	将当前工作目录切换回前一个工作目录
cd ~user_name	将当前工作目录更改为用户 user_name 的主目录。例如，输入 cd ~bob，会切换到用户 bob 的主目录

2.5 总结

本章讲解了 Shell 处理系统目录结构的方式，我们学习了绝对路径名、相对路径名以及用于在目录结构中导航的基本命令。在第 3 章中，我们将利用这些知识继续现代 Linux 系统之旅。

[1] 不是说文件名中不能使用空格，而是说如果出现空格的话，可能会产生一些不必要的麻烦。

第3章

探索 Linux 系统

我们现在已经知道了如何在文件系统中导航，是时候继续 Linux 系统之旅了，我们要再学习几个今后能派上用场的命令。

- ls：列出目录内容。
- file：确定文件类型。
- less：查看文件内容。

3.1 使用 ls 命令之乐

有充分的理由相信，ls 命令可能是用得最多的命令。有了它，就能够查看目录内容、确定各种重要文件和目录属性。我们已经看到，只需输入 ls 命令，就可以得到当前工作目录包含的文件和子目录：

```
[me@linuxbox ~]$ ls
Desktop Documents Music Pictures Public Templates Videos
```

除了当前工作目录，我们还可以指定要显示内容的目录：

```
me@linuxbox ~]$ ls /usr
bin games include lib local sbin share src
```

我们甚至可以指定多个目录。在下面的例子中，我们同时列出了用户主目录（由字符~代表）和/usr 目录的内容：

```
[me@linuxbox ~]$ ls ~ /usr
/home/me:
Desktop Documents Music Pictures Public Templates Videos
/usr:
bin games include lib local sbin share src
```

我们还可以修改输出结果的格式，显示更多细节：

```
[me@linuxbox ~]$ ls -l
total 56
drwxrwxr-x 2 me me 4096 2017-10-26 17:20 Desktop
drwxrwxr-x 2 me me 4096 2017-10-26 17:20 Documents
drwxrwxr-x 2 me me 4096 2017-10-26 17:20 Music
drwxrwxr-x 2 me me 4096 2017-10-26 17:20 Pictures
drwxrwxr-x 2 me me 4096 2017-10-26 17:20 Public
drwxrwxr-x 2 me me 4096 2017-10-26 17:20 Templates
drwxrwxr-x 2 me me 4096 2017-10-26 17:20 Videos
```

通过给 ls 命令添加-l 选项，我们将输出结果的格式改成了长格式。

3.1.1 选项与参数

上面的例子向我们演示了大多数命令是如何工作的，这一点非常重要。命令之后通常会跟随一个或多个能够修改命令行为的选项，接着是一个或多个参数，用于表明命令操作的对象。因此，大多数命令看起来类似于下面这样：

```
command -options arguments
```

大部分命令使用的选项是在单个字符前加上连字符，例如-l。但是，很多命令（包括 GNU 项目里的命令）也支持长选项，这种选项是在单词前加两个连字符。而且，不少命令还允许将多个短选项串在一起使用。在下面的例子中，ls 命令包含了两个选项——l 选项用于产生长格式的输出结果，t 选项用于依照文件修改时间对输出结果排序：

```
[me@linuxbox ~]$ ls -lt
```

我们还可以加上长选项--reverse，以降序排列输出结果：

```
[me@linuxbox ~]$ ls -lt --reverse
```

注意　在 Linux 中，命令选项和文件名一样，区分大小写。

ls 命令包含大量选项，表 3-1 列出了常用的 ls 命令选项。

表 3-1　常用的 ls 命令选项

选项	描述
-a, --all	列出所有文件，包括以点号开头的文件在内，这种文件通常不会被列出（隐藏文件）
-A, --almost-all	与-a 选项类似，但不列出.（当前工作目录）和..（父目录）
-d, --directory	通常，如果指定了目录，ls 命令会列出该目录中的内容而非目录本身。将此选项与-l 选项结合使用，可查看目录的详细信息，而不是其中的内容
-F, --classify	该选项会在每个列出的名称后面加上类型指示符。例如，如果是目录名，则在其后加上一个/
-h, --human-readable	在长格式的输出结果中，不再以字节（B）为单位，而是以人类可读的形式（human-readable）显示文件大小
-l	以长格式显示输出结果
-r, --reverse	以降序显示输出结果。通常情况下，ls 命令按照字母升序显示输出结果
-S	按照文件大小排序输出结果
-t	按照修改日期排序输出结果

3.1.2 进一步了解长格式

我们之前已经看到，-l 选项使 ls 命令以长格式显示输出结果，这种输出结果包含了大量的有用信息。下面是 Ubuntu 系统中的 Example 目录的输出结果：

```
-rw-r--r-- 1 root root 3576296 2017-04-03 11:05 Experience ubuntu.ogg
-rw-r--r-- 1 root root 1186219 2017-04-03 11:05 kubuntu-leaflet.png
-rw-r--r-- 1 root root   47584 2017-04-03 11:05 logo-Edubuntu.png
-rw-r--r-- 1 root root   44355 2017-04-03 11:05 logo-Kubuntu.png
-rw-r--r-- 1 root root   34391 2017-04-03 11:05 logo-Ubuntu.png
-rw-r--r-- 1 root root   32059 2017-04-03 11:05 oo-cd-cover.odf
-rw-r--r-- 1 root root  159744 2017-04-03 11:05 oo-derivatives.doc
-rw-r--r-- 1 root root   27837 2017-04-03 11:05 oo-maxwell.odt
-rw-r--r-- 1 root root   98816 2017-04-03 11:05 oo-trig.xls
-rw-r--r-- 1 root root  453764 2017-04-03 11:05 oo-welcome.odt
-rw-r--r-- 1 root root  358374 2017-04-03 11:05 ubuntu Sax.ogg
```

表 3-2 列出了其中一个文件的不同字段及其含义。

表 3-2 其中一个文件的不同字段及其含义

字段	含义
-rw-r--r--	文件访问权限。第一个字符指明了文件类型。其中，开头的连字符（-）表示普通文件，d 表示目录。接下来的 3 个字符表示文件属主的访问权限，后续的 3 个字符表示文件属组的访问权限，最后 3 个字符表示其他人的访问权限。详细解释参见第 9 章
1	文件的硬链接数量。参见 3.4 节和 3.5 节
root	文件属主
root	文件属组
32059	文件大小（字节数）
2017-04-03 11:05	文件最后的修改日期和时间
oo-cd-cover.odf	文件名

3.2 使用 file 命令确定文件类型

在探索系统的过程中，知道文件包含什么内容是非常有用的。我们可以使用 file 命令来确定文件类型。前文提到，Linux 系统并不要求文件名必须反映文件的内容。当我们看到 picture.jpg 时，通常会觉得该文件是一张 JPEG 压缩图像，但是在 Linux 中未必如此。我们可以像下面这样调用 file 命令：

```
file filename
```

file 命令会输出文件内容的简要描述。例如：

```
[me@linuxbox ~]$ file picture.jpg
picture.jpg: JPEG image data, JFIF standard 1.01
```

文件类型有很多。事实上，在类 UNIX 系统中（如 Linux），存在一个普遍观念：万物皆文件（everything is a file）。随着本书内容的深入，我们会发现这句话是多么正确。

尽管对于系统中的不少文件我们并不陌生，例如 MP3 文件和 JPEG 文件，但还有很多其他类型的文件并不是那么一目了然，有少数甚至颇为陌生。

3.3 使用 less 命令查看文本文件

使用 less 命令可以查看文本文件。纵观 Linux 系统，有大量文件包含的是人类可读的文本。less 命令提供了一种查看这类文件的便捷方法。

我们为什么要查看文本文件？因为很多包含系统设置的文件（称为“配置文件”）采用的都是文本格式，能够阅读这种文件可以让我们了解系统是如何工作的。除此之外，系统使用的某些程序（称为“脚本”）也是文本格式的。在后文中，我们会学习如何编辑文本文件，从而修改系统设置，并编写自己的脚本，不过目前我们只关心如何查看文本文件的内容。

less 命令用法如下：

```
less filename
```

什么是“文本”

计算机描述信息的方式有很多种。所有方式都涉及在信息与描述信息的数字之间确定某种关系。毕竟，计算机只能理解数字，所有的数据都要转换为数字来表示。

有些表示方法非常复杂（例如，压缩后的视频文件），而有些表示方法则相当简单。其中，ASCII 文本出现得最早，也最简单。ASCII（发音是“as-key”）是美国信息交换标准码（American Standard Code for Information Interchange）的缩写。这种简单的编码方案最早用于电传打字机，以完成键盘字符与数字之间的映射。

文本是字符与数字之间简单的一对一映射，它非常紧凑。50 个文本字符可以转换为 50 字节的数字。要明白，文本只是字符与数字之间的简单映射，这一点非常重要。它不同于 Microsoft Word 或 OpenOffice.org Write 所创建的字处理程序文档。与简单的 ASCII 文本文件相比，这些文件包含了很多用于描述文档结构和格式的非文本元素。而普通的 ASCII 文本文件仅包含字符本身和少数基本的控制代码，例如，制表符、回车符及换行符。

纵观 Linux 系统，很多文件都是以文本格式存储的，其中也有很多处理文本文件的工具。甚至连 Windows 系统也认识到了这种格式的重要性。众所周知的记事本程序（notepad.exe）就是一款用于处理纯 ASCII 文本文件的编辑器。

less 命令允许我们前后翻看文本文件。例如，要想查看定义了系统中所有用户的文件，可以输入下列命令：

```
[me@linuxbox ~]$ less /etc/passwd
```

运行 less 命令之后，就能够查看文件内容了。如果文件内容多于一页，则可以前后翻看。按 Q 键可退出 less 命令。

表 3-3 列出了 less 命令常用的命令。

表 3-3 less 命令

命令	操作
上翻页键（Page Up）或 b	后翻一页
下翻页键（Page Down）或空格	前翻一页
上方向键	向后一行
下方向键	向前一行
G	移动到文本文件末尾
1G 或 g	移动到文本文件开头
/characters	向前搜索指定的字符串
n	重复上一次搜索
h	显示帮助信息
q	退出 less 命令

少即是多

less 程序旨在改进并替换早期 UNIX 中的 more 程序。less 这个名字表明了“少即是多”（less is more）——这是现代主义建筑师和设计师的座右铭[1]。

less 程序属于分页程序（pager），这类程序允许用户逐页地轻松浏览长文档。而 more 程序只允许向前翻页，less 程序可以前后翻页，另外还具有很多其他特性。

3.4 按图索骥

在 Linux 系统中，文件系统的布局与其他类 UNIX 系统大同小异。其设计实际上在 Linux 文件系统层次结构标准（Linux filesystem hierarchy standard）中已经指定了。并非所有 Linux 发行版都严格遵循该标准，不过大部分与之非常接近。

牢记复制与粘贴的技巧

如果你使用鼠标，双击可以复制文件名，单击中键可以将其粘贴到命令中。

接着，我们就来“逛一逛”文件系统，看一看 Linux 系统得以正常执行的基础。这给了我们一次练习导航技巧的机会。在此过程中，我们会发现很多值得注意的文件都是易读的纯文本文件。请依次尝试下列操作。

[1] 原话是由著名的现代主义建筑大师路德维希·密斯·凡德罗（Ludwig Mies van der Rohe）于 1928 年提出的。——译者注

- 使用 cd 命令进入指定目录。
- 使用 ls –l 命令列出该目录的内容。
- 如果你发现感兴趣的文件，使用 file 命令确定该文件的内容类型。
- 如果它看上去像是文本文件，尝试使用 less 命令浏览文件内容。
- 如果不小心查看了非文本文件，终端窗口中会充斥着混乱的字符，可以输入 reset 命令来恢复正常。

在浏览文件系统的时候，放心大胆地查看文件，不用怕。普通用户就算想弄出点儿乱子，也基本上没有可能。超级用户的工作就是阻止这种事情发生！如果一个命令无法正常工作，就试一试另一个命令。多花时间四处浏览一下。整个系统任由我们探索。记住，在 Linux 系统中，没有什么秘密可言！

表 3-4 留出了一些我们可以一探究竟的目录。在不同的 Linux 发行版中，这些目录可能会略有不同。

表 3-4　Linux 系统中的目录

目录	注释
/	根目录，所有目录皆源于此
/bin	包含系统引导和执行所必需的二进制可执行文件（程序）
/boot	包含 Linux 内核、初始化 RAM 磁盘镜像（供引导期间所需的驱动程序使用），以及引导装载器。值得注意的文件包括用于配置引导装载器的/boot/grub/grub.conf（或者 menu.lst）和 Linux 内核的/boot/vmlinuz（或者类似的文件）
/dev	包含设备节点的特殊目录。“万物皆文件”同样适用于设备。Linux 内核在其中维护着能够识别的全部设备
/etc	包含系统范围的所有配置文件，另外还包含一组用于在引导期间启动各个系统服务的 Shell 脚本。该目录中的所有文件都应该是可读的文本文件。尽管其中的每一个文件都值得一探究竟，但下列这些绝对不能错过：/etc/crontab，该文件定义了何时执行自动化作业；/etc/fstab，该文件指定了存储设备及其关联的挂载点；/etc/passwd，该文件包含了系统中所有的用户信息
/home	在正常配置中，每个用户在/home 中都有各自的目录。普通用户仅对自己的主目录中的文件有写权限。这一限制可以保护系统免遭用户错误行为的破坏
/lib	包含系统核心程序用到的共享库文件。类似于 Windows 中的动态链接库（Dynamic Link Library，DLL）
/lost+found	每个采用 Linux 文件系统（例如 ext3）格式化过的分区或设备都会包含该目录。它用于文件系统损坏时的部分恢复。除非系统发生了严重问题，否则这个目录总是空的
/media	在现代 Linux 系统中，/media 目录包含各种可移动存储设备（例如 USB 设备、CD-ROM 等）的挂载点，这些设备在插入时会自动挂载
/mnt	在先前的 Linux 系统中，/mnt 目录包含手动挂载的各种可移动存储设备的挂载点
/opt	用于安装“可选”软件，主要存放系统中可能安装的商业软件
/proc	这是一个特殊目录。它并非存在于硬盘上的真实文件系统，而是由 Linux 内核维护的虚拟文件系统。该目录中包含的文件就像是内核的窥视孔。这些文件都是可读的，你可以从中了解到内核是如何管理计算机的
/root	超级用户的主目录

续表

目录	注释
/sbin	包含“系统”二进制可执行文件。这些文件负责执行重要的系统任务，通常保留给超级用户使用
/tmp	用于保存各种程序生成的临时文件。有些配置会使该目录在每次系统重新引导时都被清空
/usr	/usr 可能是 Linux 系统中最大的目录树。其中包含了普通用户用到的所有程序和支持文件
/usr/bin	包含了 Linux 发行版安装的程序，其数量有几千
/usr/lib	/usr/bin 中的程序要用到的共享库
/usr/local	包含的程序并非 Linux 发行版自带的，但是计划在系统范围内使用。通过源代码编译生成的程序通常安装在/usr/local/bin。在刚安装好的 Linux 系统中，该目录树存在，但却是空的，直到超级用户向其中添加内容
/usr/sbin	包含更多系统管理工具
/usr/share	包含/usr/bin 中的程序用到的共享数据。其中包括默认的配置文件、图标、桌面背景、声音文件等
/usr/share/doc	系统中安装的大部分软件包自带文档。在该目录中，文档文件是按照软件包来分类组织的
/var	除/tmp 和/home 目录之外，到目前位置看到的目录都是相对静态的；也就是说，目录不怎么发生变化。那些可能会改变的数据保存在/var 目录树中。各种数据库、假脱机文件、用户邮件等都在其中
/var/log	包含日志文件、各种系统活动记录。这些文件非常重要，应该被随时监控。其中较有用的是/var/log/messages 和/var/log/syslog。注意，出于安全考虑，在有些系统中，只有超级用户才能查看日志文件

3.5 符号链接

在浏览文件系统的过程中，我们在目录（例如/lib）内容列表中可能会看到类似于下面的条目：

```
lrwxrwxrwx 1 root root   11 2018-08-11 07:34 libc.so.6 -> libc-2.6.so
```

有没有注意到该条目的第一个字母是 l，而且看起来像是有两个文件名？这种特殊的文件叫作符号链接（也称为软链接）。在大多数类 UNIX 系统中，一个文件可以被多个名称引用。虽然这种做法的意义可能并不明显，但它的确是一种实用的特性。

想象这样一个场景：某个程序需要使用包含在文件 foo 中的共享资源，但该文件的版本变化频繁。最好能在文件名中加入版本号，这样超级用户或其他相关用户就知道安装的是文件 foo 的哪个版本。但有一个问题，如果我们改变了共享资源的名称，就必须跟踪所有用到该共享资源的程序，并对其做出改动，以便能够找到新的共享资源。

这就是该符号链接发挥作用的时候了。假设我们安装了 2.6 版本的文件 foo，其文件名为 foo-2.6，然后创建一个指向 foo-2.6 的符号链接 foo。这意味着当程序打开文件 foo 的时候，实际上打开的是文件 foo-2.6。这样就皆大欢喜了。依赖文件 foo 的程序能够找到它，我们也能看到实际安装的版本。当要升级到文件 foo-2.7 时，只需将该文件加入系统，删除符号链接 foo，再创建一个指向新版本的符号链接即可。这不仅解决了版本升级的问题，还可以将两种版本都保存在计算机里。如果文件 foo-2.7 存在 Bug，则需要还原到旧版。还是老样子，删除指向新版本的符号链接，创建指向旧版本的符号链接。

本节开始列出的目录（来自 Fedora 系统的/lib 目录）中显示了一个指向共享库文件 libc-2.6.so 的符号链接 libc.so.6。也就是说，查找文件 libc.so.6 的程序实际上访问的是文件 libc-2.6.so。第 4 章我们将学习如何创建符号链接。

3.6 硬链接

既然谈到了链接这个话题，我们需要提一下，还有另一种叫作硬链接的链接类型。它同样允许文件拥有多个名称，但是实现方式不同。第 4 章我们将进一步讨论符号链接与硬链接之间的区别。

3.7 总结

至此，我们对 Linux 已经有了不少的了解。我们看到了各种文件和目录及其内容，应该能够从中意识到 Linux 的开放程度。在 Linux 中，很多重要的文件都是可读的纯文本格式。与很多专有系统不同，我们可以毫无阻碍地检查和学习 Linux 的一切。

第4章

操作文件和目录

现在，我们可以来点儿真格的了！本章将介绍 5 个常用的 Linux 目录命令。下列命令可用于操作文件和目录。

- mkdir：创建目录。
- cp：复制文件和目录。
- mv：移动和重命名文件和目录。
- rm：删除文件和目录。
- ln：创建硬链接和符号链接。

说实话，这些命令执行的某些任务可通过图形化文件管理器更轻松地搞定。借助图形化文件管理器，我们能够把文件从一个目录拖曳到另一个目录、剪切文件、粘贴文件、删除文件等。既然如此，为什么还要用这些“古老”的命令？

答案是其强大的功能和灵活性。尽管简单的文件操作使用图形化文件管理器很容易实现，但命令可以使复杂的任务更加简单。例如，该如何将一个目录中的所有 HTML 文件复制到目标目录，同时确保仅复制那些目标目录中不存在或是比目标目录中同名文件版本更新的文件？用图形化文件管理器的话，这可够呛，但是对命令而言，简直是小菜一碟。

```
cp -u *.html destination
```

4.1 通配符

在开始实战之前，我们先来谈谈赋予这些命令如此强大功能的 Shell 特性。因为 Shell 要用到大量的文件名，所以它提供了一种特殊字符，帮助快速指定一组文件名。这种特殊字符叫作通配符（wildcard）。使用通配符的过程也称为“通配符匹配”（globbing）[1]，可以依据模式选择文件名。表 4-1 列出了各种通配符及其含义。

表 4-1 通配符及其含义

通配符	含义
*	匹配任意多个字符
?	匹配任意单个字符
[characters]	匹配属于字符集合 characters 中的任意单个字符
[!characters]	匹配不属于字符集合 characters 中的任意单个字符
[[:class:]]	匹配属于字符类 class 中的任意单个字符

表 4-2 中列出了常用的字符类。

表 4-2 常用的字符类

字符类	含义
[:alnum:]	匹配任意单个字母数字（alphanumeric）字符
[:alpha:]	匹配任意单个字母
[:digit:]	匹配任意单个数字
[:lower:]	匹配任意单个小写字母
[:upper:]	匹配任意单个大写字母

利用通配符，可以构建出复杂的文件名匹配条件。表 4-3 列出了一些通配符示例。

[1] 这里再特别说明一下 globbing 和 wildcard 的区别：globbing 是对 wildcard 进行扩展的过程。在贝尔实验室诞生的 UNIX 中，有一个名为 glob（全球，global 的缩写）的独立程序（/etc/glob）。早期 UNIX 版本（第 1 版～第 6 版，1969 年—1975 年）的命令解释器（也就是 Shell）都要依赖该程序来扩展命令中未被引用的 wildcard，然后将扩展后的结果提供给命令执行。故在本书中将 globbing 译为“通配符匹配”，将 wildcard 译为“通配符”。

表 4-3 通配符示例

模式	匹配
*	所有文件[1]
g*	以 g 开头的任意文件
b*.txt	以 b 开头，扩展名为.txt 的文件
Data???	以 Data 开头并紧接 3 个字符的文件
[abc]*	以 a、b、c 中任意字符开头的文件
BACKUP.[0-9][0-9][0-9]	以 BACKUP.开头并紧接 3 个数字的文件
[[:upper:]]*	以单个大写字母开头的文件
[![:digit:]]*	不以数字开头的文件
*[[:lower:]123]	以小写字母或 1、2、3 中任意数字结尾的文件

GUI 中也可以使用通配符

通配符的重要价值不仅体现在频繁地用于命令行，还在于一些图形化文件管理器也对其提供了支持。

在 Nautilus 中（GNOME 的文件管理器），你可以使用菜单项 Edit -> Select Pattern 选择文件。只需要使用通配符输入文件选择模式，当前工作目录中匹配到的文件就会高亮显示。

在某些版本的 Dolphin 和 Konqueror 中（KDE 的文件管理器），你可以直接在地址栏（location bar）内输入通配符。例如，如果你想查看/usr/bin 目录中所有以小写字母 u 开头的文件，在地址栏中输入/usr/bin/u*，就可以看到结果。

最初源于 CLI 的许多理念也同样适用于 GUI。这正是 Linux 系统桌面如此强大的原因之一。

任何能够接收文件名作为参数的命令都可以使用通配符，在第 7 章中我们会详细展开讨论。

字符范围

如果你有过其他类 UNIX 系统的使用经验或是读过该主题的相关图书，可能碰到过形如[A-Z]或[a-z]的字符范围写法。这属于传统的 UNIX 写法，也适用于旧版本的 Linux。虽然仍然管用，但使用时请务必小心，因为一旦配置不当，就会产生意料之外的结果。现在，使用字符类代替这种写法。

[1] *并不能匹配以点号开头的文件（隐藏文件）。如果想匹配此类文件，可以使用模式.[!.]*。例如，ls -d .[!.]*或 echo .[!.]*。详见 7.1 节。

4.2 mkdir——创建目录

mkdir 命令可用于创建目录，用法如下：

```
mkdir directory...
```

注意，本书在描述命令时，如果参数后面出现 3 个点号（如上例所示），表示该参数可以重复出现。因此，下列命令：

```
mkdir dir1
```

可以创建单个目录 dir1。再看下列命令：

```
mkdir dir1 dir2 dir3
```

可以分别创建 3 个目录——dir1、dir2、dir3。

4.3 cp——复制文件和目录

cp 命令可用于复制文件和目录。该命令有两种不同的用法。下列形式可以将单个文件或目录 item1 复制到文件或目录 item2：

```
cp item1 item2
```

而下列形式可以将多个文件或目录 item 复制到目录 directory 中：

```
cp item... directory
```

有用的选项和示例

表 4-4 列出了 cp 命令的一些常用选项（短选项和功能等同的长选项）。

表 4-4 cp 命令常用选项

选项	含义
-a，--archive	复制文件和目录及其包括所有权与权限在内的所有属性。在通常情况下，副本采用执行复制操作的用户的默认属性。我们会在第 9 章讨论文件所有权
-i，--interactive	在覆盖已有文件之前，提示用户确认。如果未指定该选项，cp 命令会悄无声息地（也就是不发出任何警告）覆盖文件
-r，--recursive	递归复制目录及其内容。在复制目录时，要用到该选项（或者-a 选项）
-u，--update	在将文件从一个目录复制到目标目录时，只复制目标目录中不存在或比目标目录中现有文件更新的文件。该选项在复制大批量文件时很实用，因为它能够跳过那些不必复制的文件
-v，--verbose	在进行复制时显示相关信息

表 4-5 列出了 CP 命令的一些示例。

表 4-5 cp 命令示例

命令	结果
cp file1 file2	将文件 file1 复制为文件 file2。如果文件 file2 存在，使用文件 file1 的内容将其覆盖。如果文件 file2 不存在，则创建文件 file2
cp-i file1 file2	和前一个命令一样，除了当文件 file2 存在时，在覆盖之前会提示用户
cp file1 file2 dir1	将文件 file1 和文件 file2 复制到目录 dir1。该目录必须事先存在
cp dir1/* dir2	使用通配符，将目录 dir1 中所有的文件复制到目录 dir2。目录 dir2 必须事先存在
cp-r dir1 dir2	将目录 dir1 的内容复制到目录 dir2。如果目录 dir2 不存在，则先创建该目录，再复制目录 dir1 的内容。如果目录 dir2 已存在，目录 dir1 及其内容会被复制到目录 dir2

4.4 mv——移动和重命名文件

取决于具体用法，mv 命令可以执行文件移动和文件重命名操作。不管是哪种情况，操作完成之后，原先的文件名都不再存在。mv 命令的用法和 cp 命令大同小异：

```
mv item1 item2
```

该命令可以将文件或目录 item1 移动或重命名为 item2。也可以像下面这样使用：

```
mv item... directory
```

该命令将一个或多个 item 从一个目录移动到另一个目录。

有用的选项及示例

mv 命令有很多选项和 cp 命令一样，如表 4-6 所示。

表 4-6 mv 命令选项

选项	含义
-i，--interactive	在覆盖已有文件之前，提示用户确认。如果未指定该选项，mv 命会悄无声息地覆盖文件
-u，--update	在将文件从一个目录移动到目标目录时，只移动目标目录中不存在或比目标目录中现有文件更新的文件
-v，--verbose	在进行移动时显示相关信息

表 4-7 列出了 mv 命令的一些示例。

表 4-7　mv 命令示例

命令	结果
mv file1 file2	将文件 file1 移动到文件 file2。如果文件 file2 存在，使用文件 file1 的内容将其覆盖。如果文件 file2 不存在，则创建文件 file2。不管是哪种情况，文件 file1 都不再存在
mv-i file1 file2	和前一个命令一样，除了当文件 file2 存在时，在覆盖之前会提示用户
mv file1 file2 dir1	将文件 file1 和文件 file2 移动到目录 dir1。该目录必须事先存在
mv dir1 dir2	如果目录 dir2 不存在，则先创建该目录，再将目录 dir1 及其内容移动到目录 dir2，然后删除目录 dir1。如果目录 dir2 已存在，将目录 dir1 及其内容移动到目录 dir2

4.5　rm——删除文件和目录

rm 命令可用于删除文件和目录，如下所示：

```
rm item...
```

其中，item 可以是一个或多个文件/目录。

有用的选项和示例

表 4-8 列出了 rm 命令的一些常用选项。

表 4-8　rm 命令选项

选项	含义
-i，--interactive	在删除已有文件之前，提示用户确认。如果未指定该选项，rm 命令会悄无声息地删除文件
-r，--recursive	递归删除目录。这意味着如果被删除的目录中还有子目录，也会一并将其删除。要想删除目录，必须指定该选项
-f，--force	忽略不存在的文件，不提示。该选项会屏蔽掉--interactive 选项
-v，--verbose	在执行删除操作时显示相关信息

小心 rm 命令

类 UNIX 系统（如 Linux）并没有还原删除命令。使用 rm 命令删除的文件或目录，就再也找不回来了。Linux 假定你是聪明人，知道自己在做什么。

尤其要小心通配符。来看一个典型的例子，假设你只想删除目录中的所有 HTML 文件，你输入了下列命令：

```
rm *.html
```

这个命令没问题，但如果你无意间在*和.html 之间多加了一个空格符，就像这样：

```
rm * .html
```

rm 命令会删除目录中的所有文件，然后提示找不到名为.html 的文件。

告诉你一个实用窍门：只要在使用 rm 命令时用到了通配符，除仔细检查输入内容之外，还要先使用 ls 测试一下通配符。这样就能事先知道要删除哪些文件。然后按上方向键调出先前的命令，将 ls 命令替换成 rm 命令。

表 4-9 列出了 rm 命令的一些示例。

表 4-9 rm 命令示例

命令	结果
rm file1	悄无声息地删除文件 file1
rm-i file1	和前一个命令一样，除了在删除前会提示用户确认
rm-r file1 dir1	删除文件 file1 和目录 dir1 及其内容
rm -rf file1 dir1	和前一个命令一样，除了当文件 file1 或目录 dir1 不存在时，rm 命令仍会悄无声息地继续执行

4.6 ln——创建硬链接和符号链接

ln 命令可用于创建硬链接或符号链接。该命令有两种不同的用法。创建硬链接：

```
ln file link
```

创建符号链接：

```
ln -s item link
```

其中，item 可以是文件或目录。

4.6.1 硬链接

硬链接是最初 UNIX 创建链接的方式，相较于符号链接，硬链接要更现代。在默认情况下，每个文件只有一个硬链接，由其为文件赋予名称。当我们创建硬链接时，就为文件额外创建了一个目录项。硬链接有两个重要限制。

- 硬链接不能引用其所在文件系统之外的文件。这意味着如果文件与链接不在同一个磁盘分区内的话，是无法引用该文件的。
- 硬链接不能引用目录。

你无法区分硬链接及其引用的文件。不同于符号链接，当你列出包含硬链接的目录内容时，你会发现硬链接并没有什么特别的指示说明。如果删除了某个硬链接，则消失的只是该链接本身，而文件内容仍旧存在（也就是说，磁盘空间并未被释放），直到文件的所有硬链接全部被删除。

因为你会经常碰到硬链接，所以对其有所了解显得非常重要，不过现在更倾向于使用符号链接，我们在4.6.2节会讲到它。

4.6.2 符号链接

符号链接就是为了克服硬链接的限制而出现的。其工作原理是创建一种特殊类型的文件，内含一段指向被引用文件或目录的文本指针。就这方面而言，它和Windows的快捷方式非常类似，不过符号链接可是要比快捷方式早出现了很多年。

由符号链接指向的文件与符号链接本身几乎没有区别。例如，向符号链接写入内容，最终写入的是被引用的文件。当你删除符号链接时，删除的只是链接，而非文件。如果文件先于符号链接被删除，那么符号链接仍旧存在，但其指向就不再有效了。这种链接称为无效链接。在很多实现中，ls命令会用不同的颜色（如红色）来显示无效链接，告知用户其存在。

链接的概念看起来让人摸不着头脑，但是不要急，我们经常会用到它。

4.7 实战演练

我们接下来要做一些实际的文件操作，先来创建一个安全的“练兵场“，以便执行各种文件操作命令。首先，我们需要创建一个主目录，然后在主目录中创建名为playground的子目录。

4.7.1 创建目录

mkdir命令可用于创建目录。为了创建playground目录，我们首先要确保当前工作目录是主目录，然后创建新目录：

```
[me@linuxbox ~]$ cd
[me@linuxbox ~]$ mkdir playground
```

为了给我们的实战演练添加点乐趣，在playground目录中再分别新建两个目录：dir1和dir2。为此，我们应先将当前工作目录切换到playground，然后再次执行mkdir命令：

```
[me@linuxbox ~]$ cd playground
[me@linuxbox playground]$ mkdir dir1 dir2
```

注意，mkdir命令能够接收多个参数，允许我们在一个命令中创建两个目录。

4.7.2 复制文件

接下来，在创建好的目录中加入一些数据。这可以通过复制文件来实现。我们使用 cp 命令将/ect 目录中的 passwd 文件复制到当前工作目录：

```
[me@linuxbox playground]$ cp /etc/passwd .
```

注意，我们在命令末尾使用一个点号作为当前工作目录的便捷写法。如果现在执行 ls 命令，就能够看到我们的文件：

```
[me@linuxbox playground]$ ls -l
total 12
drwxrwxr-x 2 me me 4096 2018-01-10 16:40 dir1
drwxrwxr-x 2 me me 4096 2018-01-10 16:40 dir2
-rw-r--r-- 1 me me 1650 2018-01-10 16:07 passwd
```

现在我们来找点儿乐趣，使用-v 选项，重新复制一次，看一看是什么效果：

```
[me@linuxbox playground]$ cp -v /etc/passwd .
'/etc/passwd' -> './passwd'
```

cp 命令再次执行复制操作，但是这次显示了一条简洁的信息，指明正在执行的操作。注意，cp 命令在没有任何提示信息的情况下直接覆盖了上一个副本。它假定用户知道自己正在做什么。加上-i 选项可以获得提示信息：

```
[me@linuxbox playground]$ cp -i /etc/passwd .
cp: overwrite './passwd'?
```

在提示信息后输入 y，会使文件被覆盖；其他字符（如 n）会使 cp 命令保留同名文件。

4.7.3 移动和重命名文件

passwd 这个名词看起来没什么意思，毕竟我们是在“游乐场”（playground）嘛，所以得给这个文件改名字。

```
[me@linuxbox playground]$ mv passwd fun
```

乐趣不能停，接着我们要把重命名后的文件移动到各个子目录中。先将文件 fun 移动到目录 dir1：

```
[me@linuxbox playground]$ mv fun dir1
```

接着，再把它从目录 dir1 移动到目录 dir2：

```
[me@linuxbox playground]$ mv dir1/fun dir2
```

最后，将其移动回当前工作目录：

```
[me@linuxbox playground]$ mv dir2/fun .
```

下面来看一看 mv 命令对目录的效果。先把文件移动到目录 dir1：

```
[me@linuxbox playground]$ mv fun dir1
```

然后，将目录 dir1 移动到目录 dir2 并使用 ls 命令验证：

```
[me@linuxbox playground]$ mv dir1 dir2
[me@linuxbox playground]$ ls -l dir2
total 4
drwxrwxr-x 2 me  me  4096 2018-01-11 06:06 dir1
[me@linuxbox playground]$ ls -l dir2/dir1
total 4
-rw-r--r-- 1 me  me  1650 2018-01-10 16:33 fun
```

注意，因为目录 dir2 已经存在，mv 命令将目录 dir1 移动到了目录 dir2；如果命令目录 dir2 不存在，mv 命令会将目录 dir1 重命名为目录 dir2。最后，将一切恢复原状：

```
[me@linuxbox playground]$ mv dir2/dir1 .
[me@linuxbox playground]$ mv dir1/fun .
```

4.7.4 创建硬链接

我们来尝试创建一些链接。先创建几个数据文件的硬链接：

```
[me@linuxbox playground]$ ln fun fun-hard
[me@linuxbox playground]$ ln fun dir1/fun-hard
[me@linuxbox playground]$ ln fun dir2/fun-hard
```

我们现在有了文件 fun 的 4 个示例。来看一看 playground 目录：

```
[me@linuxbox playground]$ ls -l
total 16
drwxrwxr-x 2 me  me  4096 2018-01-14 16:17 dir1
drwxrwxr-x 2 me  me  4096 2018-01-14 16:17 dir2
-rw-r--r-- 4 me  me  1650 2018-01-10 16:33 fun
-rw-r--r-- 4 me  me  1650 2018-01-10 16:33 fun-hard
```

我们注意到一件事，fun 和 fun-hard 条目的第 2 个字段都是 4，这是文件当前的硬链接数量。记住，文件至少有一个硬链接，因为文件名是通过硬链接创建的。那么，我们该怎么知道 fun 和 fun-hard 实际上是同一个文件呢？在这种情况下，ls 命令也帮不上多大忙。尽管我们能够从中看出 fun 和 fun-hard 的大小相同（第 5 个字段），除此之外就没有其他线索了。要解决这个问题，我们需要下点儿功夫。

在思考硬链接时，不妨将文件想象成由两部分组成。

- 包含文件内容的数据部分。
- 包含文件名的名称部分。

在创建硬链接时，实际上创建的是名称部分，全都指向相同的数据部分。系统为 i 节点（inode）分配了一系列磁盘块（disk block），然后将 i 节点与名称部分关联在一起。因此，每个硬链接都指向包含文件内容的特定 i 节点。

ls 命令的-i 选项可以显示上述信息：

```
[me@linuxbox playground]$ ls -li
total 16
12353539 drwxrwxr-x 2 me  me  4096 2018-01-14 16:17 dir1
12353540 drwxrwxr-x 2 me  me  4096 2018-01-14 16:17 dir2
12353538 -rw-r--r-- 4 me  me  1650 2018-01-10 16:33 fun
12353538 -rw-r--r-- 4 me  me  1650 2018-01-10 16:33 fun-hard
```

在输出结果中，第 1 个字段就是 i 节点号，我们可以看出，fun 和 fund-hard 的 i 节点号是相同的，坐实了两者是同一个文件。

4.7.5 创建符号链接

符号链接旨在弥补硬链接的两个不足。

- 硬链接不能跨物理设备。
- 硬链接不能引用目录，只能引用文件。

符号链接是一种特殊类型的文件，其中包含指向目标文件或目录的文本指针。

创建符号链接的方法类似于创建硬链接的方法：

```
[me@linuxbox playground]$ ln -s fun fun-sym
[me@linuxbox playground]$ ln -s ../fun dir1/fun-sym
[me@linuxbox playground]$ ln -s ../fun dir2/fun-sym
```

第一个例子非常直观：我们简单地添加了-s 选项，这样就创建了一个符号链接。但接下来的两个例子是什么意思？记住，当我们创建符号链接时，相当于用文本描述目标文件相对于符号链接的位置。查看 ls 命令的输出结果就更容易明白了：

```
[me@linuxbox playground]$ ls -l dir1
total 4
-rw-r--r-- 4 me  me  1650 2018-01-10 16:33 fun-hard
lrwxrwxrwx 1 me  me     6 2018-01-15 15:17 fun-sym -> ../fun
```

在 dir1 目录的输出结果中，fun-sym 条目的第 1 个字段的开头字符 l 表明它是一个指向../fun 的符号链接，这没错。相对于 fun-sym 的位置，fun 位于其上层目录。还要注意到，符号链接文件的大小是 6，这是字符串../fun 的长度，而非它所指向的文件的大小。

在创建符号链接时，可以使用绝对路径名：

```
[me@linuxbox playground]$ ln -s /home/me/playground/fun dir1/fun-sym
```

也可以像之前的例子中那样使用相对路径名。在大多数情况下，使用相对路径名更可取，因为这样可以在不破坏链接的情况下，重命名或移动包含符号链接及其引用文件的目录树。

除普通文件之外，符号链接也能够引用目录：

```
[me@linuxbox playground]$ ln -s dir1 dir1-sym
[me@linuxbox playground]$ ls -l
total 16
drwxrwxr-x 2 me  me  4096 2018-01-15 15:17 dir1
lrwxrwxrwx 1 me  me     4 2018-01-16 14:45 dir1-sym -> dir1
drwxrwxr-x 2 me  me  4096 2018-01-15 15:17 dir2
-rw-r--r-- 4 me  me  1650 2018-01-10 16:33 fun
-rw-r--r-- 4 me  me  1650 2018-01-10 16:33 fun-hard
lrwxrwxrwx 1 me  me     3 2018-01-15 15:15 fun-sym -> fun
```

4.7.6 删除文件和目录

之前讲过，rm 命令可用于删除文件和目录。我们打算用它做一下清理工作。首先，删除其中一个硬链接：

```
[me@linuxbox playground]$ rm fun-hard
[me@linuxbox playground]$ ls -l
total 12
drwxrwxr-x 2 me  me  4096 2018-01-15 15:17 dir1
lrwxrwxrwx 1 me  me     4 2018-01-16 14:45 dir1-sym -> dir1
drwxrwxr-x 2 me  me  4096 2018-01-15 15:17 dir2
-rw-r--r-- 3 me  me  1650 2018-01-10 16:33 fun
lrwxrwxrwx 1 me  me     3 2018-01-15 15:15 fun-sym -> fun
```

效果和我们预期的一样。fun-hard 被删除了，从输出条目的第 2 列可以看出，fun 的硬链接数量从 4 变成了 3。接下来，我们要删除文件 fun，同时加入-i 选项，显示执行的操作：

```
[me@linuxbox playground]$ rm -i fun
rm: remove regular file 'fun'?
```

在提示信息后输入 y，文件就被删除了。现在让我们再看一下 ls 命令的输出结果。注意 fun-sym 有没有什么变化？因为它指向的文件并不存在，所以该符号链接已经失效了：

```
[me@linuxbox playground]$ ls -l
total 8
drwxrwxr-x 2 me  me  4096 2018-01-15 15:17 dir1
lrwxrwxrwx 1 me  me     4 2018-01-16 14:45 dir1-sym -> dir1
drwxrwxr-x 2 me  me  4096 2018-01-15 15:17 dir2
lrwxrwxrwx 1 me  me     3 2018-01-15 15:15 fun-sym -> fun
```

大多数 Linux 发行版会配置 ls 命令，使其能够显示无效链接。无效链接的存在并不会造成什么危险，不过会让链接指向着实混乱。如果你尝试使用一个无效链接，会看到如下信息：

```
[me@linuxbox playground]$ less fun-sym
fun-sym: No such file or directory
```

让我们来稍做清理。删除下列符号链接：

```
[me@linuxbox playground]$ rm fun-sym dir1-sym
[me@linuxbox playground]$ ls -l
total 8
drwxrwxr-x 2 me  me  4096 2018-01-15 15:17 dir1
drwxrwxr-x 2 me  me  4096 2018-01-15 15:17 dir2
```

关于符号链接，有一件事要记得：绝大多数文件操作的目标是链接指向的文件，而非链接本身。rm 命令是个例外。当你对链接执行删除操作时，删除的是链接，而非链接目标。

最后，删除 playground 目录。为此，我们退回到主目录，然后使用包含递归选项（-r）的 rm 命令删除该目录及其内容：

```
[me@linuxbox playground]$ cd
[me@linuxbox ~]$ rm -r playground
```

在 GUI 中创建符号链接

GNOME 和 KDE 中的文件管理器提供了一种自动创建符号链接的简单方法。在 GNOME 下，在拖曳文件的同时按住 Ctrl-Shift 组合键可以创建链接文件，而非执行复制（或移动）文件。在 KDE 下，拖曳（dropped）文件的时候会弹出一个小菜单，可以从中选择复制、移动或创建链接。

4.8 总结

到此为止，我们已经学习了大量的基础知识，可能要花一段时间才能完全消化吸收。请反复练习 4.7 节的例子，直到完全掌握为止。重要的是充分理解基本的文件操作命令和通配符。可以随意拓展 4.7 节中的例子，例如添加更多文件和目录、使用通配符来为各种操作指定文件。刚开始的时候，链接可能让人有点儿困惑，不过花些时间学习掌握之后，你就会发现它实在是提升效率的利器！

第5章 和命令打交道

至此，我们已经见识了一系列陌生的命令，它们各自都有自己的选项和参数。在本章中，我们会进一步揭开命令的神秘面纱，甚至创建属于个人的命令。本章将介绍下列命令。

- type：显示命令类型。
- which：显示可执行文件的位置。
- help：获取 Shell 内建命令的帮助信息。
- man：显示命令的手册页。
- apropos：显示适合的命令清单。
- whatis：显示手册页的简述。
- info：显示命令的 info 条目。
- alias：创建自己的命令。

5.1 命令究竟是什么

符合下列 4 种情况之一的，都可以称之为命令。

- 可执行程序。就像我们在/usr/bin 中见到的那些文件一样。在这一分类中，程序可以是由 C 和 C++编写并经过编译生成的二进制可执行文件，也可以是由 Shell、Perl、Python、Ruby 等脚本语言编写的脚本。

- 在 Shell 中的内建命令。Bash 支持大量内建命令，cd 命令就是其中之一。
- Shell 函数。Shell 函数是并入环境中的微型 Shell 脚本。在后文中，我们将介绍环境配置和 Shell 函数的编写，目前只需要知道两者的存在即可。
- 别名。别名是我们在其他命令的基础上自己定义的命令。

5.2 识别命令

知道使用的命令属于哪种情况往往很有帮助，Linux 为此提供了几种方法。

5.2.1 type——显示命令类型

type 命令属于 Shell 内建命令，能够显示指定的命令属于哪种类型。其用法如下：

```
type command
```

其中，command 是想要检查的文件名。下面是一些示例：

```
[me@linuxbox ~]$ type type
type is a shell builtin
[me@linuxbox ~]$ type ls
ls is aliased to 'ls --color=tty'
[me@linuxbox ~]$ type cp
cp is /bin/cp
```

从输出结果中可以看到，有 3 种不同的命令。注意 ls（取自 Fedora 系统），它实际上是添加了--color=tty 选项的 ls 命令的别名。现在我们终于知道了为什么 ls 的输出结果是彩色的！

5.2.2 which——显示可执行文件的位置

有时候，系统中安装的程序不止一个版本。尽管这种情况在桌面系统中并不常见，但在大型服务器上却是司空见惯的。为了确定某个程序的确切位置，可以使用 which 命令：

```
[me@linuxbox ~]$ which ls
/bin/ls
```

which 命令只适用于可执行文件，不适用于内建命令或代替实际可执行文件的别名。如果试图对 Shell 内建命令（例如 cd 命令）使用 which 命令，要么不会有任何输出结果，要么得到错误消息：

```
[me@linuxbox ~]$ which cd
/usr/bin/which: no cd in (/usr/local/bin:/usr/bin:/bin:/usr/local/games:/usr/games)
```

这算是“命令未找到”（command not found）的一种“精致”说法吧。

5.3 获取命令文档

知道了什么是命令之后，我们现在就可以获取各类命令可用的文档了。

5.3.1 help——获取 Shell 内建命令的帮助信息

Bash 自带的帮助功能可用于所有 Shell 内建命令。只需要输入 help，然后加上 Shell 内建命令的名称即可。下面是一个示例：

```
[me@linuxbox ~]$ help cd
cd: cd [-L|[-P [-e]] [-@]] [dir]
    Change the shell working directory.

    Change the current directory to DIR. The default DIR is the value of the
    HOME shell variable.

    The variable CDPATH defines the search path for the directory containing
    DIR. Alternative directory names in CDPATH are separated by a colon (:).
    A null directory name is the same as the current directory. If DIR begins
    with a slash (/), then CDPATH is not used.

    If the directory is not found, and the shell option 'cdable_vars' is set,
    the word is assumed to be a variable name. If that variable has a value,
    its value is used for DIR.

    Options:
        -L force symbolic links to be followed: resolve symbolic links in
        DIR after processing instances of '..'
        -P use the physical directory structure without following symbolic
        links: resolve symbolic links in DIR before processing instances
        of '..'
        -e if the -P option is supplied, and the current working directory
        cannot be determined successfully, exit with a non-zero status
        -@ on systems that support it, present a file with extended attributes
           as a directory containing the file attributes
```

```
The default is to follow symbolic links, as if '-L' were specified.
'..' is processed by removing the immediately previous pathname component
back to a slash or the beginning of DIR.

Exit Status:
Returns 0 if the directory is changed, and if $PWD is set successfully when
-P is used; non-zero otherwise..
```

关于命令语法，有一点要注意：如果在命令语法描述中出现了方括号，表示这些项是可选的。|表示项与项之间是互斥关系。对于上面的 cd 命令：

```
cd [-L|[-P[-e]]] [dir]
```

该语法意思是，cd 命令之后可以有选择地添加-L 或-P 选项，而且如果-P 选项同时指定了-e 选项，那么在其之后还可以跟上可选参数 dir。

尽管 cd 命令的帮助文档简洁明了，但绝对算不上教程，我们可以看到，其中还提到了不少尚未提及的内容！别担心，后文中我们会讲到的。

5.3.2 --help——显示用法信息

很多程序都支持--help 选项，该选项可以显示命令所支持的语法和选项的相关描述。例如：

```
[me@linuxbox ~]$ mkdir --help
Usage: mkdir [OPTION] DIRECTORY...
Create the DIRECTORY(ies), if they do not already exist.

  -Z, --context=CONTEXT (SELinux) set security context to CONTEXT
Mandatory arguments to long options are mandatory for short options too.
  -m, --mode=MODE   set file mode (as in chmod), not a=rwx – umask
  -p, --parents     no error if existing, make parent directories as
                    needed
  -v, --verbose     print a message for each created directory
      --help        display this help and exit
      --version     output version information and exit
Report bugs to <bug-coreutils@gnu.org>.
```

部分程序可能不支持--help 选项，不过可以先试一试。这通常会产生一条错误消息，在其中也可以发现同样的用法信息。

5.3.3 man——显示命令的手册页

大多数用于命令行的程序会提供一份叫作手册（manual）或手册页（man page）

的正式文档。有一个特殊的分页程序 man 可以浏览这种文档。其用法如下：

```
man program
```

其中，program 是待浏览的手册页对应的命令名称。

手册页的格式各不相同，不过一般都会包含下列部分。

- 标题（手册页的名称）。
- 命令语法提要。
- 命令作用描述。
- 命名选项清单及其描述。

不过，手册页中通常并不包含示例，其目的是作为参考，并非教程。让我们尝试浏览一下 ls 命令的手册页：

```
[me@linuxbox ~]$ man ls
```

在大多数 Linux 系统中，man 命令使用 less 命令显示手册页，所以在浏览的时候，熟悉的所有 less 命令都照样管用。

man 命令显示的“手册页”被分为若干节（section），不仅涵盖用户命令，还包括系统管理命令、编程接口、文件格式等。表 5-1 描述了手册页的组织结构。

表 5-1 手册页的组织结构

节	内容
1	用户命令
2	系统调用的编程接口
3	C 库函数的编程接口
4	特殊文件，例如设备节点和驱动程序
5	文件格式
6	游戏和娱乐，例如屏幕保护程序
7	杂项
8	系统管理命令

有时候我们需要参考手册页的某一节，从中查找所需的内容。当要查找的文件格式同时也是命令名称的时候，更是如此。如果没有指明节号，则显示最先匹配到的那一节（可能会是第 1 节）。为了指明节号，可以像下面这样：

```
man section search_term
```

例如：

```
[me@linuxbox ~]$ man 5 passwd
```

该命令会显示描述/etc/passwd 文件格式的手册页。

5.3.4 apropos——显示适合的命令清单

关于 apropos 命令可以根据关键字在手册页列表中搜索可能的匹配项。这种方法比较粗糙，但有时倒也管用。下面是用一个关键字 partition 搜索手册页的示例：

```
[me@linuxbox ~]$ apropos partition
addpart (8)          - simple wrapper around the "add partition" ioctl
all-swaps (7)        - event signalling that all swap partitions have been ac...
cfdisk (8)           - display or manipulate disk partition table
cgdisk (8)           - Curses-based GUID partition table (GPT) manipulator
delpart (8)          - simple wrapper around the "del partition" ioctl
fdisk (8)            - manipulate disk partition table
fixparts (8)         - MBR partition table repair utility
gdisk (8)            - Interactive GUID partition table (GPT) manipulator
mpartition (1)       - partition an MSDOS hard disk
partprobe (8)        - inform the OS of partition table changes
partx (8)            - tell the Linux kernel about the presence and numbering...
resizepart (8)       - simple wrapper around the "resize partition" ioctl
sfdisk (8)           - partition table manipulator for Linux
sgdisk (8)           - Command-line GUID partition table (GPT) manipulator fo..
```

输出结果中每行的第一个字段是手册页的名称，第二个字段是相应的节。注意，man 命令的-k 选项和 apropos 命令具有相同的功能。

5.3.5 whatis——显示手册页的简述

whatis 命令会显示匹配指定关键字的手册页名称和单行描述：

```
[me@linuxbox ~]$ whatis ls
ls                   (1) - list directory contents
```

难以阅读的手册页

Linux 和其他类 UNIX 系统提供的手册页本就是参考文档，并非学习教程。不少手册页都难以阅读，不过我认为其中的“佼佼者”当属 Bash 的手册页。在本书的编写过程中，我仔仔细细地翻看了 Bash 的手册页，确保涵盖了其中大部分主题。如果输出的话，密密麻麻的文字超过了 80 页，其采用的组织结构绝对让新手感到疑惑。

但是，手册页内容准确、用词简练，事无巨细地涵盖了方方面面。

5.3.6 info——显示程序的 info 条目

GNU 项目为自家的程序提供了手册页的替代品：info。Info 页使用名为 info（恰如其分）的阅读器显示。info 页中也包含超链接，和我们平时看到的网页颇为相像。下面是一个示例：

```
File: coreutils.info, Node: ls invocation, Next: dir invocation, Up:
Directory listing
10.1 'ls': List directory contents
==================================
The 'ls' program lists information about files (of any type, including
directories). Options and file arguments can be intermixed arbitrarily, as
usual.
   For non-option command-line arguments that are directories, by default 'ls'
lists the contents of directories, not recursively, and omitting files with
names beginning with '.'. For other non-option arguments, by default 'ls'
lists just the filename. If no non-option argument is specified, 'ls'
operates on the current directory, acting as if it had been invoked with a
single argument of '.'.
   By default, the output is sorted alphabetically, according to the
--zz-Info: (coreutils.info.gz)ls invocation, 63 lines --Top----------
```

info 程序读取 info 文件，该文件按照树形结构组织成各个单独的节点，每个节点包含一个主题。info 文件包含的超链接可以让你在节点之间跳转。超链接可以通过前置的星号来识别，将光标放在超链接上并按 Enter 键即可激活。

输入 info 和程序名称（可选）就可以启动 info 程序。表 5-2 描述了在显示 info 页时常用的控制命令。

表 5-2 info 命令

命令	操作
?	显示命令帮助
上翻页键（Page Up）或退格键（BackSpace）	显示上一页
下翻页键（Page Down）或空格键	显示下一页
n	显示下一个（next）节点
p	显示上一个（previous）节点
u	显示当前节点的父节点（up），通常是一个菜单
Enter 键	进入光标所在的超链接
q	退出（quit）

到目前为止，我们讨论过的大部分命令行程序属于 GNU 项目的 Coreutils 软件包，输入下列命令：

```
[me@linuxbox ~]$ info coreutils
```

我们会看到一个菜单页面，其中包含指向 Coreutils 软件包内各个程序的超链接。

5.3.7　文档文件

系统中安装的很多软件包都有自己的文档文件，它们被存放在/usr/share/doc 目录中。其中大部分文档文件采用的是纯文本格式，可以使用 less 命令来查看。有些文件采用的是 HTML 格式，可以用 Web 浏览器来查看。我们可能会碰到一些以.gz 扩展名结尾的文件。这表明它们是经过 gzip 压缩过的。gzip 软件包中有一个特殊版本的 less 命令，它叫作 zless，可以显示由 gzip 压缩的文档文件的内容。

5.4　使用 alias 创建自己的命令

现在可以开始试着写程序了！我们将使用 alias 命令来创建自己的命令。但是在动手之前，我们需要展示一个命令行的小技巧：可以使用分号作为分隔符，在命令行中一次性输入多个命令。就像下面这样：

```
command1; command2; command3...
```

来看一个例子：

```
[me@linuxbox ~]$ cd /usr; ls; cd -
bin games include lib local sbin share src
/home/me
[me@linuxbox ~]$
```

可以看到，我们在一行中放置了 3 个命令。首先将当前工作目录更改为/usr，然后列出目录内容，最后返回先前的目录（使用 cd-），这样就又回到了起点。现在，我们使用 alias 命令将上述命令序列变成一个新命令。第一件事就是先为新命令创建别名。让我们试一试 test。不过在此之前，最好检查一下名称 test 是否已经被占用了。为此，使用 type 命令：

```
[me@linuxbox ~]$ type test
test is a shell builtin
```

test 这个名称果然已经被占用了，那就试一试 foo：

```
[me@linuxbox ~]$ type foo
bash: type: foo: not found
```

很好！foo 可以用，让我们来创建别名吧：

```
[me@linuxbox ~]$ alias foo='cd /usr; ls; cd -'
```

注意 alias 命令的写法：

```
alias name='string'
```

在 alias 之后，我们指定了别名，紧接着（不允许出现空白字符[1]）是等号，然后是单引号引用的字符串，包含着要赋给别名的内容。定义好的别名可以出现在 Shell 允许出现命令的任何地方。让我们来试一下：

```
[me@linuxbox ~]$ foo
bin games include lib local sbin share src
/home/me
[me@linuxbox ~]$
```

我们可以使用 type 命令查看别名：

```
[me@linuxbox ~]$ type foo
foo is aliased to 'cd /usr; ls; cd -'
```

unalias 命令可以删除别名：

```
[me@linuxbox ~]$ unalias foo
[me@linuxbox ~]$ type foo
bash: type: foo: not found
```

尽管我们有意避免使用已有的命令名称来为别名命名，但这种做法其实并不少见。其目的在于为常见命令添加惯用选项。例如，前面讲到的 ls 是如何通过别名来添加颜色支持的：

```
[me@linuxbox ~]$ type ls
ls is aliased to 'ls --color=tty'
```

要想知道系统中定义的所有别名，使用不加任何参数的 alias 命令即可。下面是 Fedora 系统中默认定义好的一些别名。开动一下脑筋，想一想它们的作用：

```
[me@linuxbox ~]$ alias
alias l.='ls -d .* --color=tty'
alias ll='ls -l --color=tty'
alias ls='ls --color=tty'
```

在命令行定义别名还有一个小问题。当 Shell 会话结束时，这些别名也会随之消失。在第 11 章中，我们将学习如何将别名添加到系统环境初始化文件中。现在，

[1] 空格符、制表符、换行符都属于空白字符。

我们已经成功地向 Shell 编程世界迈出了一小步，尽情享受此刻吧！

5.5　总结

我们已经学会了如何获取命令文档，不妨试着查看一下之前介绍的所有命令的文档，研究这些命令的其他可用选项并动手实践！

第6章 重定向

在本章中，我们将要为你揭示的可能是命令行“最酷”的特性：I/O 重定向。“I/O”代表“输入/输出”（input/output），有了这项功能，你就可以在命令和文件之间改变输入和输出，还可以连接多个命令，形成功能强大的管道。为了展示重定向，我们将介绍下列命令。

- cat：拼接文件。
- sort：排序文本行。
- uniq：报告或忽略重复的行。
- wc：统计文件中换行符、单词以及字节的数量。
- grep：输出与模式匹配的行。
- head：输出文件的开头部分。
- tail：输出文件的结尾部分。
- tee：读取标准输入并将输出结果写入标准输出和文件。

6.1 标准输入、标准输出及标准错误

我们目前用过的很多程序能够产生某种形式的输出结果。这种输出结果通常有

两种类型。

- 程序的运行结果，也就是程序本就要产生的数据。
- 表明程序运行情况的状态和错误消息。

如果观察 ls 命令，就能发现它会在屏幕上显示运行结果和错误消息。

秉承“万物皆文件”的 UNIX 主旨，程序（例如 ls 命令）实际上将运行结果和状态消息分别发送到了名为 stdout（标准输出，standard output 的缩写）和 stdeer（标准错误，standard error 的缩写）的特殊文件。在默认情况下，标准输出和标准错误与显示器屏幕相关联，并不会保存为磁盘文件。

另外，许多程序从 stdin（标准输入，standard input 的缩写）中获取输入，默认情况下，标准输入与键盘相关联。

I/O 重定向允许我们修改输出结果的去处和输入的来源。通常来说，输出结果会显示在屏幕，输入则来自键盘，但有了 I/O 重定向，两者我们都可以改变。

6.2 标准输出重定向

I/O 重定向功能可以重新定义标准输出的去处。要想把标准输出重定向到其他文件，而非出现在屏幕上，可以使用重定向操作符>，后面跟上文件名即可。为什么我们要这样做？因为通常需要把命令的输出结果保存在文件中。例如，我们想让 Shell 将 ls 命令的输出结果保存在 ls-output.txt 中：

```
[me@linuxbox ~]$ ls -l /usr/bin > ls-output.txt
```

这里，我们生成了/usr/bin 目录的长格式列表并将其发送到 ls-output.txt。来检查一下重定向后的命令结果：

```
[me@linuxbox ~]$ ls -l ls-output.txt
-rw-rw-r-- 1 me   me   167878 2018-02-01 15:07 ls-output.txt
```

我们得到了一个不错的“大块头”文本文件。如果使用 less 命令查看该文件，会发现 ls-output.txt 中的确包含 ls 命令的输出结果：

```
[me@linuxbox ~]$ less ls-output.txt
```

现在，重复重定向测试，不过这次要加点儿难度。我们要将目录改成一个并不存在的目录：

```
[me@linuxbox ~]$ ls -l /bin/usr > ls-output.txt
ls: cannot access /bin/usr: No such file or directory
```

我们接收到了一条错误消息。得到这个结果一点儿都不亏，因为命令中指定的

/bin/usr 目录并不存在，但为什么错误消息显示在屏幕上，而不是被重定向到 ls-output.txt？答案是 ls 命令并没有将错误消息发送到标准输出。和大多数编写良好的 UNIX 程序一样，ls 命令将错误消息发送到了标准错误。因为我们只重定向了标准输出，并未重定向标准错误，所以错误消息依旧出现在了屏幕上。我们马上就会学习如何重定向标准错误，不过先来看一下输出文件的情况：

```
[me@linuxbox ~]$ ls -l ls-output.txt
-rw-rw-r-- 1 me   me   0 2018-02-01 15:08 ls-output.txt
```

文件大小为 0！这是因为当使用重定向符>对标准输出进行重定向时，会完全重写目标文件。由于 ls 命令除了一条错误消息外没有产生任何输出结果，因此重定向操作一开始准备重写该文件，出现错误后停止了写入操作，最终导致了该文件内容被截断（truncation）。事实上，如果我们打算截断某个文件（或者创建一个新的空文件），就可以利用这个技巧：

```
[me@linuxbox ~]$ > ls-output.txt
```

只需使用不加任何命令的重定向操作符，就可以截断现有文件或者创建一个新的空文件。

那么，该怎样才能把重定向的标准输出追加到文件尾部，而不是将其从头覆盖呢？为此，可以使用重定向操作符>>来实现：

```
[me@linuxbox ~]$ ls -l /usr/bin >> ls-output.txt
```

使用重定向操作符>>会将标准输出追加到文件尾部。如果指定的文件不存在，则像操作符>一样，新建该文件。让我们来测试一下：

```
[me@linuxbox ~]$ ls -l /usr/bin >> ls-output.txt
[me@linuxbox ~]$ ls -l /usr/bin >> ls-output.txt
[me@linuxbox ~]$ ls -l /usr/bin >> ls-output.txt
[me@linuxbox ~]$ ls -l ls-output.txt
-rw-rw-r-- 1 me   me   503634 2018-02-01 15:45 ls-output.txt
```

重复执行相同的命令 3 次，输出文件也相应地扩大了 3 倍。

6.3 标准错误重定向

标准错误重定向缺少专门的重定向操作符。要想重定向标准错误，必须引用其文件描述符。程序可以在任意经过编号的文件流（numbered file stream）上生成输出结果。虽然我们将前 3 个文件流称为标准输入、标准输出及标准错误，但在 Shell 内部分别是用文件描述符 0、1 及 2 引用它们的。Shell 提供了使用文件描述符编号来重定向文件的写法。由于标准错误对应的文件描述符为2，因此可以用下列写法来重定向标准错误：

```
[me@linuxbox ~]$ ls -l /bin/usr 2> ls-error.txt
```

文件描述符2紧靠在重定向操作符之前，将标准错误重定向到ls-error.txt。

6.3.1 将标准输出和标准错误重定向到同一个文件中

有时候，我们可能想将命令的所有输出结果全都保存到一个文件中。为此，必须同时重定向标准输出和标准错误。有两种实现方法。先来看传统方法，适用于旧版Shell：

```
[me@linuxbox ~]$ ls -l /bin/usr > ls-output.txt 2>&1
```

我们执行了两次重定向。先将标准输出重定向到ls-output.txt，然后使用2>&1将文件描述符2（标准错误）重定向到文件描述符1（标准输出）。

重定向操作的顺序非常重要

标准错误的重定向操作必须在标准输出重定向之后执行，否则无法奏效。在下面的例子中，标准错误被重定向到ls-output.txt:

```
>ls-output.txt 2>&1
```

如果改变了重定向操作的顺序，标准错误会被重定向到屏幕：

```
2>&1 >ls-output.txt
```

较新版本的Bash提供了另一种更流畅的方法来实现这种联合重定向：

```
[me@linuxbox ~]$ ls -l /bin/usr &> ls-output.txt
```

在这个例子中，我们使用&>将标准输出和标准错误重定向到ls-output.txt。你也许想将标准输出和标准错误追加到单个文件中，可以这样做：

```
[me@linuxbox ~]$ ls -l /bin/usr &>> ls-output.txt
```

6.3.2 丢弃用不着的输出结果

“沉默是金”，有时候你并不需要命令的输出结果，而希望将其丢弃掉，尤其是那些错误和状态消息。系统提供了一种解决方法：将输出结果重定向到名为/dev/null的特殊文件。该文件是一个系统设备，通常称作位桶（bit bucket），能够接收输入结果但不做任何处理。下列命令可以丢弃命令的错误消息：

```
[me@linuxbox ~]$ ls -l /bin/usr 2> /dev/null
```

UNIX 文化中的/dev/null

位桶是一个“古老”的 UNIX 概念，由于其广泛性，在 UNIX 文化的诸多方面都有它的身影。如果有人说你的评论被送到了/dev/null，现在你应该就知道是什么意思了。更多的例子，参见维基百科上有关/dev/null 的条目。

6.4 标准输入重定向

到目前为止，我们还没有学过使用标准输入的命令（其实有过，稍后来揭晓“谜底”），现在来介绍一个。

Cat——拼接文件

cat 命令读取一个或多个文件并将其复制到标准输出：

```
cat filename
```

在大多数情况下，你可以将 cat 命令等同于 DOS 中的 type 命令，能够以不分页的形式显示文件内容。例如，下列命令将显示 ls-output.txt 的内容：

```
[me@linuxbox ~]$ cat ls-output.txt
```

cat 命令常用于显示比较短的文本文件。因为 cat 命令能够接收多个文件作为参数，所以还可用于将文件拼接在一起。假设我们下载了一个被分割成好几部分的文件（Usenet 上的多媒体文件多采用这种方式），希望能将其组合还原。如果这些文件的命名方式如下：

```
movie.mpeg.001 movie.mpeg.002 ... movie.mpeg.099
```

我们可以用下列命令将其恢复原状：

```
cat movie.mpeg.0* > movie.mpeg
```

因为通配符会按照顺序扩展，所以 cat 命令的参数排列也不会出错。

一切都很好，不过这和标准输入有什么关系？确实没什么关系，不过让我们来另做一番尝试。如果输入没有任何参数的 cat 命令会怎样？

```
[me@linuxbox ~]$ cat
```

什么都没发生，就是停在那里，像是被卡住了。看起来似乎如此，但其实这正是 cat 命令应该做的事情。

如果没有为 cat 命令指定任何参数，它就从标准输入中读取。又因为标准输入默认和键盘关联，所以 cat 命令一直在等着我们从键盘输入！试着输入下面的文本，然后按 Enter 键：

```
[me@linuxbox ~]$ cat
The quick brown fox jumped over the lazy dog.
```

接着，按 Ctrl-D 组合键（也就是按住 Ctrl 键，再按 D 键），告诉 cat 命令已经到达了标准输入的文件末尾（End Of File，EOF）：

```
[me@linuxbox ~]$ cat
The quick brown fox jumped over the lazy dog.
The quick brown fox jumped over the lazy dog.
```

在缺少文件名参数的情况下，因为 cat 命令会将标准输入复制到标准输出，所以我们看到了重复显示的文本行。利用这种行为，可以创建短小的文本文件。假设我们想要创建一个名为 lazy_dog.txt 的文件，其中包含先前示例中的文本内容。可以这样做：

```
[me@linuxbox ~]$ cat > lazy_dog.txt
The quick brown fox jumped over the lazy dog.
```

在命令后输入想放入文件中的文本。记住最后要按 Ctrl-D 组合键。通过命令行，我们实现了世界上最原始的文字处理程序！要想查看结果，我们可以再次使用 cat 命令将文件复制到标准输出：

```
[me@linuxbox ~]$ cat lazy_dog.txt
The quick brown fox jumped over the lazy dog.
```

现在我们知道除文件名参数之外，cat 是如何接收标准输入的，让我们尝试重定向标准输入：

```
[me@linuxbox ~]$ cat < lazy_dog.txt
The quick brown fox jumped over the lazy dog.
```

通过重定向操作符<，我们将标准输入方式从键盘改为文件 lazy_dog.txt。可以看到，结果和传递文件参数一模一样。相较于传递文件参数，重定向标准输入也并未显得特别有用，这里只表明可以使用文件作为标准输入而已。我们很快就会看到其他能够更好地利用标准输入的命令。

在继续学习之前，先查看一下 cat 命令的手册页，其中有不少值得注意的选项。

6.5 管道

Shell 的管道特性利用了命令能够从标准输入读取数据并将数据发送到标准输出的能力。通过管道操作符|，可以将一个命令的标准输出传给另一个命令的标准输入：

```
command1 | command2
```

为了充分展示管道的用法，需要用到几个命令。还记不记得我们曾经说过其实有一个已经学过的命令能够使用标准输入？这个命令就是 less。对于那些将结果发往标准输出的命令，我们都可以使用 less 命令将其输出结果逐页显示出来：

```
[me@linuxbox ~]$ ls -l /usr/bin | less
```

方便极了！对任何能够产生标准输出的命令，我们都可以利用这个方法检查其输出结果。

管道往往用来执行复杂的数据操作。我们也可以把多个命令组合在一起形成管道，这种方式中用到的命令通常被称为过滤器（filter）。过滤器获取输入，对其做出改动，然后输出。

6.5.1 排序列表

我们先来试一试 sort 命令。假设要把/bin 和/usr/bin 目录下的所有可执行文件合并成一个列表，然后排序，并查看最终结果。

```
[me@linuxbox ~]$ ls /bin /usr/bin | sort | less
```

因为我们指定了两个目录（/bin 和/usr/bin），所以 ls 命令的输出结果包含了两个排序列表，分别对应每个目录。在管道中加入 sort 命令，就可以修改 ls 命令的输出结果，生成单个有序列表。

>和|之间的差异

乍一看，很难理解管道操作符|与重定向操作符>执行的重定向有什么不同之处。简单来说，重定向操作符将命令与文件连接在一起，而管道操作符将一个命令的输出结果与另一个命令的输出结果连接在一起：

```
command1 > file1
command1 | command2
```

很多人在学习管道时会尝试下面的做法，想看一看会发生些什么：

```
command1 > command2
```

答案：有时候，结果会很糟糕。

这里有一个真实的例子，是一位负责管理 Linux 服务器的读者提供的。作为超级用户，他执行了以下操作：

```
# cd /usr/bin
# ls > less
```

第一个命令切换到大多数程序所在的目录；第二个命令告诉 Shell，使用 ls 命令输出的文件覆盖"less"。因为/usr/bin 目录中包含名为 less 的文件（也就是 less 程序），第二个命令的结果就是使用 ls 命令输出的文本覆盖了 less 程序，所以系统中的 less 程序就再也无法使用了。

从中得到的教训就是重定向操作符会悄无声息地创建或覆盖文件，一定要小心应对。

6.5.2 uniq——报告或忽略重复行

uniq 命令通常与 sort 命令配合使用。uniq 命令可以从标准输入或单个文件名参数中获取有序的数据列表（详见 uniq 命令的手册页），默认删除所有重复行。为了确保输出结果中没有重复行（也就是说，/bin 和/usr/bin 目录中存在同名程序），我们将 uniq 命令加入管道中：

```
[me@linuxbox ~]$ ls /bin /usr/bin | sort | uniq | less
```

在这个例子中，我们使用 uniq 命令删除 sort 命令输出结果中的所有重复行。如果想看都有哪些重复行，可以使用 uniq 命令的-d 选项：

```
[me@linuxbox ~]$ ls /bin /usr/bin | sort | uniq -d | less
```

6.5.3 wc——统计文件中换行符、单词以及字节的数量

wc（word count，译为单词统计）命令可用于统计文件中换行符、单词以及字节的数量。例如：

```
[me@linuxbox ~]$ wc ls-output.txt
 7902 64566 503634 ls-output.txt
```

在这个例子中，输出了 3 个数字，分别是 ls-output.txt 中的行数、单词数、字节数。和之前的命令一样，如果没有指定命令行参数，wc 命令会从标准输入中读取。-l 选项限制只输出文件行数。将该命令加入管道中，能够方便地完成统计工作。要想知道有序列表包含多少行，可以这样：

```
[me@linuxbox ~]$ ls /bin /usr/bin | sort | uniq | wc -l
2728
```

6.5.4 grep——输出与模式匹配的行

grep 命令可用于在文件中查找文本模式，功能十分强大。其用法如下：

```
grep pattern filename
```

当 grep 命令在文件中遇到“模式”的时候，会输出包含该模式的行。grep 命令能够匹配非常复杂的模式，不过我们目前先关注一些简单的文本匹配。第 19 章中会讲到被称为“正则表达式”（regular expression）的高级模式。

假设想从程序列表中找出名称中包含单词 zip 的所有文件，利用这种方法，我们可以得知系统中有多少程序和文件压缩有关。实现方法如下：

```
[me@linuxbox ~]$ ls /bin /usr/bin | sort | uniq | grep zip
bunzip2
bzip2
gunzip
gzip
unzip
zip
zipcloak
zipgrep
zipinfo
zipnote
zipsplit
```

grep 命令有两个很方便的选项。

-i 使 grep 命令在搜索的时候忽略字母大小写（默认区分大小写）。

-v 使 grep 命令只输出不匹配指定模式的行。

6.5.5 head/tail——输出文件的开头/结尾部分

有时候，你想要的并不是命令的全部输出结果，而只是前几行或后几行。head 命令和 tail 命令默认分别能够输出文件的前 10 行和后 10 行，不过行数可以通过-n 选项来调整：

```
[me@linuxbox ~]$ head -n 5 ls-output.txt
total 343496
-rwxr-xr-x 1 root root      31316 2017-12-05 08:58 [
-rwxr-xr-x 1 root root       8240 2017-12-09 13:39 411toppm
-rwxr-xr-x 1 root root     111276 2017-11-26 14:27 a2p
-rwxr-xr-x 1 root root      25368 2016-10-06 20:16 a52dec
[me@linuxbox ~]$ tail -n 5 ls-output.txt
-rwxr-xr-x 1 root root       5234 2017-06-27 10:56 znew
-rwxr-xr-x 1 root root        691 2015-09-10 04:21 zonetab2pot.py
```

```
-rw-r--r-- 1 root root         930 2017-11-01 12:23 zonetab2pot.pyc
-rw-r--r-- 1 root root         930 2017-11-01 12:23 zonetab2pot.pyo
lrwxrwxrwx 1 root root           6 2016-01-31 05:22 zsoelim -> soelim
```

这两个命令都可以用在管道中：

```
[me@linuxbox ~]$ ls /usr/bin | tail -n 5
znew
zonetab2pot.py
zonetab2pot.pyc
zonetab2pot.pyo
zsoelim
```

tail 命令中有一个可以用来实时查看文件的选项。该选项适合同步观察日志被写入的过程。在下面的例子中，我们将查看/var/log 目录中的 messages 文件（如果 message 文件不存在的话，则改用/var/log/syslog）。因为/var/log/messages 文件可能包含安全信息，所以在一些 Linux 发行版中，需要超级用户的权限才能执行该操作：

```
[me@linuxbox ~]$ tail -f /var/log/messages
Feb 8 13:40:05 twin4 dhclient: DHCPACK from 192.168.1.1
Feb 8 13:40:05 twin4 dhclient: bound to 192.168.1.4 -- renewal in 1652 seconds.
Feb 8 13:55:32 twin4 mountd[3953]: /var/NFSv4/musicbox exported to both
     192.168.1.0/24 and twin7.localdomain in 192.168.1.0/24,twin7.localdomain
Feb 8 14:07:37 twin4 dhclient: DHCPREQUEST on eth0 to 192.168.1.1 port 67
Feb 8 14:07:37 twin4 dhclient: DHCPACK from 192.168.1.1
Feb 8 14:07:37 twin4 dhclient: bound to 192.168.1.4 -- renewal in 1771 seconds.
Feb 8 14:09:56 twin4 smartd[3468]: Device: /dev/hda, SMART Prefailure Attribute:
     8 Seek_Time_Performance changed from 237 to 236
Feb 8 14:10:37 twin4 mountd[3953]: /var/NFSv4/musicbox exported to both
     192.168.1.0/24 and twin7.localdomain in 192.168.1.0/24,twin7.localdomain
Feb 8 14:25:07 twin4 sshd(pam_unix)[29234]: session opened for user me by (uid=0)
Feb 8 14:25:36 twin4 su(pam_unix)[29279]: session opened for user root by me(uid=500)
```

通过-f 选项，tail 命令会持续观察该文件，一旦添加了新行，立即就会显示在屏幕中。这个过程直到按 Ctrl-C 组合键后停止。

6.5.6 tee——读取标准输入并将输出结果写入标准输出和文件

为了和管道的比喻保持一致，Linux 还提供了一个名为 tee 的命令，可以在管道上安装一个“T 形头”。tee 命令从标准输入读取内容，然后将其复制到标准输出（允许数据沿着管道继续向下流动）和其他文件中。捕获管道处理过程中的某个中间阶段的数据会很有用。我们在这里要重复使用之前的一个例子，这次在 grep 命令过滤管道内容之前加入 tee 命令，将整个目录列表保存到 ls.txt 中：

```
[me@linuxbox ~]$ ls /usr/bin | tee ls.txt | grep zip
bunzip2
bzip2
gunzip
gzip
unzip
zip
zipcloak
zipgrep
zipinfo
zipnote
zipsplit
```

6.6 总结

请查看本章涉及的各个命令的相关文档。我们只介绍了这些命令的基本用法，除此之外，它们都还有很多值得注意的选项。等到积累了一定的 Linux 使用经验，我们会发现命令行的重定向特性对解决某些特定的问题颇有帮助。很多命令都用到了标准输入和标准输出，绝大多数命令行程序使用标准错误来显示提示性信息。

充满想象力的 Linux

每当被问到 Windows 和 Linux 之间有什么不同时，我经常会用玩具打比方。

Windows 就像是 Game Boy 游戏机。你去商店买了一台全新的 Game Boy。你把它带回家，启动，开始玩游戏。画面炫丽，声音可人。但是没过多久，你就厌倦了这些游戏，于是你又回到商店，买了另一款游戏。这个过程周而复始。最后，你再次回到商店，对柜台后的售货员说："我想要一款不一样的游戏！"但是却被告知市面上没有这种游戏，因为不存在针对它的"市场需求"。"但是我只需要改动一样东西就行了"，你接着说。售货员又说你不能进行更改，游戏是被完全密封好的。这时候，你发现你的游戏机只能玩那些别人觉得你需要的游戏。

而 Linux 就像是世界上最大的建筑拼装玩具。你打开它之后，发现只有一大堆零件，各种钢架、螺丝钉、螺帽、齿轮、滑轮组、马达等，还有一些装配参考。好了，你可以开始"把玩"了。你按照装配参考，拼好了一个又一个部件。没过不久，你有了自己想要的样式。用不着再重返商店，因为要用到的一切你都已经有了。这个建筑拼装玩具就是你想象力的体现。你想要什么，它就能实现什么。

你想选择哪种玩具自然是你的自由，那么哪种玩具更能让你有满足感？

第7章 “Shell 眼”看世界

在本章中，我们打算看一看当按 Enter 键的时候，发生在命令行中的一些“魔法”。我们会检查几处有趣且复杂的 Shell 特性，而用到的新命令只有一个。

- echo：显示一行文本。

7.1 扩展

每次输入命令并按 Enter 键的时候，在执行命令之前，Bash 会执行一些文本替换操作。我们已经见识过几个例子，像*这样简单的字符在 Shell 中意味着诸多含义。这一处理过程称作扩展（expansion）。经过扩展，我们输入的内容在被 Shell 执行之前会被展开成其他内容。为了展示这一点，让我们来看一下 echo 命令。Shell 内建命令 echo 命令执行的任务非常简单，即将其文本参数输出到标准输出：

```
[me@linuxbox ~]$ echo this is a test
this is a test
```

相当直观。传给 echo 命令的参数都会被逐一显示出来。来看另一个示例：

```
[me@linuxbox ~]$ echo *
Desktop Documents ls-output.txt Music Pictures Public Templates Videos
```

这是怎么回事？为什么没有输出*？回忆通配符的用法，*表示匹配文件名中的任意数量的字符，但当时我们并未讨论 Shell 是如何实现该功能的。简单的回答就是：在执行 echo 命令之前，由 Shell 将*扩展为其他内容（在这里，是当前工作目录中的文件名）。按 Enter 键时，Shell 会在命令执行之前自动扩展命令行中所有的限定字符（qualifying character）。因此，echo 命令压根接收不到*，它接收到的只是扩展后的结果。知道了这一点，我们就会发现 echo 命令的行为完全符合预期。

7.1.1 路径名扩展

通配符的工作机制称为路径名扩展。如果我们尝试用过的一些技术，会发现它们其实都是扩展。下面是一个主目录中的内容：

```
[me@linuxbox ~]$ ls
Desktop    ls-output.txt Pictures Templates
Documents  Music         Public   Videos
```

我们来执行下列扩展：

```
[me@linuxbox ~]$ echo D*
Desktop Documents
```

再执行下列扩展：

```
[me@linuxbox ~]$ echo *s
Documents Pictures Templates Videos
```

甚至还可以执行下列扩展：

```
[me@linuxbox ~]$ echo [[:upper:]]*
Desktop Documents Music Pictures Public Templates Videos
```

或者，查看主目录之外的内容：

```
[me@linuxbox ~]$ echo /usr/*/share
/usr/kerberos/share /usr/local/share
```

隐藏文件的路径名扩展

我们知道，以点号开头的文件属于隐藏文件。路径名扩展同样尊重这一事实。下面这种扩展并不会显示隐藏文件:

```
echo *
```

乍一看，我们可以在模式前面加上一个点号，以此显示隐藏文件:

```
echo .*
```

差点儿就奏效了。但如果我们仔细检查结果，会发现其中还包括.和..。因为这两个名称分别代表当前工作目录及其父目录，所以使用该模式可能会产生错误结果。不信的话，可以试一试下列命令:

```
ls -d .* | less
```

在这种情况下，要想更好地执行路径名扩展，我们需要使用更具体的模式:

```
echo .[!.]*
```

此模式会扩展为所有以单个点号开头，随后是其他任意字符的文件名。这可以处理大多数隐藏文件（不过无法显示以多个点号开头的文件）。ls 命令的-A 选项能够正确地列出隐藏文件:

```
ls -A
```

7.1.2 浪纹线扩展

回忆一下，我们在介绍 cd 命令的时候说过，浪纹线~具有特殊含义。它用于单词之前时，会扩展为同名用户的主目录。如果未指定单词，则扩展为当前用户的主目录:

```
[me@linuxbox ~]$ echo ~
/home/me
```

如果系统中存在用户 foo，则扩展结果如下:

```
[me@linuxbox ~]$ echo ~foo
/home/foo
```

7.1.3 算术扩展

Shell 通过扩展来执行算术运算。我们可以把 Shell 提示符当作计算器使用：

```
[me@linuxbox ~]$ echo $((2 + 2))
4
```

算术扩展采用下列形式：

```
$((expression))
```

其中，expression 是由数值和算术操作符组成的算术表达式。

算术表达式仅支持整数（不能是小数），不过能够执行多种运算。表 7-1 列出了部分支持的算术操作符。

表 7-1 算术操作符

操作符	含义
+	加法
-	减法
*	乘法
/	除法（记住，因为算术扩展仅支持整数算术运算，所以除法的结果也只能是整数）
%	求模，就是“求余数”
**	求幂

算术表达式中的空格没有特别意义，表达式也可以嵌套。例如，计算 5 的平方乘以 3：

```
[me@linuxbox ~]$ echo $(($((5**2)) * 3))
75
```

圆括号可用于分组多个表达式。利用这一点，我们可以重写上一个例子，使用一次扩展就可以得到相同的结果：

```
[me@linuxbox ~]$ echo $(((5**2) * 3))
75
```

下面是一个除法和求模操作符的示例。注意整数除法的效果：

```
[me@linuxbox ~]$ echo Five divided by two equals $((5/2))
Five divided by two equals 2
[me@linuxbox ~]$ echo with $((5%2)) left over.
with 1 left over.
```

第 34 章会更为详细地讨论算术扩展。

7.1.4 花括号扩展

最奇特的扩展大概就是花括号扩展了。有了它，你可以按照花括号中的模式创建多个文本字符串。来看下面的例子：

```
[me@linuxbox ~]$ echo Front-{A,B,C}-Back
Front-A-Back Front-B-Back Front-C-Back
```

用于花括号扩展的模式可以包含一个称为前导（preamble）的开头部分和一个称为后继（postscript）的结尾部分。花括号表达式本身可以是逗号分隔的字符串列表，也可以是整数区间或单个字符，但不能包含未经引用的空白字符。下面的例子使用了整数区间：

```
[me@linuxbox ~]$ echo Number_{1..5}
Number_1 Number_2 Number_3 Number_4 Number_5
```

在 Bash 4.0 及以上版本中，整数也可以用 0 填充：

```
[me@linuxbox ~]$ echo {01..15}
01 02 03 04 05 06 07 08 09 10 11 12 13 14 15
[me@linuxbox ~]$ echo {001..15}
001 002 003 004 005 006 007 008 009 010 011 012 013 014 015
```

下面是按照降序排列的一系列字母：

```
[me@linuxbox ~]$ echo {Z..A}
Z Y X W V U T S R Q P O N M L K J I H G F E D C B A
```

花括号扩展也可以嵌套：

```
[me@linuxbox ~]$ echo a{A{1,2},B{3,4}}b
aA1b aA2b aB3b aB4b
```

那么，花括号扩展有什么用呢？常见的应用就是创建文件或目录列表。假设你是摄影师，手头有一大堆照片，希望按照年份和月份来组织整理。那么，第一件要做的事情就是创建一系列采用数字格式的"年份-月份"名称的目录。这样的话，这些目录将会按照年代顺序排列。你可以手动输入并建立完整的目录列表，但工作量实在不小，还容易出错。我们可以换一种做法：

```
[me@linuxbox ~]$ mkdir Photos
[me@linuxbox ~]$ cd Photos
[me@linuxbox Photos]$ mkdir {2007..2009}-{01..12}
[me@linuxbox Photos]$ ls
2007-01  2007-07  2008-01  2008-07  2009-01  2009-07
2007-02  2007-08  2008-02  2008-08  2009-02  2009-08
```

```
2007-03  2007-09  2008-03  2008-09  2009-03  2009-09
2007-04  2007-10  2008-04  2008-10  2009-04  2009-10
2007-05  2007-11  2008-05  2008-11  2009-05  2009-11
2007-06  2007-12  2008-06  2008-12  2009-06  2009-12
```

7.1.5 参数扩展

我们打算在本章中只简要地介绍参数扩展，后文会展开广泛讨论。该特性在Shell 脚本中要比直接在命令行中更实用。其很多功能与系统能够保存少量数据并为各部分数据命名有关。不少数据（更准确的叫法应该是变量）可供用户查看。例如，你的用户名可以保存在名为 USER 的变量中。要想执行参数扩展，显示 USER 的内容，方法如下：

```
[me@linuxbox ~]$ echo $USER
me
```

如果想查看可用的变量列表，可以这样：

```
[me@linuxbox ~]$ printenv | less
```

你可能已经注意到，对其他的扩展类型来说，如果输错了模式，就不会发生扩展，echo 命令会原封不动地显示错误的模式。但是对参数扩展来说，如果变量名拼错了，仍然会进行扩展，只不过输出结果是一个空字符串罢了：

```
[me@linuxbox ~]$ echo $SUER

[me@linuxbox ~]$
```

7.1.6 命令替换

命令替换允许我们使用命令的输出结果作为扩展结果：

```
[me@linuxbox ~]$ echo $(ls)
Desktop Documents ls-output.txt Music Pictures Public Templates Videos
```

我最喜欢的一种用法：

```
[me@linuxbox ~]$ ls -l $(which cp)
-rwxr-xr-x 1 root root 71516 2007-12-05 08:58 /bin/cp
```

在这里，我们将 which cp 的输出结果作为 ls 命令的参数，因而得以在无须知道完整路径的情况下获得 cp 命令的详细信息。命令替换并不仅限于简单命令。整个管道都可以用来替换（下面仅显示部分输出结果）：

```
[me@linuxbox ~]$ file $(ls -d /usr/bin/* | grep zip)
/usr/bin/bunzip2:      symbolic link to 'bzip2'
/usr/bin/bzip2:        ELF 32-bit LSB executable, Intel 80386, version 1
(SYSV), dynamically linked (uses shared libs), for GNU/Linux 2.6.9, stripped
/usr/bin/bzip2recover: ELF 32-bit LSB executable, Intel 80386, version 1
(SYSV), dynamically linked (uses shared libs), for GNU/Linux 2.6.9, stripped
/usr/bin/funzip:       ELF 32-bit LSB executable, Intel 80386, version 1
(SYSV), dynamically linked (uses shared libs), for GNU/Linux 2.6.9, stripped
/usr/bin/gpg-zip:      Bourne shell script text executable
/usr/bin/gunzip:       symbolic link to '../../bin/gunzip'
/usr/bin/gzip:         symbolic link to '../../bin/gzip'
/usr/bin/mzip:         symbolic link to 'mtools'
```

在这个例子中，管道的输出结果变成了 file 命令的参数列表。

在较旧的 Shell 版本中，还有另一种命令替换语法，Bash 对此也提供了支持。在这种语法中，使用反引号代替美元符号和圆括号：

```
[me@linuxbox ~]$ ls -l 'which cp'
-rwxr-xr-x 1 root root 71516 2007-12-05 08:58 /bin/cp
```

7.2 引用

我们已经看到了 Shell 执行扩展的多种方式，是时候学习如何控制扩展了。来看下面的例子：

```
[me@linuxbox ~]$ echo this is a     test
this is a test
```

或者如下例子：

```
[me@linuxbox ~]$ echo The total is $100.00
The total is 00.00
```

在第一个例子中，Shell 通过单词分割（word splitting），删除了 echo 命令参数列表中多余的空白字符。在第二个例子中，参数扩展将$1 扩展成了空字符串，因为该变量并未定义。Shell 提供的引用机制可以有选择地禁止不需要的扩展。

7.2.1 双引号

第一种引用类型是双引号。如果把文本放入双引号中，那么 Shell 使用的所有特殊字符都将丧失其特殊含义，而被视为普通字符。$（美元符号）、\（反斜线）、`（反引号）除外。这意味着单词分割、路径名扩展、浪纹线扩展、花括号扩展全部失效，但是参数扩展、算术扩展、命令替换仍然可用。有了双引号，我们就能够处理文件名中包含空白字符的情况。假设碰到了一个名为 two words.txt 的文件，如果在命令行中使用该文件名，单词分割会将其视为两个独立的参数，而不是我们希望的单个参数：

```
[me@linuxbox ~]$ ls -l two words.txt
ls: cannot access two: No such file or directory
ls: cannot access words.txt: No such file or directory
```

而利用双引号，我们阻止了单词分割，得到了想要的结果。除此之外，甚至还能修复错误：

```
[me@linuxbox ~]$ ls -l "two words.txt"
-rw-rw-r-- 1 me me 18 2018-02-20 13:03 two words.txt
[me@linuxbox ~]$ mv "two words.txt" two_words.txt
```

记住，参数扩展、算术扩展、命令扩展仍会在双引号中发生：

```
[me@linuxbox ~]$ echo "$USER $((2+2)) $(cal)"
me 4 February 2020
Su Mo Tu We Th Fr Sa
                   1
 2  3  4  5  6  7  8
 9 10 11 12 13 14 15
16 17 18 19 20 21 22
23 24 25 26 27 28 29
```

我们得花点儿时间，看一看命令替换在双引号中的效果。首先，要深入了解一下单词分割是怎么工作的。在前面的例子中，我们看到了单词分割删除了文本中多余的空白字符：

```
[me@linuxbox ~]$ echo this is a     test
this is a test
```

在默认情况下，单词分割会查找空格符、制表符、换行符，将其视为单词之间的分隔符。这意味着未经引用的空格符、制表符、换行符不会被视为文本的一部分，仅作分隔之用。由这些分隔符将单词划分成不同的部分，因此我们的示例命令行中包含了 1 个命令，然后是 4 个不同的参数。如果加上双引号，那么就禁止了单词分割功能，其中的空白字符不再被视为分隔符，而是变成了参数的组成部分。这样，命令行就变成了由一个命令和单个参数组成：

```
[me@linuxbox ~]$ echo "this is a     test"
this is a     test
```

换行符会被单词分割机制视为分隔符，这一事实对命令替换带来的影响尽管细微，但却值得注意。考虑如下的示例：

```
[me@linuxbox ~]$ echo $(cal)
February 2020 Su Mo Tu We Th Fr Sa 1 2 3 4 5 6 7 8 9 10 11 12 13 14 15 16 17
18 19 20 21 22 23 24 25 26 27 28 29
[me@linuxbox ~]$ echo "$(cal)"
   February 2020
Su Mo Tu We Th Fr Sa
                   1
 2  3  4  5  6  7  8
 9 10 11 12 13 14 15
16 17 18 19 20 21 22
23 24 25 26 27 28 29
```

在第一个例子中，未经引用的命令替换产生的命令行包含 38 个参数。而在第二个例子中，产生的命令行只包含一个参数，该参数中既有空格，也有换行符。

7.2.2 单引号

如果我们想禁止所有扩展，可以使用单引号。下面比较了无引号、单引号以及双引号的效果：

```
[me@linuxbox ~]$ echo text ~/*.txt {a,b} $(echo foo) $((2+2)) $USER
text /home/me/ls-output.txt a b foo 4 me
[me@linuxbox ~]$ echo "text ~/*.txt {a,b} $(echo foo) $((2+2)) $USER"
text ~/*.txt {a,b} foo 4 me
[me@linuxbox ~]$ echo 'text ~/*.txt {a,b} $(echo foo) $((2+2)) $USER'
text ~/*.txt {a,b} $(echo foo) $((2+2)) $USER
```

可以看出，从上到下，越来越多的扩展被禁止。

7.2.3 转义字符

有时候，我们只想引用单个字符。为此，可以在该字符前加上一个反斜线，这也称为转义字符。在双引号中，经常使用转义字符来有选择性地避免扩展：

```
[me@linuxbox ~]$ echo "The balance for user $USER is: \$5.00"
The balance for user me is: $5.00
```

使用转义功能消除文件名中某个字符的特殊含义，这种做法很常见。例如，文件名中出现的特殊字符（包括$、!、&、空格符）可能对 Shell 具有特殊含义。要想在文件名中正确地加入这类特殊字符，可以这样做：

```
[me@linuxbox ~]$ mv bad\&filename good_filename
```

如果要加入反斜线，可以使用\\将其转义。注意，在单引号中，反斜线不具备特殊含义，和普通字符无异。

7.2.4 反斜线转义序列

反斜线除了转义字符，还可以用于描述某些称为控制码（control code）的特殊字符。ASCII 编码方案中的前 32 个字符用于向电传打字机之类的设备传送命令。其中部分字符我们都已经很熟悉了（制表符、退格符、换行符、回车符），而另一些字符平时则很少使用。

表 7-2 列出了部分常见的反斜线转义序列。

表 7-2 反斜线转义序列

转义序列	含义
\a	响铃（使计算机发出蜂鸣声）
\b	退格符
\n	新行（newline）符；在类 UNIX 系统中，该转义序列会产生换行符（line feed）
\r	回车符
\t	制表符

使用反斜线描述转义序列的想法源自 C 语言，现已被很多包括 Shell 在内的其他编程语言采用。

echo 的-e 选项能够解释转义序列。你也可以将其放入$''内。下面的例子使用了 sleep 命令，该命令会等待一段指定的时间（以 s 为单位），然后退出，我们以此创建一个原始的倒数计时器：

```
sleep 10; echo -e "Time's up\a"
```

也可以这样做：

```
sleep 10; echo "Time's up" $'\a'
```

7.3 总结

随着学习的深入，我们发现扩展和引用的使用频率逐渐增大，因此有必要充分理解其工作方式。事实上，两者可以说是 Shell 学习过程中重要的主题。如果不能正确地理解扩展，那么 Shell 始终会让人觉得神秘莫测、困惑不解，而且还会被大材小用。

第8章 高级键盘技巧

我经常将 UNIX 戏称为“打字爱好者的操作系统”。当然，UNIX 中存在命令行这一事实也坐实了这一点。但是，命令行用户也不愿意打那么多字，要不为什么有那么多的命令采用了简短的名称（例如 cp、ls、mv、rm）？实际上，命令行重视的目标之一就是省时省力（laziness）——用最少的按键次数完成最多的工作。另一个目标是不必从键盘上抬起手，再将手伸向鼠标。在本章中，我们会见识到一些能够提高键盘操作效率的 Bash 特性。

接下来，我们将介绍下列命令。

- clear：清除终端屏幕。
- history：显示或操作命令历史列表。

8.1 编辑命令行

Bash 使用了一个名为 Readline 的库（可供不同程序使用的共享例程集合）来实现命令行编辑。我们先前已经介绍过部分相关特性。例如，通过方向键可以移动光标，除此之外，还有更多的特性尚未提及。可以将其视为能够在工作中使用的附加工具，不是说必须全都学会，但是其中不少特性还是颇为实用的。挑选你需要的学习就行了。

注意 本章介绍的有些组合键（尤其是那些使用了 Alt 键的组合键）可能会被 GUI 识别为其他功能。在使用虚拟控制台时，所有组合键应该都可以正常使用。

8.1.1 光标移动

表 8-1 列举了光标移动的组合键。

表 8-1 光标移动的组合键

组合键	操作
Ctrl-A	将光标移动到行首
Ctrl-E	将光标移动到行尾
Ctrl-F	将光标向前移动一个字符；等同于右方向键
Ctrl-B	将光标向后移动一个字符；等同于左方向键
Alt-F	将光标向前移动一个单词
Alt-B	将光标向后移动一个单词
Ctrl-L	清除屏幕，将光标移动到左上角。等同于 clear 命令

8.1.2 修改文本

在输入命令的时候可能出现拼写错误，需要一种有效的纠正方法。表 8-2 列举了用于修改命令行文本的组合键。

表 8-2 修改命令行文本的组合键

组合键	操作
Ctrl-D	删除光标处的字符
Ctrl-T	将光标处字符与其之前的字符对调
Alt-T	将光标处的单词与其之前的单词对调
Alt-L	将从光标处到单词结尾的字符转换为小写
Alt-U	将从光标处到单词结尾的字符转换为大写

8.1.3 剪切和粘贴文本

Readline 文档使用术语 killing 和 yanking 指代我们常说的剪切和粘贴，表 8-3 列举了剪切和粘贴文本的组合键。被剪切的文本保存在名为 kill-ring 的缓冲区（内存中的一块临时存储区域）内。

表 8-3 剪切和粘贴文本的组合键

组合键	操作
Ctrl-K	剪切从光标处到行尾的文本
Ctrl-U	剪切从光标处到行首的文本
Alt-D	剪切从光标处到当前单词结尾的文本
Alt-BackSpace	剪切从光标处到当前单词开头的文本。如果光标已位于单词开头，则剪切上一个单词
Ctrl-Y	将 kill-ring 缓冲区内的文本粘贴到光标处

辅助键

如果你研究 Readline 的文档（位于 Bash 手册页中的 READLINE 一节），会碰到一个术语：辅助键（meta key）。在现代键盘中，这个键被映射到 Alt 键；不过，情况并非总是如此。

回到“黑暗”时代（UNIX 诞生之后，个人计算机出现之前），并不是每个人都有自己的计算机。当时的用户可能只有一台称为终端的设备。终端是一种通信设备，配备了文本显示器、键盘以及一些仅够显示文本字符和移动光标的电子器件。终端（通常通过串行电缆）接入大型计算机或者大型计算机通信网络。终端产品数量众多，各自都有不同的键盘和显示特性集。由于这些终端至少都能识别 ASCII，因此软件开发者选择使用最低条件来编写可移植的应用程序。UNIX 系统采用了一种繁复的方法来处理终端及其不同的显示特性。因为 Readline 的开发人员无法确定用户的键盘上是否有专门的控制键，所以直接发明了一个，并称其为辅助键。现代键盘上的 Alt 键相当于辅助键，如果你仍然在使用终端，按 Esc 键后释放和长按 Alt 键的效果是一样的（在 Linux 系统中同样适用！）。

8.2 补全功能

Shell 还可以通过补全机制帮助你提高效率。在输入命令时，按 Tab 键就能够触发补全功能。让我们来看一看它是如何工作的。假设有如下主目录：

```
[me@linuxbox ~]$ ls
Desktop    ls-output.txt  Pictures  Templates   Videos
Documents  Music          Public
```

输入下例内容，但不要按 Enter 键：

```
[me@linuxbox ~]$ ls l
```

现在按 Tab 键：

```
[me@linuxbox ~]$ ls ls-output.txt
```

观察Shell是如何补全该行的。再看另一个例子，同样不要按Enter键：

```
[me@linuxbox ~]$ ls D
```

按Tab键：

```
[me@linuxbox ~]$ ls D
```

没有补全，什么都没发生。这是因为D能够匹配目录中的不止一个条目。要想顺利补全，给出的“线索”必须没有歧义。如果我们继续输入：

```
[me@linuxbox ~]$ ls Do
```

再按Tab键：

```
[me@linuxbox ~]$ ls Documents
```

搞定！

虽然这个例子展示的是路径名补全（这也是常见的用法），但补全功能同样适用于变量（如果单词以$开头）、用户名（如果单词以~开头）、命令（如果单词是行中的首个单词）及主机名（如果单词以@开头）。

表8-4列举了与补全功能关联的组合键。

表8-4 与补全功能关联的组合键

组合键	操作
Alt-$	显示可能的补全结果。在多数系统中，你也可以通过按两次Tab键实现相同的效果，后者要容易得多
Alt-*	插入所有可能的补全结果。当你想使用多个结果的时候，该组合键就能派上用场了

除此之外，还有不少晦涩难懂的组合键。完整的列表可以在Bash手册页的READLINE一节中找到。

可编程补全

较新版本的Bash提供了可编程补全功能，允许用户（更可能是发行版供应商）添加更多的补全规则。这样做通常是为了支持特定的应用。例如，可以添加命令选项列表补全或是匹配应用支持的特定文件类型。Ubuntu默认定义了相当大的规则集合。可编程补全功能通过Shell函数实现，Shell函数是一种“迷你”Shell脚本，在后文中我们会讲到。如果你好奇的话，可以试一下：

```
set | less
```

看一看能不能找到Shell函数。并非所有发行版都默认包含Shell函数。

8.3 命令历史记录

我们在第1章讲过，Bash维护着已输入命令的历史记录。历史记录保存在主目录下的bash_history文件中。命令历史记录功能有助于减少输入量，尤其是在配合命令行编辑的时候。

8.3.1 搜索历史记录

你可以使用下列命令随时查看命令历史记录的内容：

```
[me@linuxbox ~]$ history | less
```

Bash默认会保存最近输入的500个命令，不过现在大多数发行版会将这个值设置为1000。我们会在第11章介绍如何对其做出调整。如果我们想找出用来列出/usr/bin目录内容的命令，可以这样做：

```
[me@linuxbox ~]$ history | grep /usr/bin
```

假设在输出结果中有这么一行：

```
88 ls -l /usr/bin > ls-output.txt
```

88是历史记录中该命令的编号。我们可以使用历史扩展来立即重用这个命令：

```
[me@linuxbox ~]$ !88
```

Bash会将!88扩展为历史记录中第88行的内容。历史扩展还有其他形式，在8.3.2节中我们会介绍。

Bash也能够以增量方式搜索历史记录。也就是说，在输入命令的时候可以告诉Bash搜索历史记录，随着输入内容的增多，逐步细化搜索结果。按Ctrl-R组合键，接着输入你要搜索的内容，可以开始增量搜索。如果找到了匹配项，可以按Enter键，或者按Ctrl-J组合键将该匹配项从历史记录中复制到当前命令行。要想查找下一个匹配项（向“上”搜索历史记录），再次按Ctrl-R组合键。若要退出搜索，按Ctrl-G或Ctrl-C组合键即可。来看下面的例子：

```
[me@linuxbox ~]$
```

按Ctrl-R组合键：

```
(reverse-i-search)'':
```

提示符发生了变化，提示我们正在执行反向增量搜索。之所以称为“反向”（reverse），是因为查找的是过去的内容。接下来，输入要搜索的文本。在这个例子中，我们要搜索/usr/bin：

```
(reverse-i-search)'/usr/bin': ls -l /usr/bin > ls-output.txt
```

搜索结果立刻就出现了。你可以按 Enter 键直接执行该命令，或是按 Ctrl-J 组合键将命令复制到当前命令行做进一步编辑。我们选择复制命令：

```
[me@linuxbox ~]$ ls -l /usr/bin > ls-output.txt
```

返回 Shell 提示符，准备执行复制好的命令！

表 8-5 列举了部分可用于操作命令历史记录的组合键。

表 8-5 用于操作命令历史记录的组合键

组合键	操作
Ctrl-P	移动到上一条历史记录。等同于使用上方向键
Ctrl-N	移动到下一条历史记录。等同于使用下方向键
Alt-<	移动到历史记录列表开头（顶部）
Alt->	移动到历史记录列表结尾（底部），也就是当前命令行
Ctrl-R	反向增量搜索。从当前命令行开始向上增量搜索历史记录列表
Alt-P	非增量反向搜索。在这种类型的搜索中，先输入待搜索的字符串，然后按 Enter 键
Alt-N	非增量向前查找
Ctrl-O	执行历史记录列表中的当前命令并移动到下一条命令。如果你想重复执行历史记录列表中的一系列命令，该组合键非常方便

8.3.2 历史扩展

Shell 通过!提供了一种专门针对历史记录的扩展类型。我们先前已经看到在!之后加上数字可以插入某条历史记录。表 8-6 列举了一些其他的历史扩展命令。

表 8-6 历史扩展命令

序列	操作
!!	重复上一个命令。这可能要比先后按上方向键和 Enter 键更容易
!number	重复命令历史记录列表中第 number 个命令
!string	重复以 string 开头的最后一个命令
!?string	重复包含 string 的最后一个命令

除非你十分确定历史记录的内容，否则在使用!string 和!?string 时务必要小心。

历史扩展机制的内容可远不止这些，但这个主题过于晦涩难懂，如果再继续下去，你估计就要“疯”了，所以就此打住。你可以在 Bash 手册页的 HISTORY EXPANSION 一节中找到所有与此相关的细枝末节。

script

除了 Bash 的命令历史记录特性，大多数 Linux 发行版还包含一个名为 script 的程序，它可用于记录整个 Shell 会话并将其保存在文件中。script 的基本语法如下：

```
script file
```

其中，file 是会话记录文件。如果没有指定，则使用文件 typescript。完整的选项和特性参见 script 的手册页。

8.4 总结

本章介绍了 Shell 提供的一些键盘操作技巧，能够帮助整日和键盘打交道的用户减少工作量。随着时间的推移，你和命令行之间的接触会越来越多，到时候你可以回过头来再翻阅本章，从中学习更多的键盘技巧。目前，先把它们当作“潜力股”吧。

第9章 权限

传统的UNIX系统不同于那些传统的MS-DOS系统，区别在于前者不仅是多任务处理系统，还是多用户系统。

这究竟是什么意思？这意味着多个用户可以同时使用一台计算机。虽然典型的计算机可能只配备了一个键盘和一台显示器，但是仍然可供多个用户使用。如果计算机接入互联网，远程用户可以通过安全外壳协议（Secure Shell，SSH）登录并且操作这台计算机。实际上，远程用户还可以执行图形化应用程序，并在显示器上显示图形化输出结果。X Window系统将对此的支持作为基本设计的一部分。

Linux的多用户能力并不是最近的“创新”，而是根植于系统设计的一项特性。考虑UNIX诞生时的环境，一切就都顺理成章了。多年前，还不存在“个人”计算机一说，当时的计算机体积大、价格昂贵，而且还都是集中管理的。例如，大学里典型的计算机系统，是由安置在一栋建筑内的大型中央计算机和遍布校园的若干终端组成的，每个终端都与中央计算机相连。中央计算机能够同时支持众多用户。

为了增强实用性，必须想出一种方法，避免用户之间相互干扰。毕竟，不能因为一个用户的操作就让整个系统崩溃了，用户也不能干涉属于其他用户的文件。

在本章中，我们将介绍系统安全的基础知识和下列命令。

- id：查看用户身份。
- chmod：修改文件模式。
- umask：设置默认权限。
- su：以其他用户身份启动 Shell。
- sudo：以其他用户身份执行命令。
- chown：更改文件属主和属组。
- chgrp：更改文件属组。
- passwd：修改密码。

9.1 属主、属组以及其他用户

我们在第 3 章中，检查/etc/shadow 文件时碰到过一个问题：

```
[me@linuxbox ~]$ file /etc/shadow
/etc/shadow: regular file, no read permission
[me@linuxbox ~]$ less /etc/shadow
/etc/shadow: Permission denied
```

错误原因在于，作为普通用户，没有读取该文件的权限。

在 UNIX 安全模型中，用户可以拥有文件和目录。如果文件或目录属于某个用户，该用户（属主）拥有访问权。用户反过来可以属于由一个或多个用户组成的组（属组），属组用户被文件和目录的属主授予访问权。除了为属组授权，属主还可以为所有用户（用 UNIX 术语来说，这叫作世界，即 world）授权。要想查看用户身份信息，可以使用 id 命令：

```
[me@linuxbox ~]$ id
uid=500(me) gid=500(me) groups=500(me)
```

来看一下输出结果。在创建用户时，会为用户分配一个称为用户 ID（uid）的数字，为了便于使用，uid 又被映射为用户名。用户还会得到一个属组 ID（gid），还可以归属于其他属组。先前的例子取自 Fedora 系统。在其他系统中（如 Ubuntu），输出结果可能会略有不同：

```
[me@linuxbox ~]$ id
uid=1000(me) gid=1000(me) groups=4(adm),20(dialout),24(cdrom),25(floppy),
29(audio),30(dip),44(video),46(plugdev),108(lpadmin),114(admin),1000(me)
```

我们可以发现，在 Ubuntu 中，用户的 uid 和 gid 是不同的。原因很简单，在 Fedora 系统中，普通用户的编号从 500 开始，而在 Ubuntu 系统中则从 1000 开始编号。同时我们也发现，Ubuntu 用户归属于更多属组。这与 Ubuntu 的系统设备和服务的权限管理方式有关。

这些信息从何而来？和 Linux 中的很多东西一样，它来自几个文本文件。属主定义在/etc/passwd 文件中，属组定义在/etc/group 文件中。在创建用户和属组时，这些文件随/etc/shadow 文件一并改动，后者保存了用户的密码信息。对于每一个用户，/etc/passwd 文件定义了用户（登录）名、uid、gid、用户的真实姓名、主目录以及登录 Shell。如果检查/etc/passwd 文件和/etc/group 文件的内容，我们会发现除普通用户之外，还有超级用户（uid 为 0）和各类系统用户的信息。

在第 10 章中，我们会看到有些系统用户实际上是相当忙碌的。

尽管很多类 UNIX 系统将普通用户分配到一个共同属组（例如 users 组），但现代 Linux 的做法是为每个用户创建一个与用户同名的单成员属组。这使某些类型的授权更加容易。

9.2 读取、写入和执行

文件和目录的访问权限是按照读取、写入、执行来定义的。如果观察 ls 命令的输出结果，就可以看出一些“门道”：

```
[me@linuxbox ~]$ > foo.txt
[me@linuxbox ~]$ ls -l foo.txt
-rw-rw-r-- 1 me    me    0 2018-03-06 14:52 foo.txt
```

列表项的前 10 个字符是文件属性。其中，第 1 个字符是文件类型。表 9-1 描述了常见的文件类型。

表 9-1 文件类型

属性	文件类型
-	普通文件
d	目录
l	符号链接。注意，对于符号链接，剩下的文件属性始终都是虚设的 rwxrwxrwx。符号链接所指向文件的属性才是真正的文件属性
c	字符设备文件。这种文件类型指的是按字节流处理数据的设备，例如终端或/dev/null
b	块设备文件。这种文件类型指的是按块处理数据的设备，例如硬盘或 DVD 设备

文件属性中剩下的 9 个字符是文件模式，分别代表文件属主、文件属组、其他用户的读取、写入、执行权限。

表 9-2 描述了在文件和目录上设置 r、w、x 权限属性后的效果。

表 9-2 设置权限属性后的效果

权限属性	文件	目录
r	允许打开并读取文件	允许列出目录内容（如果也设置了执行属性）
w	允许写入或截断文件；但是，不允许重命名或删除文件。文件的删除或重命名是由目录属性决定的	允许在目录内创建、删除、重命名文件（如果也设置了执行属性）
x	允许将该文件作为程序执行。以脚本语言编写的程序文件必须设置为可读才能被执行	允许进入该目录，例如 cd directory

表 9-3 给出了一些文件属性示例。

表 9-3 文件属性示例

文件属性	含义
-rwx------	可由文件属主读取、写入、执行的普通文件。属组和其他用户没有任何访问权
-rw-------	可由文件属主读取、写入的普通文件。属组和其他用户没有任何访问权
-rw-r--r--	可由文件属主读取、写入的普通文件。属组可以读取该文件，其他用户也可以读取该文件
-rwxr-xr-x	可由文件属主读取、写入、执行的普通文件。属组和其他用户可以读取、执行该文件
-rw-rw----	可由文件属主和属组读取、写入的普通文件
lrwxrwxrwx	符号链接。所有符号链接的权限都是“虚设”（dummy）的。真正的权限是由符号链接指向的文件决定的
drwxrwx---	目录。属主和属组可以进入该目录并在其中创建、重命名、删除文件
drwxr-x---	目录。属主可以进入该目录并在其中创建、重命名、删除文件。属组可以进入该目录，但不能在其中创建、重命名、删除文件

9.2.1 chmod——修改文件模式

chmod 命令可以修改文件或目录的模式（权限）。注意，只有文件属主或超级用户才能做到。chmod 命令支持两种截然不同的模式表示方式。

- 八进制表示法。
- 符号表示法。

我们先来讲八进制数描述。在八进制表示法中，我们使用八进制数设置需要的权限模式。每个八进制数位可以描述 3 个二进制数位，这正好和文件模式的记录方式对应。表 9-4 展示了这种关系。

到底什么是八进制？

八进制（octal，以 8 为基数）和十六进制（hexadecimal，以 16 为基数）都是计算机中常用来表示数字的数字系统。因为人类生来就有 10 根手指（至少大多数人是如此的），所以使用以 10 为基数的数字系统来计数。而计算机生来只有一根“手指”，只能采用二进制（以 2 为基数的数字系统）计数。这种数字系统只有两个数字：0 和 1。二进制中的计数方式是这样的：

0，1，10，11，100，101，110，111，1000，1001，1010，1011...

八进制使用数字 0～7 来计数：

0，1，2，3，4，5，6，7，10，11，12，13，14，15，16，17，20，21...

十六进制使用数字 0～9 和字母 A～F 来计数：

0，1，2，3，4，5，6，7，8，9，A，B，C，D，E，F，10，11，12，13...

二进制的意义可以理解（因为计算机只有一根“手指”），但是八进制和十六进制又有什么用处呢？答案是为了给人类提供方便。许多时候，小部分数据在计算机中是以位模式（bit pattern）来表示的。例如，RGB 颜色。在大多数计算机显示器中，每个像素点由 3 种分色组成：8 位红色（R）、8 位绿色（G）、8 位蓝色（B）。漂亮的中蓝色由一组 24 位数字来描述：

010000110110111111001101

你愿意整天都和这种数字打交道？我可不觉得。使用另一种数字系统会更简单。十六进制中的 1 个数位代表二进制中的 4 个数位。八进制中的 1 个数位代表二进制中的 3 个数位。因此，这 24 位二进制形式的中蓝色可以压缩为 6 个十六进制数位：436FCD。

由于十六进制的数位和二进制的数位正好对齐，因此该颜色中的红色对应 43，绿色对应 6F，蓝色对应 CD。

如今，十六进制（经常称作 hex）的使用比八进制的使用更普遍，但我们很快就会看到，八进制数位能够表示 3 个二进制数位的特点非常有用。

表 9-4　以二进制形式和八进制形式表示的文件模式

八进制形式	二进制形式	文件模式
0	000	---
1	001	--x
2	010	-w-
3	011	-wx
4	100	r--
5	101	r-x
6	110	rw-
7	111	rwx

通过使用3个八进制数位，我们可以为属主、属组及其他用户设置文件模式：

```
[me@linuxbox ~]$ > foo.txt
[me@linuxbox ~]$ ls -l foo.txt
-rw-rw-r-- 1 me    me   0 2018-03-06 14:52 foo.txt
[me@linuxbox ~]$ chmod 600 foo.txt
[me@linuxbox ~]$ ls -l foo.txt
-rw------- 1 me    me   0 2018-03-06 14:52 foo.txt
```

使用600作为参数，我们将属主的权限设置为可读取和写入，同时去除属组和其他用户的所有权限。尽管要记忆八进制和二进制之间的映射关系可能显得不太方便，但其实常用的也就那几个而已：7（rwx）、6（rw-）、5（r-x）、4（r--）、0（---）。

chmod命令也支持文件模式的符号表示法。符号表示法分为3个部分。

- 改动会影响到谁。
- 执行什么操作。
- 设置什么权限。

可以通过字符u、g、o、a的组合来指定要影响的对象，如表9-5所示。

表9-5 符号表示法

符号	含义
u	user的缩写，代表的是文件或目录的属主
g	group的缩写，代表的是属组
o	other的缩写，代表的是其他用户
a	all的缩写，效果等同于u、g、o三者的组合

如果没有指定字符，则使用all。操作符+表示添加权限，-表示去除权限，=表示只赋予指定权限，同时去除其他所有的权限。

使用字符r、w、x来指定权限。表9-6给出了一些符号表示法示例。

表9-6 符号表示法示例

表示法	含义
u+x	为属主添加执行权限
u-x	去除属主的执行权限
+x	为属主、属组、其他用户添加执行权限。等同于a+x
o-rw	去除其他用户的读写权限
go=rw	为属组和其他用户设置读写权限。如果属组或其他用户先前已经设置过执行权限，则将其去除
u+x,go=rx	为属主添加执行权限，为属组和其他用户添加读权限和执行权限。设置多组权限时，彼此之间用逗号分隔

有些人偏好八进制表示法，有些人钟爱符号表示法。符号表示法的优势在于能够在不干扰其他用户权限的情况下，设置某类用户的权限。

更多细节和选项参见 chmod 命令的手册页。要小心--recursive 选项：它对文件和目录都起作用，该选项并不如想象中的那么有用，因为我们很少会给文件和目录设置相同的权限。

9.2.2 使用 GUI 设置文件模式

现在，我们已经知道了如何设置文件和目录的权限，这样就可以更好地理解 GUI 中的权限设置了。在 File（GNOME）和 Dolphin（KDE）中，右击文件或者目录图标都将会弹出一个属性（Properties）窗口。图 9-1 取自 GNOME，我们可以从中看到属主（Owner）、属组（Group）、其他用户（Others）的相关设置。

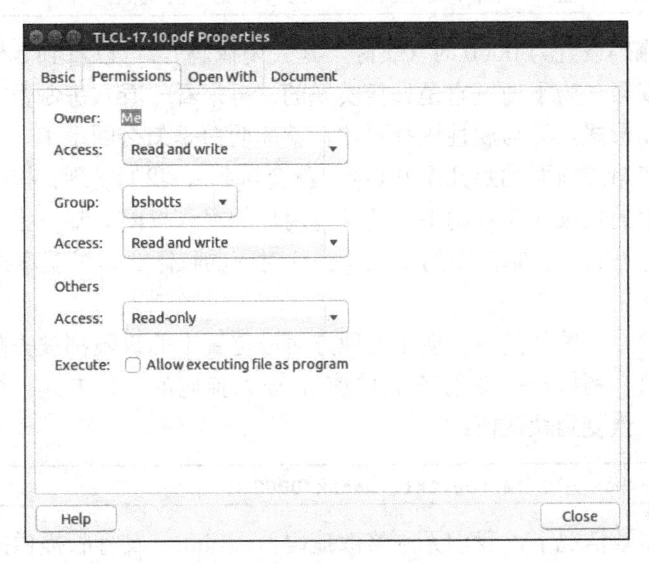

图 9-1 GNOME 的属性窗口

9.2.3 umask——设置默认权限

umask 命令设置文件创建时的默认权限。该命令使用八进制表示法描述了从文件模式属性中去除权限的位掩码。来看下面的例子：

```
[me@linuxbox ~]$ rm -f foo.txt
[me@linuxbox ~]$ umask
0002
[me@linuxbox ~]$ > foo.txt
[me@linuxbox ~]$ ls -l foo.txt
-rw-rw-r-- 1 me    me   0 2018-03-06 14:53 foo.txt
```

先删除 foo.txt 文件先前的所有副本，恢复到初始状态。接着，执行不包含任何参数的 umask 命令，查看当前的掩码值。输出结果为 0002（0022 是另一个常用的默认值），它是掩码的八进制表示形式。接着创建 foo.txt 文件的一个新实例，查看该文件的权限。

可以发现，文件属主和属组都获得了读取/写入权限，而其他用户仅获得读取权限。其他用户没有写入权限的原因在于掩码值。重复这个示例，这次我们自己设置掩码值：

```
[me@linuxbox ~]$ rm foo.txt
[me@linuxbox ~]$ umask 0000
[me@linuxbox ~]$ > foo.txt
[me@linuxbox ~]$ ls -l foo.txt
-rw-rw-rw- 1 me    me   0 2018-03-06 14:58 foo.txt
```

将掩码设置为 0000 时（实际上是关闭掩码），可以看到其他用户也拥有了文件的写入权限。为了理解它是如何实现的，再来看一看八进制数。如果把该掩码展开成二进制形式，再与属性进行对比，就能明白是怎么回事了。

先忽略最前面的那几个 0（很快就会讲到），我们发现，掩码中出现 1 的地方对应位置上的权限（在本例中，是其他用户的写入权限）都被去除了。这正是掩码的作用。掩码的二进制值中的 1 表示去除对应的权限。如果观察掩码值 0022，就可以看出其作用。

同样，二进制值中出现 1 的地方对应位置上的权限都被去除了。可以试一试其他掩码值（例如一些带数字 7 的值），学习掩码的工作方式。练习完成后，记得清理现场，恢复到默认值：

```
[me@linuxbox ~]$ rm foo.txt; umask 0002
```

大多数情况下，我们无须修改掩码值，Linux 发行版提供的默认值就很好了。但在一些高安全级别的系统下，则需要控制掩码值。

9.2.4 一些特殊的权限

虽然通常看到的八进制权限掩码都表示为 3 位数字，但从技术上而言，它是用 4 位数字来表示的。原因在于，除读取、写入、执行权限之外，还有其他一些较少用到的权限设置。

第一个是 setuid 位（八进制表示为 4000）。如果将其应用于可执行文件，会将有效用户 ID（effective user ID）从真实用户（实际执行程序的用户）ID 更改为程序属主的有效用户 ID。大多数情况下，少数超级用户的程序才会做此设置。当普通用户执行 setuid root 程序时，该程序将以超级用户的权限来执行，可以访问普通用户通常被禁止访问的文件和目录。这显然会带来安全隐患，因此允许设置 setuid 位的程序数量必须控制在最小范围内。

第二个是 setgid 位（八进制表示为 2000）。类似于 setuid 位，它会将有效组 ID（effective group ID）从真实用户的真实组 ID（real group ID）更改为文件属主的有效组 ID。如果对目录设置 setgid 位，那么在该目录下新创建的文件将由该目录的属组所有，而非文件创建者的属组所有。这在共享目录中非常有用，当一个共同属组的成员需要访问目录中的所有文件时，不用管文件属主的属组是什么。

第三个是粘滞（sticky）位（八进制表示为 1000）。这是来自“远古”UNIX 的遗留产物，用于将可执行文件标记为“不可交换”。Linux 会忽略文件上设置的粘滞位，如果对目录设置了粘滞位，则能够阻止用户删除或者重命名其中的文件，除非用户是该目录的属主，或者是文件的属主，又或者是超级用户。粘滞位常用来控制对共享目录（如/tmp）的访问。

下面是几个 chmod 命令示例，其中使用了符号表示法设置这些特殊权限。首先，为程序设置 setuid 位：

```
chmod u+s program
```

然后，为目录设置 setgid 位：

```
chmod g+s dir
```

最后，为目录设置粘滞位：

```
chmod +t dir
```

查看 ls 命令的输出结果，确定这些特殊权限。首先是设置过 setuid 位的程序：

```
-rwsr-xr-x
```

然后是设置过 setgid 位的目录：

```
drwxrwsr-x
```

最后是设置过粘滞位的目录：

```
drwxrwxrwt
```

9.3 改变用户身份

在很多时候，我们会发现有必要采用其他用户的身份。为了执行某些管理任务，我们经常需要获取超级用户权限，不过也可以“变成”另一个普通用户来完成账户测试之类的事情。改变身份的方法有3种。

- 注销，然后以其他用户身份重新登录。
- 使用su命令。
- 使用sudo命令。

第一种方法我们就跳过不讲了，大家都知道怎么做，而且它也不如其他两种方法来得方便。在Shell会话中，su命令允许你“扮演”其他用户，以该用户的ID启动新的Shell会话或是以该用户的身份执行单个命令。sudo命令允许超级用户设置名为/etc/sudoer的配置文件，定义允许特定用户在假定的身份下执行特定的命令。选择使用的命令在很大程度上取决于你所用的Linux发行版。你的Linux发行版可能包括这两个命令，但是其配置可能偏向于其中一个。我们先来介绍su命令。

9.3.1 su——以其他用户身份启动Shell

su命令能够以其他用户的身份启动Shell。其用法如下：

```
su [-[l]] [user]
```

如果加入了-l选项，则启动的Shell会话将作为指定用户的登录Shell。这意味着会加载用户环境并将工作目录更改为该用户的主目录。这通常也是我们想要的结果。如果没有指定用户，那么假定其为超级用户。注意，-l可以缩写为-，而且这还是常用的写法。我们可以通过以下的操作来为超级用户启动一个Shell：

```
[me@linuxbox ~]$ su -
Password:
[root@linuxbox ~]#
```

在输入su命令后，系统会提示输入超级用户密码。如果输入正确，会出现新的Shell提示符，表明该Shell拥有超级用户权限（提示符的末尾字符是#，而不是$），当前工作目录同时也更改为超级用户的主目录（通常为/root）。一旦进入新Shell，我们就能够以超级用户的身份执行命令了。Shell使用结束时，输入exit，返回之前的Shell环境：

```
[root@linuxbox ~]# exit
[me@linuxbox ~]$
```

我们也可以使用 su 命令执行单个命令，而不用启动一个全新的交互式Shell：

```
su -c 'command'
```

采用这种形式，该命令行被传入新 Shell 执行。一定记得将命令放进引号，这一点很重要，因为我们不希望扩展发生在当前 Shell 中，而是要留到新 Shell 中扩展：

```
[me@linuxbox ~]$ su -c 'ls -l /root/*'
Password:
-rw------- 1 root root     754 2007-08-11 03:19 /root/anaconda-ks.cfg

/root/Mail:
total 0
[me@linuxbox ~]$
```

9.3.2 sudo——以其他用户身份执行命令

sudo 命令在很多方面类似于 su 命令，但是它还有另外一些重要功能。超级用户可以配置 sudo 命令，允许普通用户在可控的方式下以其他用户的身份（通常是超级用户）执行命令。在特定情况下，用户可能被限制为只能执行一条或者几条特定的命令，其他命令一概被禁止。另一个重要的区别在于，sudo 命令无须输入超级用户密码。使用 sudo 命令时，用户只需输入自己的密码来进行认证即可。例如，已配置好的 sudo 命令允许我们执行一个假想的备份程序 backup_script，该程序需要超级用户权限。可以这样使用 sudo 命令来完成：

```
[me@linuxbox ~]$ sudo backup_script
Password:
System Backup Starting...
```

在输入命令后，系统会提示用户输入自己的密码（而不是超级用户的密码），只要通过认证，就执行指定的命令。su 命令和 sudo 命令之间的一个重要区别在于，sudo 命令不需要启动新 Shell，也不用加载其他用户的环境。这意味着，使用 sudo 命令的时候无须引用命令。注意，可以通过指定不同的选项来改变这种行为。还要注意的是，sudo 命令的-i 选项可用于启动一个交互式的超级用户 Shell 会话（和 su -差不多）。更多详情可参见 sudo 命令的手册页。

要想知道 sudo 命令授予了哪些权限，可以使用-l 选项来查看：

```
[me@linuxbox ~]$ sudo -l
User me may run the following commands on this host:
    (ALL) ALL
```

Ubuntu 和 sudo 命令

普通用户经常遇到的一个问题就是如何完成某些需要超级用户权限的任务。这类任务包括安装和更新软件、编辑系统配置文件、访问设备等。在 Windows 中，通常是通过为用户授予超级用户权限来实现的。然而，这也会使用户执行的程序具有同样的权限。大多数情况下，这是可取的，但是这样也会让恶意软件（例如病毒）能够随心所欲地操纵计算机。

在 UNIX 中，由于其多用户的传统，普通用户和超级用户之间一直都存在着较大的界限。UNIX 采用的方法是仅在需要的时候才授予超级用户权限，通常使用 su 命令和 sudo 命令来实现。

直到几年前，大多数 Linux 发行版依赖 su 命令来实现这一目的。su 命令不像 sudo 命令那样需要进行配置，而且拥有超级用户也是 UNIX 的传统。但这会产生一个问题：用户倾向于（不必要地）以超级用户身份进行操作。事实上，有些用户完全以超级用户身份使用系统，因为这样可以消除那些烦人的“权限被拒绝”（permission denied）消息。这就使 Linux 系统的安全级别降低到和 Windows 系统一样的水平。这可不是什么好事。

在推出 Ubuntu 的时候，其创造者采取了一种不同的应对策略。在默认情况下，Ubuntu 禁止用户以超级用户身份登录（通过无法为超级用户设置密码来实现），取而代之的是使用 sudo 命令来授予超级用户权限。最初的用户可以通过 sudo 命令获得超级用户的全部权限，后续用户也可以被授予相似的权限。

9.3.3 chown——更改文件属主和属组

chown 命令可用于更改文件属主和属组。该命令需要超级用户权限。其用法如下：

```
chown [owner][:[group]] file...
```

chown 命令能够根据第一个参数更改文件属组和文件属组。表 9-7 给出了几个示例。

表 9-7 chwon 命令的第一个参数示例

参数	结果
bob	将文件所有权由当前属主更改为用户 bob
bob:users	将文件所有权由当前属主更改为用户 bob，将文件属组更改为 users 组
:admins	将文件属组更改为 admins 组。文件属主不变
bob:	将文件所有权由当前属主更改为用户 bob，将文件属组更改为用户 bob 的登录组

假设有两个用户 janet 和 tony，前者拥有超级用户权限，后者没有。janet 想把自己主目录中的一个文件复制到 tony 的主目录中。因为 janet 希望 tony 能编辑该文件，所以将文件的属主由 janet 更改为 tony：

```
[janet@linuxbox ~]$ sudo cp myfile.txt ~tony
Password:
[janet@linuxbox ~]$ sudo ls -l ~tony/myfile.txt
 -rw-r--r-- 1 root root root 2018-03-20 14:30 /home/tony/myfile.txt
[janet@linuxbox ~]$ sudo chown tony: ~tony/myfile.txt
[janet@linuxbox ~]$ sudo ls -l ~tony/myfile.txt
-rw-r--r-- 1 tony tony tony 2018-03-20 14:30 /home/tony/myfile.txt
```

可以看到，janet 把文件从自己的主目录复制到了 tony 的主目录。接着，janet 将文件属主由 root（使用 sudo 命令的结果）改为 tony。在第一个参数结尾使用冒号，janet 还将文件的属组更改为 tony 的登录组，也就是 tony 组。

注意，第一次使用 sudo 命令之后，janet 并未被提示输入密码。这是因为在大多数配置中，sudo 命令在超时之前，会“信任”你几分钟。

9.3.4 chgrp——更改文件属组

在较旧的 UNIX 版本中，chown 命令只能更改文件属主，但不能更改文件属组。为此，得使用单独的 chgrp 命令。其用法和 chown 命令大同小异，只是限制更多。

9.4 行使权限

既然我们已经知道了权限是如何工作的，那么是该学以致用了。我们来演示一个常见问题的解决方案：设置共享目录。假设有两个用户 Bill 和 Karen，二人都收集了各种音乐，想设置一个共享目录，在其中以 Ogg Vorbis 或 MP3 格式存放各自的音乐。Bill 通过 sudo 命令获得超级用户权限。

第一件需要做的事情就是创建一个以 Bill 和 Karen 为成员的组。Bill 使用图形化用户管理工具创建了一个名为 music 的组，将 Bill 和 Karen 添加到该组中，如图 9-2 所示。

接着，Bill 要为音乐文件创建目录：

```
[bill@linuxbox ~]$ sudo mkdir /usr/local/share/Music
Password:
```

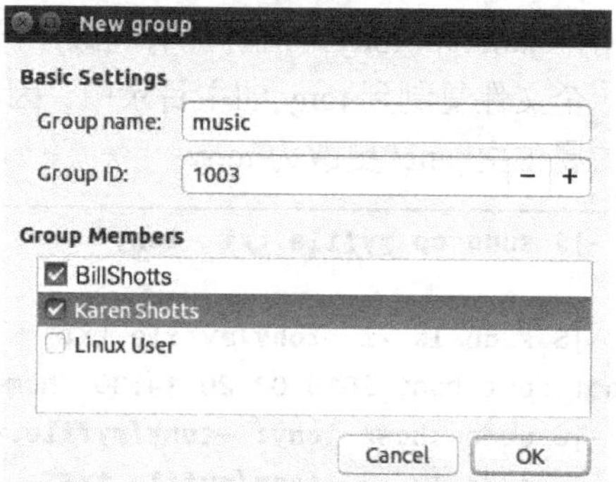

图 9-2 创建一个名为 music 的组

因为 Bill 在自己的主目录之外操作文件，所以需要超级用户权限。创建好的目录具有下列所有权和权限：

```
[bill@linuxbox ~]$ ls -ld /usr/local/share/Music
drwxr-xr-x 2 root root 4096 2018-03-21 18:05 /usr/local/share/Music
```

可以看出，该目录由 root 所有，权限模式为 755。要想共享该目录，bill 需要修改属组和相应权限，以允许写入：

```
[bill@linuxbox ~]$ sudo chown :music /usr/local/share/Music
[bill@linuxbox ~]$ sudo chmod 775 /usr/local/share/Music
[bill@linuxbox ~]$ ls -ld /usr/local/share/Music
drwxrwxr-x 2 root music 4096 2018-03-21 18:05 /usr/local/share/Music
```

这都是什么意思？这意味着现在有了一个/usr/local/share/Music 目录，属主是 root，music 组拥有该目录的读取和写入权限。Bill 和 Karen 是 music 组的成员，两者能够在/usr/local/share/Music 目录中创建文件。其他用户可以列出目录内容，但是无法在其中创建文件。

但还有一个问题。按照当前的权限设置，在 Music 目录中创建的文件和子目录拥有的是 Bill 和 Karen 的权限：

```
[bill@linuxbox ~]$ > /usr/local/share/Music/test_file
[bill@linuxbox ~]$ ls -l /usr/local/share/Music
-rw-r--r-- 1 bill    bill    0 2018-03-24 20:03 test_file
```

其实是两个问题。首先，系统默认的掩码是 0022，这使属组成员无法对属组内其他成员的文件执行写入操作。如果共享目录中只包含文件，这倒不是问题，但是因为该目录下存放的是音乐，而音乐一般都是按照歌手和专辑来进行层次化组织分类的，属组成员需要能够在由同属组其他成员创建的目录中创建文件和子目录，所以把 Bill 和 Karen 使用的掩码更改成 0002。

其次，由成员创建的每个文件和目录的属组都被设置为该用户的主组（primary group），而不是 music 组。这可以通过设置目录的 setgid 位来纠正：

```
[bill@linuxbox ~]$ sudo chmod g+s /usr/local/share/Music
[bill@linuxbox ~]$ ls -ld /usr/local/share/Music
drwxrwsr-x 2 root music 4096 2018-03-24 20:03 /usr/local/share/Music
```

现在来测试一下，看一看新权限是否有效。Bill 将其掩码设置为 0002，删除之前的测试文件，又重新创建新的测试文件和目录：

```
[bill@linuxbox ~]$ umask 0002
[bill@linuxbox ~]$ rm /usr/local/share/Music/test_file
[bill@linuxbox ~]$ > /usr/local/share/Music/test_file
[bill@linuxbox ~]$ mkdir /usr/local/share/Music/test_dir
[bill@linuxbox ~]$ ls -l /usr/local/share/Music
drwxrwsr-x 2 bill   music 4096 2018-03-24 20:24 test_dir
-rw-rw-r-- 1 bill   music    0 2018-03-24 20:22 test_file
[bill@linuxbox ~]$
```

这次创建的文件和目录都具有正确的权限，允许 music 组的所有成员在 Music 目录中创建文件和子目录。

还剩下一个关于 umask 命令的问题。umask 命令设置的掩码只能持续到 Shell 会话结束，随后必须重新设置。在第 11 章中，我们将介绍如何使 umask 命令的设置永久有效。

9.5 修改密码

本章的最后一个主题就是如何为自己设置密码（如果拥有超级用户权限，也可以为其他用户设置密码）。这可以通过 passwd 命令实现。该命令的用法如下：

```
passwd [user]
```

要想修改你的密码，只需要输入 passwd 命令即可。接下来会提示你输入旧密码，再输入新密码：

```
[me@linuxbox ~]$ passwd
(current) UNIX password:
New UNIX password:
```

passwd 命令会尝试强制使用“强”密码。也就是说，太短的密码、与旧密码过于相似的密码、字典中的单词，以及太容易被猜到的密码都会被拒绝使用：

```
[me@linuxbox ~]$ passwd
(current) UNIX password:
New UNIX password:
BAD PASSWORD: is too similar to the old one
New UNIX password:
BAD PASSWORD: it is WAY too short
New UNIX password:
BAD PASSWORD: it is based on a dictionary word
```

如果你拥有超级用户权限，则可以指定用户名作为 passwd 的参数，为其他用户设置密码。超级用户还可以使用其他选项锁定账户、使密码过期等，详见 passwd 命令的手册页。

9.6 总结

在本章中，我们看到了类 UNIX 系统（例如 Linux）如何管理用户权限，以允许对文件和目录进行读取、写入、执行操作。权限系统可以追溯到 UNIX 的早期时代，如今已经很好地经受住了时间的检验。但类 UNIX 系统中的原生权限机制缺乏现代系统的精细粒度。

第10章 进程

现代系统通常支持多任务处理，这意味着此类系统会在执行程序之间进行快速切换，从而形成了一种同时处理多项任务的错觉。内核利用进程来实现这种效果。Linux 通过进程来调度等待 CPU 的不同程序。

计算机有时会变得迟缓，应用程序有时也会失去响应。本章会讲解一些命令行工具，我们可以使用这些工具检查程序操作，终止行为异常的进程。

接下来将介绍下列命令。

- ps：查看进程。
- top：动态查看进程。
- jobs：查看启动的作业。
- fg：将作业置于前台。
- bg：将作业置于后台。
- kill：向进程发送信号。
- killall：按名称终止进程。
- shutdown：关闭或重启系统。

10.1 进程的工作方式

系统启动时，内核会以进程为形式展开一些自身的操作活动并运行一个名为init的程序。init再依次运行一系列初始化脚本（位于/etc），由这些脚本启动所有的系统服务。很多服务是作为守护程序（daemon program）实现的，此类程序在后台做自己的工作，没有任何用户界面。因此，就算我们没有登录，系统也在忙于运行一些例行工作。

一个程序能够启动其他程序，用进程的话来说，就是父进程生成子进程。

内核维护着每个进程的相关信息，以确保组织有序。例如，每个进程都被分配了一个叫作进程 ID（Process ID，PID）的数字。PID 是按照递增顺序分配的，init 的 PID 始终为 1。内核还记录分配给每个进程的内存和用来恢复进程运行的就绪信息。和文件类似，进程有属主、用户 ID、有效用户 ID 等。

10.2 查看进程

常用的进程查看命令（不止一个）是 ps 命令。该命令选项众多，最简单的形式如下：

```
[me@linuxbox ~]$ ps
  PID TTY          TIME CMD
 5198 pts/1    00:00:00 bash
10129 pts/1    00:00:00 ps
```

这个例子的输出结果列出了两个进程：进程 5198 和进程 10129，分别对应于bash和ps。如我们所见，在默认情况下，ps 命令显示的信息并不多，只输出与当前终端会话关联的进程信息。为了获得更多信息，我们需要添加一些选项，但是在此之前，先来看一下 ps 命令输出的其他字段。TTY（电传打字机，teletype 的缩写），指的是进程的控制终端。此处也反映了 UNIX 的悠久历史。TIME 字段是进程消耗的 CPU 时间总和。可以看出，这两个进程都没有加重计算机的负载。

添加一个选项后，我们就能够更全面地了解系统当前的工作状态：

```
[me@linuxbox ~]$ ps x
  PID TTY      STAT   TIME COMMAND
 2799 ?        Ssl    0:00 /usr/libexec/bonobo-activation-server –ac
 2820 ?        Sl     0:01 /usr/libexec/evolution-data-server-1.10 --
15647 ?        Ss     0:00 /bin/sh /usr/bin/startkde
15751 ?        Ss     0:00 /usr/bin/ssh-agent /usr/bin/dbus-launch --
15754 ?        S      0:00 /usr/bin/dbus-launch --exit-with-session
15755 ?        Ss     0:01 /bin/dbus-daemon --fork --print-pid 4 –pr
```

```
15774 ?        Ss     0:02 /usr/bin/gpg-agent -s –daemon
15793 ?        S      0:00 start_kdeinit --new-startup +kcminit_start
15794 ?        Ss     0:00 kdeinit Running...
15797 ?        S      0:00 dcopserver –nosid
--snip--
```

x 选项（注意，这里没有前置的连字符）会使 ps 命令显示所有的进程，不管这些进程是由哪个终端（如果有的话）控制的。TTY 列中出现的?表示没有控制终端。通过该选项，我们可以查看当前用户的所有进程信息。

因为系统中运行着大量进程，所以 ps 命令产生的进程列表会特别长。将 ps 命令的输出结果通过管道传给 less 程序可以便于我们查看。有些选项的组合也会产生不短的输出行，将终端仿真器的窗口最大化也个好主意。

上面的输出结果中出现了一个名为 STAT 的新列。STAT（状态，state 的缩写），该列描述了进程状态，如表 10-1 所示。

表 10-1 进程状态

状态	含义
R	运行状态。该进程正在运行或准备运行
S	睡眠状态。该进程正在等待某个事件，例如按键或网络分组
D	不可中断的睡眠状态。该进程正在等待 I/O，例如磁盘设备的 I/O
T	已停止。该进程按照指示停止。本章随后会详述
Z	已“死”的（defunct）或“僵尸”进程。这是已终止但未被其父进程清理的子进程
<	高优先级进程。该进程可以被赋予更高的优先级，分配更多的 CPU。进程的这种属性称为友善度（niceness）。进程的优先级越高，友善度就越低，因为它会占用更多的 CPU 时间，而其他进程能得到的就少了
N	低优先级进程。低优先级进程（友善进程）只能在更高优先级的进程被服务完毕之后才能得到 CPU 时间

进程状态之后还可能跟随其他字符，表明各种奇特的进程特征，详见 ps 命令的手册页。

另一组常用选项是 aux（没有前置的连字符），可以输出更多进程信息：

```
[me@linuxbox ~]$ ps aux
USER      PID %CPU %MEM    VSZ   RSS TTY      STAT START   TIME  COMMAND
root        1  0.0  0.0   2136   644 ?        Ss   Mar05   0:31  init
root        2  0.0  0.0      0     0 ?        S<   Mar05   0:00  [kt]
root        3  0.0  0.0      0     0 ?        S<   Mar05   0:00  [mi]
root        4  0.0  0.0      0     0 ?        S<   Mar05   0:00  [ks]
root        5  0.0  0.0      0     0 ?        S<   Mar05   0:06  [wa]
root        6  0.0  0.0      0     0 ?        S<   Mar05   0:36  [ev]
root        7  0.0  0.0      0     0 ?        S<   Mar05   0:00  [kh]
--snip--
```

输出结果中包含所有用户的进程。不加前置连字符的选项使ps命令按照"BSD风格"运行。Linux的ps命令能够模拟多种不同UNIX实现ps命令的行为方式。通过上述选项，我们得到了另外几列信息，如表10-2所示。

表10-2 BSD风格的ps命令的列信息

列名	含义
USER	用户ID。该进程的属主
%CPU	CPU占用率
%MEM	内存占用率
VSZ	虚拟内存大小
RSS	驻留集大小。该进程占用的RAM数量（以KB为单位）
START	进程启动时间。如果数值超过24h，则使用日期来显示

使用top命令动态查看进程

虽然ps命令能够大量揭示出服务器的当前操作，但它提供的只是在运行ps命令那一刻的服务器状态信息。要想动态查看服务器的活动，需要使用top命令：

```
[me@linuxbox ~]$ top
```

top命令会依据进程活动顺序显示持续更新（默认每3s更新一次）的系统进程列表。top这个名称源自该命令可用于查看系统中"位居前列"（top）的那些进程。top 命令的输出结果分为两部分——上部分显示系统的总体状态信息，下部分显示按CPU活动排序的进程列表：

```
top - 14:59:20 up  6:30,  2 users,  load average: 0.07, 0.02, 0.00
Tasks: 109 total,   1 running, 106 sleeping,   0 stopped,   2 zombie
Cpu(s):  0.7%us,  1.0%sy,  0.0%ni, 98.3%id,  0.0%wa,  0.0%hi,  0.0%si
Mem:     319496k total,   314860k used,     4636k free,    19392k buff
Swap:    875500k total,   149128k used,   726372k free,   114676k cach

  PID USER      PR NI  VIRT  RES  SHR S %CPU %MEM    TIME+  COMMAND
 6244 me        39 19 31752 3124 2188 S  6.3  1.0 16:24.42 trackerd
11071 me        20  0  2304 1092  840 R  1.3  0.3  0:00.14 top
 6180 me        20  0  2700 1100  772 S  0.7  0.3  0:03.66 dbus-dae
 6321 me        20  0 20944 7248 6560 S  0.7  2.3  2:51.38 multiloa
 4955 root      20  0  104m 9668 5776 S  0.3  3.0  2:19.39 Xorg
    1 root      20  0  2976  528  476 S  0.0  0.2  0:03.14 init
    2 root      15 -5     0    0    0 S  0.0  0.0  0:00.00 kthreadd
    3 root      RT -5     0    0    0 S  0.0  0.0  0:00.00 migratio
    4 root      15 -5     0    0    0 S  0.0  0.0  0:00.72 ksoftirq
```

```
    5 root     RT -5     0    0    0 S  0.0  0.0  0:00.04 watchdog
    6 root     15 -5     0    0    0 S  0.0  0.0  0:00.42 events/0
    7 root     15 -5     0    0    0 S  0.0  0.0  0:00.06 khelper
   41 root     15 -5     0    0    0 S  0.0  0.0  0:01.08 kblockd/
   67 root     15 -5     0    0    0 S  0.0  0.0  0:00.00 kseriod
  114 root     20  0     0    0    0 S  0.0  0.0  0:01.62 pdflush
  116 root     15 -5     0    0    0 S  0.0  0.0  0:02.44 kswapd0
```

系统总体状态信息包含大量内容。表 10-3 提供了 top 命令信息字段。

表 10-3 top 命令信息字段

行	字段	含义
1	top	程序名称
	14:59:20	当前时刻
	up 6:30	正常运行时间（uptime）。这是自上次重启之后的时间总和。在本例中，系统已经持续运行了 6.5h
	2 users	有两个登录用户
	load average:	平均负载，指的是等待运行的进程数量；也就是处于可运行状态且共享 CPU 的进程数量。其显示的 3 个值分别对应于不同的时间段。第 1 个是过去 60s 的平均值，第 2 个是过去 5min 的平均值，第 3 个是过去 15min 的平均值。低于 1.0 的值表明系统并不繁忙
2	Tasks:	统计了进程数量及其状态
3	Cpu(s):	这一行描述了 CPU 正在运行的活动的特征
	0.7%us	CPU 0.7%的时间被用于用户进程（内核之外的进程）
	1.0%sy	CPU 1.0%的时间被用于系统（内核）进程
	0.0%ni	CPU 0.0%的时间被用于“友善”（低优先级）进程
	98.3%id	CPU 98.3%的时间是空闲的
	0.0%wa	CPU 0.0%的时间用于等待 I/O
4	Mem:	使用了多少物理内存
5	Swap:	使用了多少交换空间（虚拟内存）

top 命令可以接收许多键盘命令，其中常用的有两个：一个是 h，另一个是 q。前者会显示程序的帮助界面，后者用来退出 top 命令。

主流的桌面环境都提供了能够显示类似于 top 命令输出的图形化程序（和 Windows 的任务管理器差不多），但是 top 命令要比这些图形化程序更好，这不仅因为其运行速度更快，而且在资源消耗方面也要少得多。毕竟，系统监控程序不应该拖慢监控目标的速度。

10.3 进程控制

现在我们已经知道如何查看和监控进程了，接下来就看一看如何控制进程。我们要使用一个叫作 xlogo 的程序作为实验对象。xlogo 程序是由 X Window 系统（图形化程序的底层引擎）提供的一个示例程序，它只简单地显示一个包含 X 标识的可缩放窗口。先认识一下实验对象：

```
[me@linuxbox ~]$ xlogo
```

输入命令之后，屏幕上应该会出现一个包含标识的小窗口。在某些系统中，xlogo 程序可能会输出警告消息，不过可以放心忽略。

> **注意** 如果你的系统中没有 xlogo 程序，可以试着用 gedit 或 kwrite 代替。

我们可以通过改变窗口的大小来验证 xlogo 程序是否处于运行状态。如果标识在调整后的窗口中被重新绘制了，则表明该程序正在运行。

注意，为什么 Shell 提示符没有返回呢？这是因为 Shell 正在等待程序结束，就像以前用过的其他程序一样。如果关闭 xlogo 窗口（见图 10-1），提示符就又出现了。

图 10-1 xlogo 窗口

10.3.1 中断进程

再次观察运行 xlogo 命令的时候会发生什么。输入 xlogo 命令，确保程序处于运行状态。接着返回 Shell，按 Ctrl-C 组合键：

```
[me@linuxbox ~]$ xlogo
[me@linuxbox ~]$
```

在 Shell 中，按 Ctrl-C 组合键可以中断程序。这意味着我们委婉地请求程序终止。按 Ctrl-C 组合键之后，xlogo 窗口关闭，Shell 提示符返回。

很多（但不是全部）命令行程序都可以使用这种方法中断。

10.3.2 将进程置于后台

假设我们想在不终止 xlogo 程序的情况下返回 Shell 提示符。这可以通过将程序置于后台来实现。把终端想象成拥有一个前台（表面可见的东西，例如 Shell 提示符）和一个后台（隐藏在表面背后的东西）。要想在运行程序时立即将其置于后台，可以在命令后面加上一个&：

```
[me@linuxbox ~]$ xlogo &
[1] 28236
[me@linuxbox ~]$
```

输入命令之后，xlogo 窗口出现，Shell 提示符返回，但同时也输出了几个有趣的数字。这是 Shell 特性的一部分，称为作业控制。通过这条消息，Shell 告诉我们已经启动了一个编号为 1（[1]）的作业，其 PID 为 28236。如果运行 ps 命令，就可以看到该进程：

```
[me@linuxbox ~]$ ps
  PID TTY          TIME CMD
10603 pts/1    00:00:00 bash
28236 pts/1    00:00:00 xlogo
28239 pts/1    00:00:00 ps
```

Shell 的作业控制功能也提供了相关的方法，可以查看从 Shell 启动的作业列表。输入 jobs 命令：

```
[me@linuxbox ~]$ jobs
[1]+ Running                 xlogo &
```

结果显示，我们有一个编号为 1 的作业，目前处于运行状态，对应的命令是 xlogo &。

10.3.3 使进程返回前台

前台的键盘输入（包括 Ctrl-C 组合键）对后台进程无效。要想使进程返回前台，可以像下面这样使用 fg 命令：

```
[me@linuxbox ~]$ jobs
[1]+ Running                 xlogo &
[me@linuxbox ~]$ fg %1
xlogo
```

fg 命令后面加上百分号和作业号（称为作业参数）。如果只有一个后台作业，作业参数可选。按 Ctrl-C 组合键就可以终止 xlogo 程序。

10.3.4 停止进程

我们有时候只是想要停止（暂停）进程，而不是将其终止。这样做通常是为了将前台进程转移到后台。为此，可以按 Ctrl-Z 组合键。让我们来试一下。在命令提示符后输入 xlogo，先按 Enter 键，再按 Ctrl-Z 组合键：

```
[me@linuxbox ~]$ xlogo
[1]+ Stopped                 xlogo
[me@linuxbox ~]$
```

我们可以通过调整 xlogo 窗口大小来验证程序是否已经被停止。可以看出，窗口此刻毫无反应。我们要么使用 fg 命令让程序在前台继续运行，要么使用 bg 命令让程序在后台恢复运行：

```
[me@linuxbox ~]$ bg %1
[1]+ xlogo &
[me@linuxbox ~]$
```

和 fg 命令一样，如果只有一个作业，bg 命令可以不指定作业参数。

如果通过命令行启动图形化程序的时候忘记在结尾添加&，那么将其从前台移入后台就显得非常方便了。

为什么我们会想要从命令行启动图形化程序？有两个原因。

- 你想要运行的程序在窗口管理器菜单中找不到，如 xlogo 程序。
- 通过命令行启动程序，有可能看到以图形化方式启动时所看不到的错误消息。有时候无法从图形化菜单中启动程序，但改用命令行方式启动的话，就会发现错误提示，找出问题所在。另外，有些图形化程序也包含了一些值得注意的实用命令行选项。

10.4 信号

kill 命令可以“杀死”（kill）进程。这使我们能够终止需要被“杀死”的程序。来看一个例子：

```
[me@linuxbox ~]$ xlogo &
[1] 28401
[me@linuxbox ~]$ kill 28401
[1]+ Terminated              xlogo
```

我们先在后台执行 xlogo。Shell 输出了后台进程的作业参数和 PID。接着，我们使用 kill 命令并指定了想要终止的进程 PID，也可以使用作业参数（例如%1）代替 PID 来指定进程。

整个过程非常简单直观，事实可不止如此。确切来说，kill 命令并不是“杀死”进程，而是向其发送信号。信号是系统与程序之间的通信途径之一。在使用 Ctrl-C 组合键和 Ctrl-Z 组合键的时候，我们已经见识过信号的实际效果了。当终端接收到其中某个组合键时，会向前台程序发送信号。对于 Ctrl-C 组合键，发送 INT 信号；对于 Ctrl-Z 组合键，发送 TSTP 信号。程序则“监听”（listen）信号并根据接收到的信号做出相应的操作。这种行为使程序能够在接收到终止信号时保存正在进行的工作。

10.4.1 使用 kill 命令向进程发送信号

kill 命令可用于向进程发送信号。其语法如下：

```
kill -signal PID...
```

如果未在命令行上指定信号，则默认使用 TERM 信号。kill 命令的常用信号如表 10-4 所示。

表 10-4 kill 命令的常用信号

编号	名称	含义
1	HUP	挂起（hang up）信号。这是过去的“美好时光”留下的印记，当时终端是通过电话线和调制解调器与远程计算机连接的。该信号用于向程序表明控制终端已“挂起”。HUP 信号的效果可以通过关闭终端会话来演示。在终端运行的前台程序会接收到该信号并终止，很多守护进程也利用 HUP 信号进行二次初始化。这意味着如果守护进程接收到该信号，会重启并读取配置文件。Web 服务器 Apache 就是这么做的
2	INT	中断（interrupt）信号。效果和在终端按 Ctrl-C 组合键一样，通常用于终止程序
9	KILL	“杀死”（kill）信号。该信号比较特别。尽管程序可以选择以不同的方式处理发送给它们的信号，包括完全将其忽略，但 KILL 信号其实从来不会被发送给目标进程。相反，内核会立即终止进程。如果进程是以这种方式终止的，则没有机会善后或保存已完成的工作。出于此原因，KILL 信号应该作为最后的手段，在其他终止信号均无效的情况下使用
15	TERM	终止（terminate）信号。这是 kill 命令发送的默认信号。如果进程还有足够的“活力”（alive）接收信号，该进程会被终止
18	CONT	继续（continue）信号。该信号可以在 STOP 信号或 TSTP 信号之后恢复进程。bg 命令和 fg 命令会发送这个信号
19	STOP	停止（stop）信号。该信号并不终止进程，而只是将其暂停。和 KILL 信号一样，它不向目标进程发送，因此不能被忽略
20	TSTP	终端停止（terminal stop）信号。该信号会在用户按 Ctrl-Z 组合键时由终端发送。和 STOP 信号不同，TSTP 信号由进程接收，不过进程可以选择将其忽略

让我们来动手试一试 kill 命令：

```
[me@linuxbox ~]$ xlogo &
[1] 13546
[me@linuxbox ~]$ kill -1 13546
[1]+ Hangup                    xlogo
```

在这个例子中，我们在后台启动了 xlogo 程序并使用 kill 命令向其发送 HUP 信号。xlogo 程序被终止，Shell 的输出信息表明该后台进程已接收到 HUP 信号。我们可能需要多按几次 Enter 键才能看到这条消息。注意，可以通过信号编号或者名称（包含带有 SIG 的名称）来指定信号：

```
[me@linuxbox ~]$ xlogo &
[1] 13601
[me@linuxbox ~]$ kill -INT 13601
[1]+ Interrupt                    xlogo
[me@linuxbox ~]$ xlogo &
[1] 13608
[me@linuxbox ~]$ kill -SIGINT 13608
[1]+ Interrupt                    xlogo
```

重复先前的例子并尝试其他信号。记住，我们也可以使用作业参数代替 PID。

和文件一样，进程也有属主，你必须是进程的属主（或者作为超级用户）才能使用 kill 命令向其发送信号。

除 kill 命令的那些常用信号之外，还有其他一些系统的常用信号，如表 10-5 所示。

表 10-5 系统的常用信号

编号	名称	含义
3	QUIT	退出（quit）信号
11	SEGV	段错误（segmentation violation）信号。如果进程违规使用内存，就会收到该信号，例如，你试图在无写入权限的内存区域执行写入操作
28	WINCH	窗口变化（windows change）信号。如果窗口大小发生变化，系统会发送该信号。有些程序（如 top 程序和 less 程序）会通过重新绘制自身来响应 WINCH 信号，以适应新的窗口尺寸

你可以使用下列命令显示所有的信号，满足一下好奇心：

```
[me@linuxbox ~]$ kill -l
```

10.4.2 使用 killall 命令向多个进程发送信号

可以使用 killall 命令向匹配指定名称或用户名的多个进程发送信号。其用法如下：

```
killall [-u user] [-signal] name...
```

作为演示，我们启动 xlogo 程序的两个实例，然后将其终止：

```
[me@linuxbox ~]$ xlogo &
[1] 18801
[me@linuxbox ~]$ xlogo &
[2] 18802
[me@linuxbox ~]$ killall xlogo
[1]- Terminated             xlogo
[2]+ Terminated             xlogo
```

记住，和 kill 命令一样，你必须拥有超级用户权限才能向不属于你的进程发送信号。

10.5 关闭系统

关闭系统涉及有序地终止所有进程，还要在断电之前执行重要的内务整理工作（如同步所有已挂载的文件系统）。有 4 个命令可以执行该功能。

- halt。
- poweroff。
- reboot。
- shutdown。

顾名思义，前 3 个命令通常在使用的时候不加任何参数。来看一个例子：

```
[me@linuxbox ~]$ sudo reboot
```

shutdown 命令值得留意。通过该命令，我们能够指定执行哪种操作（挂起、关机或重启），提供关机延时。常见的用法是挂起系统：

```
[me@linuxbox ~]$ sudo shutdown -h now
```

或者重启系统：

```
[me@linuxbox ~]$ sudo shutdown -r now
```

指定延时的方式有多种，详见 shutdown 命令的手册页。一旦执行了 shutdown 命令，就会向所有登录用户“广播”一条消息，警告他们即将发生的事件。

10.6 更多与进程相关的命令

因为监控进程是一项重要的系统管理任务，所以相关的命令数量颇多。表 10-6 列出了其中一些。

表 10-6　与进程相关的命令

命令	描述
pstree	以树状结构输出进程列表，显示进程之间的父子关系
vmstat	输出结果包括内存、交换空间、磁盘 I/O 在内的系统资源使用情况信息。如果想要查看持续的输出结果，可以在命令后面加上一个更新间隔时间（以秒为单位）。例如 vmstat 5。按 Ctrl-C 组合键可以终止输出
xload	图形化程序，随时间绘制显示系统负载的图形
tload	和 xload 命令类似，不过是在终端中绘制图形。按 Ctrl-C 组合键可以终止输出

10.7　总结

大多数现代系统具备管理多个进程的机制，Linux 为此提供了丰富的工具。考虑到 Linux 是世界上部署广泛的服务器系统，这颇有意义。但是，不同于其他一些系统，Linux 主要依靠命令行工具来管理进程。虽然也有可用于 Linux 的图形化进程管理工具，但命令行工具由于其快速轻量的特点而备受青睐。虽然图形化进程管理工具看起来很漂亮，但自身也产生了不小的系统负载，这在一定程度上适得其反。

第二部分

配置与环境

第11章 环境

我们之前讲到过，Shell 在会话期间维护着称为环境的大量信息。程序使用存储在环境中的数据来确定系统配置。尽管大多数程序使用配置文件来保存程序设置，但是有些程序也会在环境中查找相关信息来调整自身行为。知道了这一点，我们就可以利用环境来自定义 Shell。

在本章中，我们将介绍下列命令。

- printenv：显示部分或全部环境变量。
- set：显示 Shell 变量和环境变量。
- echo：查看变量内容。
- alias：查看命令别名。

11.1 环境中都保存了什么

Shell 在环境中保存了两种基本类型数据，但是在 Bash 中，这两种数据基本上没有区别。它们分别是环境变量和 Shell 变量。Bash 将一部分数据存放在 Shell 变量中，其他数据则存放在环境变量中。除变量之外，Shell 还保存了一些程序化数据（programmatic data），也就是别名和 Shell 函数。我们在第 5 章已经讲过了别名，Shell

函数（与 Shell 编程有关）会在本书的第四部分介绍。

11.1.1 检查环境

要想查看环境中存储的内容，我们可以使用 Bash 的内建命令 set 或 printenv。set 命令会显示 Shell 变量和环境变量，而 printenv 命令只显示环境变量。由于环境内容相当冗长，因此最好将这两个命令的输出结果通过管道传给 less 命令：

```
[me@linuxbox ~]$ printenv | less
```

我们会得到类似于下面这样的输出结果：

```
USER=me
PAGER=less
LSCOLORS=Gxfxcxdxbxegedabagacad
XDG_CONFIG_DIRS=/etc/xdg/xdg-ubuntu:/usr/share/upstart/xdg:/etc/xdg
PATH=/home/me/bin:/usr/local/sbin:/usr/local/bin:/usr/sbin:/usr/bin:/sbin:/
bin:/usr/games:/usr/local/games
DESKTOP_SESSION=ubuntu
QT_IM_MODULE=ibus
QT_QPA_PLATFORMTHEME=appmenu-qt5
JOB=dbus
PWD=/home/me
XMODIFIERS=@im=ibus
GNOME_KEYRING_PID=1850
LANG=en_US.UTF-8
GDM_LANG=en_US
MANDATORY_PATH=/usr/share/gconf/ubuntu.mandatory.path
MASTER_HOST=linuxbox
IM_CONFIG_PHASE=1
COMPIZ_CONFIG_PROFILE=ubuntu
GDMSESSION=ubuntu
SESSIONTYPE=gnome-session
XDG_SEAT=seat0
HOME=/home/me
SHLVL=2
LANGUAGE=en_US
GNOME_DESKTOP_SESSION_ID=this-is-deprecated
LESS=-R
LOGNAME=me
COMPIZ_BIN_PATH=/usr/bin/
LC_CTYPE=en_US.UTF-8
XDG_DATA_DIRS=/usr/share/ubuntu:/usr/share/gnome:/usr/local/share/:/usr/share/
QT4_IM_MODULE=xim
DBUS_SESSION_BUS_ADDRESS=unix:abstract=/tmp/dbus-IwaesmWaTO
LESSOPEN=| /usr/bin/lesspipe %s
INSTANCE=
```

我们看到的是一个包含环境变量及其值的列表。例如，其中有一个叫作 USER 的变量，值为 me。printenv 命令也可以列出指定环境变量的值：

```
[me@linuxbox ~]$ printenv USER
me
```

set 命令在不加任何选项和参数的时候会显示 Shell 变量、环境变量以及已定义的 Shell 函数。不同于 printenv 命令，set 命令的输出结果是按照字母顺序排列的：

```
[me@linuxbox ~]$ set | less
```

也可以使用 echo 命令查看变量内容：

```
[me@linuxbox ~]$ echo $HOME
/home/me
```

环境中的别名无法使用 set 命令和 printenv 命令显示。要想查看别名，可以使用不包含参数的 alias 命令：

```
[me@linuxbox ~]$ alias
alias l.='ls -d .* --color=tty'
alias ll='ls -l --color=tty'
alias ls='ls --color=tty'
alias vi='vim'
alias which='alias | /usr/bin/which --tty-only --read-alias --show-dot --show-tilde'
```

11.1.2 一些值得注意的环境变量

环境中包含大量变量，虽然你所在系统的环境未必与这里显示的一样，但还是可能看到表 11-1 中的环境变量。

表 11-1 环境变量

变量	内容
DISPLAY	屏幕（display）名称（如果你启用了图形化环境）。这个值通常是:0，代表 X 服务器生成的第一个屏幕
EDITOR	用于文本编辑的程序名称
SHELL	Shell 程序名称
HOME	主目录的路径名
LANG	定义了字符集及其所使用语言的排序方式
OLDPWD	先前的工作目录
PAGER	用于对输出结果进行分页的程序名称。通常设置为/usr/bin/less
PATH	由冒号分隔的目录列表，Shell 会在其中搜索用户输入的可执行程序名称

续表

变量	内容
PS1	"提示字符串 1"（prompt string 1）的缩写。其中定义了 Shell 提示符的内容。我们在后文中会看到，该变量的可定制性很强
PWD	当前工作目录
TERM	终端类型名称。类 UNIX 系统支持多种终端协议；该变量设置了用户所用的终端仿真器的协议
TZ	指定时区。大多数类 UNIX 系统以世界标准时间（Coordinated Universal Time，UTC）来维护计算机的内部时钟，而显示的本地时间则是根据该变量指定的时差计算出来的
USER	用户名

即使某些环境变量在表 11-1 中找不到也没关系，因为不同的系统之间存在差异。

11.2 如何建立环境

用户登录系统后，Bash 程序会启动并读取一系列称为启动文件的配置脚本，这些脚本定义了所有用户共享的默认环境。接着读取主目录中定义个人环境的多个启动文件。确切的顺序取决于启动的 Shell 会话类型。

- 登录 Shell 会话（login shell session）：在这种 Shell 会话中，会提示用户输入用户名和密码。例如，我们启动的虚拟控制台就属于此类会话。
- 非登录 Shell 会话（non-login shell session）：当我们在 GUI 中启动终端会话时，使用的就是此类会话。

登录 Shell 会话会读取一个或多个启动文件，如表 11-2 所示。

表 11-2 登录 Shell 会话读取的启动文件

文件	内容
/etc/profile	应用于所有用户的全局配置脚本
~/.bash_profile	用户的个人启动文件。可用于扩展或覆盖全局配置脚本中的设置
~/.bash_login	如果没有找到~/.bash_profile，Bash 会尝试读取该脚本
~/.profile	如果~/.bash_profile 和~/.bash_login 都没有找到，Bash 会尝试读取该文件。这是基于 Debian 发行版（如 Ubuntu）的默认文件

非登录 Shell 会话读取的启动文件如表 11-3 所示。

表 11-3 非登录 Shell 会话读取的启动文件

文件	内容
/etc/bash.bashrc	应用于所有用户的全局配置脚本
~/.bashrc	用户的个人启动文件。可用于扩展或覆盖全局配置脚本中的设置

除了读取表 11-3 所示的启动文件，非登录 Shell 会话还会继承其父进程（通常

是登录 Shell 会话）的环境。

你可以看一看系统中都安装了哪些启动文件。记住，因为表 11-2 和表 11-3 中列出的大多数文件名是以点号开头的（这意味着它们都是隐藏文件），查看的时候需要使用 ls 命令的-a 选项。

在普通用户看来，~/.bashrc 可能是最重要的启动文件，因为该文件基本上总是会被读取。非登录 Shell 会话默认会读取它，登录 Shell 会话的大多数启动文件也会读取它。

启动文件

我们来看一个典型的.bash_profile 文件（取自 CentOS 6 系统）：

```
# .bash_profile

# 获取别名和函数
if [ -f ~/.bashrc ]; then
        . ~/.bashrc
fi

# 用户特定的环境和启动程序

PATH=$PATH:$HOME/bin
export PATH
```

以#开头的行属于注释，Shell 不会读取。注释只是为了增强代码的可读性。首先要注意的是第 4 行：

```
if [ -f ~/.bashrc ]; then
        . ~/.bashrc
fi
```

这称为 if 复合命令（compound command），我们会在第四部分的 Shell 脚本编程中详述，目前可以将其理解为：

```
If the file "~/.bashrc" exists, then
        read the "~/.bashrc" file.
```

从这几行代码中可以看出登录 Shell 会话是如何获得.bashrc 内容的。启动文件接下来要处理 PATH 变量。

在命令行上输入命令后，你有没有想过 Shell 是怎样找到这些命令的？例如，当用户输入 ls 命令，Shell 并不会翻遍整个系统来查找/bin/ls（ls 命令的完整路径），而是搜索 PATH 变量中保存的目录列表。

PATH 变量通常（也并非总是如此，具体取决于系统）是由启动文件/etc/profile中下面这行设置的：

```
PATH=$PATH:$HOME/bin
```

修改 PATH 变量，将目录$HOME/bin 添加到现有列表的尾部。这是参数扩展的一个例子，我们在第 7 章中讲过。为了演示其工作方式，尝试输入下面的内容：

```
[me@linuxbox ~]$ foo="This is some "
[me@linuxbox ~]$ echo $foo
This is some
[me@linuxbox ~]$ foo=$foo"text."
[me@linuxbox ~]$ echo $foo
This is some text.
```

利用这项技术，我们可以将文本追加到变量现有内容之后。

通过将字符串$HOME/bin 添加到 PATH 变量内容的尾部，当输入命令时，$HOME/bin 目录就会处于被搜索的路径列表中。这意味着如果我们想在主目录中创建一个用于存放个人私有程序的子目录，Shell 也会将其纳入搜索范围。我们要做的就是将该子目录命名为 bin。

> **注意** 很多系统默认提供的就是这种 PATH 变量。基于 Debian 的系统（如 Ubuntu）会在登录时测试 ~/bin 目录是否存在，并动态地将其加入 PATH 变量中（如果存在的话）。

最后是这一句：

```
export PATH
```

export 命令告诉 Shell，使 PATH 变量的内容可用于该 Shell 的子进程。

11.3 修改环境

只要知道了启动文件在哪里，文件中包含什么内容，我们就可以对其做出修改，并自定义环境了。

11.3.1 应该修改哪些文件

一般来说，在 PATH 变量中添加目录或者定义额外的环境变量，这些改动放入.bash_profile 中（或者是其他的等效文件，具体取决于所用的系统。例如，Ubuntu 使用的是.profile）。其他改动则放入.bashrc 中。

注意 除非你是超级用户，需要修改所有用户的默认设置，否则，将改动限制在主目录下的文件。当然可以修改/etc 下的文件（如/etc/profile），在很多时候，这样做也是合情合理的，但就目前而言，还是安全第一。

11.3.2 文本编辑器

为了编辑（也就是修改）Shell 的启动文件和系统中的其他大多数配置文件，我们要用到一个称为文本编辑器的程序。在某些方面，文本编辑器类似于字处理器，它允许用户通过移动光标来编辑屏幕上显示的文字。与字处理器不同的是，文本编辑器只支持纯文本，而且通常包含一些针对程序编写所设计的特性。文本编辑器是软件开发人员编写代码的主要工具，超级用户也可以用其来管理系统的配置文件。

Linux 系统中可用的文本编辑器数量众多，大多数系统中安装了不止一种。为什么会有如此之多？一是因为程序员热衷于编写文本编辑器；二是因为程序员在工作中会广泛地用到文本编辑器，他们通过动手编写文本编辑器来表达自己喜欢的工作方式。

文本编辑器分为两种基本类别：图形化编辑器和文本化编辑器。GNOME 和 KDE 都配备了一些流行的图形化编辑器。GNOME 自带的图形化编辑器叫作 gedit，在 GNOME 菜单中，gedit 通常名为 Text Editor。KDE 自带了 3 款图形化编辑器，分别是 Kedit、Kwrite 及 Kate（复杂程度递增）。

有很多文本化编辑器，其中比较流行的是 Nano、Vi、Emacs，我们随后会讲到。Nano 编辑器简单易用，旨在替代 PINE 电子邮件套件附带的 Pico 编辑器。Vi 编辑器是类 UNIX 系统中的传统文本编辑器（在大多数 Linux 系统中，Vi 已被 Vim 编辑器所取代）。本书第 12 章的主题就是 Vi 编辑器。Emacs 编辑器最初由理查德·马修·斯托曼编写。它是一套庞大的、通用的、无所不能的文本编辑器。尽管容易获取，但是大多数 Linux 系统很少默认安装 Emacs 编辑器。

11.3.3 使用文本编辑器

在命令行输入文本编辑器的名称，后面跟上待编辑的文件名就可以调用文本编辑器。如果指定的文件尚不存在，文本编辑器会假定你想创建一个新文件。下面是 gedit 的示例：

```
[me@linuxbox ~]$ gedit some_file
```

该命令会启动 gedit 文本编辑器并载入文件 some_file（如果该文件存在）。

图形化编辑器一目了然，我们不打算再讲了。相反，我们将把注意力放在文本化编辑器Nano身上。启动Nano，编辑.bashrc文件。但是在这之前，需要先做一些安全防护工作。无论何时编辑重要的配置文件，先创建备份始终是一种好做法，这可以避免编辑文件时忙中出错却无法恢复的情况。使用下列命令创建.bashrc备份：

```
[me@linuxbox ~]$ cp .bashrc .bashrc.bak
```

备份文件用什么名称并不重要，挑一个通俗易懂的就行。.bak、.sav、.old、.orig都是常见的备份文件扩展名。别忘了cp命令会悄无声息地覆盖已有的同名文件。

现在我们已经创建了备份。可以启动Nano了：

```
[me@linuxbox ~]$ nano .bashrc
```

Nano启动好之后，我们会看到以下内容：

```
  GNU nano 2.0.3          File: .bashrc

# .bashrc

# Source global definitions
if [ -f /etc/bashrc ]; then
        . /etc/bashrc
fi

# User specific aliases and functions

                         [ Read 8 lines ]
^G Get Help^O WriteOut^R Read Fil^Y Prev Pag^K Cut Text^C Cur Pos
^X Exit    ^J Justify ^W Where Is^V Next Pag^U UnCut Te^T To Spell
```

注意　如果你的系统中没有安装Nano，可以使用图形化编辑器代替。

屏幕显示内容分为3个部分：顶部的标题、中间的可编辑文本和底部的命令菜单。由于Nano的目的在于替代电子邮件客户端自带的文本编辑器，因此其编辑功能非常有限。

不管是哪种文本编辑器，你要学习的第一个命令就是如何退出编辑器。就Nano而言，按Ctrl-X组合键即可退出。在屏幕底部的命令菜单中有相关提示。^X代表Ctrl-X组合键。这是很多程序中用到的控制字符的常见表示法。

需要知道的第二个命令是如何保存已完成的工作。在Nano中按Ctrl-O组合键即可。知道了这一点，我们就可以开始做一些编辑工作了。使用下方向键或者下翻页键将光标移动到文件的末尾，然后在.bashrc文件中添加以下几行内容：

```
umask 0002
export HISTCONTROL=ignoredups
export HISTSIZE=1000
alias l.='ls -d .* --color=auto'
alias ll='ls -l --color=auto'
```

注意 你所用的系统的.bashrc 文件中可能已经包含了这些内容，不过就算有重复，也不会造成什么不良影响。

表 11-4 详细地解释了上面几行内容的含义。

表 11-4 .bashrc 文件中添加的内容

行	含义
umask 0002	设置掩码，解决第 9 章中讨论过的共享目录问题
export HISTCONTROL=ignoredups	使 Shell 的历史记录特性忽略已经记录过的相同命令
export HISTSIZE=1000	将命令历史记录的数量从默认的 500 行增加到 1000 行
alias l.='ls-d.* --color=auto'	创建名为 l.的新命令，该命令能够显示以点号开头的所有目录条目
alias ll='ls-l--color=auto'	创建名为 ll 的新命令，该命令能够以长格式显示目录条目

可以看出，新加入的不少内容并不易懂，最好在.bashrc 文件中添加一些注释来帮助用户理解。使用编辑器添加注释：

```
# 更改 umask 使目录共享更容易
umask 0002

# 忽略命令历史记录中的重复部分，
# 并将历史记录增加到 1000 行
export HISTCONTROL=ignoredups
export HISTSIZE=1000

# 增加一些有效的别名
alias l.='ls -d .* --color=auto'
alias ll='ls -l --color=auto'
```

修改完毕后，按 Ctrl-O 组合键保存当前的.bashrc 文件，然后按 Ctrl-X 组合键退出 Nano。

注释的重要性

无论何时修改配置文件，添加一些注释来记录所做的变更是一种很好的做法。没错，你估计明天不会忘记做过什么样的改动，但是半年之后呢？给自己省点儿事，把注释加上吧！同时，保留一份变更日志也是个不错的主意。

在 Shell 脚本和 Bash 启动文件中，注释均以#开头。其他的配置文件可能会使用别的符号。大多数配置文件中有注释，可以将其作为指导。

你经常会发现配置文件中的一些行被注释掉，这是为了防止它们被相关程序读取，这也可以为用户示范可能的配置选项或者正确的配置语法。例如，Ubuntu 18.04 的.bashrc 文件包含以下内容：

```
# some more ls aliases
#alias ll='ls -l'
#alias la='ls -A'
#alias l='ls -CF'
```

最后 3 行是有效的别名定义，但都已经被注释掉了。如果去掉这几行开头的#符号（这叫去除注释），就可以启用这些别名。反之，如果行首添加#符号，就可以在保留原本信息的基础上使该行配置失效。

11.3.4 使改动生效

因为仅在 Shell 会话启动时才会读取.bashrc 文件，所以对其做出的改动只有在关闭终端会话并再次打开新会话的时候才会生效。不过，我们也可以使用下列命令强制 Bash 重新读取修改后的.bashrc 文件：

```
[me@linuxbox ~]$ source ~/.bashrc
```

在这之后，应该就能看到改动生效了。试一下新定义的别名：

```
[me@linuxbox ~]$ ll
```

11.4 总结

在本章中，我们学会了一项必备技能：使用文本编辑器编辑配置文件。以后在阅读命令手册页的时候，注意命令支持的环境变量，也许会有意想不到的发现。在后文中，我们还将学习 Shell 函数，这是 Shell 的一项功能强大的特性，你可以将其添加到 Bash 启动文件中，丰富个人的自定义命令。

第12章

Vi 入门

有一个古老的笑话，说的是一位来到纽约的游客想去著名的古典音乐厅，于是找到一名路人打听怎么走。

游客："不好意思，请问怎样才能到卡内基音乐厅？"

路人："练习，练习，再练习！"

就像一个人不可能朝夕之间就成为技艺高超的钢琴家，Linux 命令也不是花一个下午就能掌握的。这需要长期的练习。本章将介绍 UNIX 传统核心程序之一的 Vi（读作 vee eye）。Vi 因其不甚友好的用户界面而名声欠佳，但是当我们观看一位 Vi "高手"端坐在键盘前开始"演奏"时，的的确确能够见识到什么是"伟大的艺术"。单凭本章不可能使你成为 Vi 专家，但是在学习之后，至少可以使你知道如何上手 Vi。

12.1 为什么要学习 Vi

如今这个时代，既有图形化编辑器，又有易用的文本化编辑器（如 Nano），为什么还要学习 Vi？有 3 个很好的理由。

- Vi 基本上总是可用。如果所在的系统没有 GUI，例如远程服务器或者 X Window

系统配置有故障的本地系统，Vi可就是救命稻草了。Nano虽然日渐流行，但仍算不上通用。而可移植操作系统接口（Portable Operating System Interface，POSIX，一种UNIX系统的程序兼容标准）的存在使Vi必须存在。

- Vi轻巧流畅。对很多任务来说，启动Vi要比在菜单中找到图形化编辑器并等待载入数兆字节大小的编辑器容易得多。另外，Vi在设计时特别考虑到了输入速度。我们会看到，熟练的Vi用户在编辑的时候从来不会让自己的手指离开键盘。
- 我们可不想被其他Linux和UNIX用户瞧不起。

可能前两个才算是正当的理由。

12.2 背景知识

Vi的首个版本是比尔·乔伊（Bill Joy）于1976年编写的，当时他还是加州大学伯克利分校（University of California at Berkeley）的一名在校生，日后此人又创建了Sun Microsystems公司。Vi取名自单词Visual，因为它能够在影像终端（video terminal）通过移动光标来进行编辑。在可视化编辑器出现之前，人们使用的是行编辑器，每次只能编辑一行文本。用户需要告知编辑器要在哪一行进行什么样的操作，例如添加或者删除文本。随着影像终端（不像电传打字机那种基于打印机的终端）的出现，可视化编辑器成为可能。Vi实际上包含了一个强大的行编辑器ex，我们在使用Vi的同时也可以调用行编辑命令。

大多数Linux发行版自带的并不是真正的Vi，而是布莱姆·米勒（Bram Moolenaar）编写的Vi增强版Vim（Vi Improved的缩写）。Vim对传统UNIX系统的Vi进行了重大改进，在Linux系统中，Vi通常是指向Vim的符号链接或作为Vim的别名。在后文中，我们假定有一个其实是Vim的程序Vi。

12.3 启动和退出Vi

只需要输入下列命令就可以启动Vi：

```
[me@linuxbox ~]$ vi
```

屏幕上应该会出现以下内容：

```
~
~
~                      VIM - Vi Improved
~
~                     version 8.0.707
~                 by Bram Moolenaar et al.
```

```
~                Vim is open source and freely distributable
~
~                         Sponsor Vim development!
~              type :help sponsor<Enter>       for information
~
~              type :q<Enter>                  to exit
~              type :help<Enter>  or  <F1>     for on-line help
~              type :help version8<Enter>      for version info
~
~                     Running in Vi compatible mode
~              type :set nocp<Enter>           for Vim defaults
~              type :help cp-default<Enter>    for info on this
~
~
~
```

兼容方式

在 Vi 的启动内容中，我们可以看到有一行“Running in Vi compatible mode”（以兼容方式运行 Vi）。这意味着 Vim 将以更接近 Vi 正常行为的方式运行，不具备增强行为。考虑到本章的目的，我们自然希望运行拥有增强行为的 Vim。为此，有几个选择。尝试运行 Vim，而不是 Vi。如果可行，考虑在.bashrc 文件中添加 alias vi='vim'。也可以使用下列命令在 Vim 配置文件增添一行内容:

```
echo "set nocp" >> ~/.vimrc
```

不同的 Linux 发行版自带的 Vim 也不尽相同。有些发行版默认安装的是最小版本的 Vim，仅支持有限的 Vim 特性集。在完成本章的后续练习时，你可能会发现有些特性用不了。如果出现这种情况，请安装完整版的 Vim。

像先前的 Nano 一样，我们先学习如何退出 Vi。输入下列命令即可（注意，冒号是该命令的一部分）:

```
:q
```

此时应该会返回 Shell 提示符。如果由于某些原因，Vi 未能退出（通常是因为修改了文件，但没有保存），可以加上叹号，告诉 Vi 强行退出:

```
:q!
```

窍门　　如果你在 Vi 中“迷路”，搞不清当前所处的模式，连按两次 Esc 键就可以返回命令模式。

12.4 编辑模式

再次启动Vi，这次使用一个并不存在的文件名作为参数。可以用这种方式创建新文件：

```
[me@linuxbox ~]$ rm -f foo.txt
[me@linuxbox ~]$ vi foo.txt
```

如果一切顺利，则会看到如下内容：

```
~
~
~
~
~
~
~
~
~
~
~
~
~
~
~
~
~
~
~
~
~
"foo.txt" [New File]
```

每行开头的~表示该行没有任何文本。这表明 foo.txt 现在是一个空文件。先不要输入任何内容！

关于 Vi 的第二件重要的事情（学习过如何退出之后）：Vi 是一款模式编辑器（modal editor）。当Vi启动时，进入命令模式（command mode）。在该模式下，几乎每一个按键都是命令，如果立刻开始输入，Vi基本上就乱套了。

12.4.1 进入插入模式

要想向文件中添加文本，必须先进入插入模式（insert mode），只需按i键即可。然后，如果 Vi 是以增强方式运行的，那么应该会在屏幕底部看到下列内容（这行文字在 Vi 兼容方式中不会出现）：

```
-- INSERT --
```

现在就可以输入文本了。试一试下面这行内容：

```
The quick brown fox jumped over the lazy dog.
```

按 Esc 键，可以退出插入模式并返回命令模式。

12.4.2 保存文件

要想保存对文件的改动，必须在命令模式下输入 ex 命令。这需要按:键，这时，屏幕底部会出现一个冒号。

```
:
```

在冒号之后输入 w，然后按 Enter 键，就可以保存修改后的文件。

```
:w
```

文件会被写入硬盘，屏幕底部也会出现确认消息：

```
"foo.txt" [New] 1L, 46C written
```

窍门　　在阅读 Vi 文档时，你会发现命令模式被称为普通模式（normal mode），ex 命令被称为命令模式。

12.5 光标移动

在命令模式下，Vi 提供了大量光标移动命令，其中有一部分也可以用于 less 程序，如表 12-1 所示。

表 12-1　光标移动命令

命令	光标移动
l 或右方向键	向右移动一个字符
h 或左方向键	向左移动一个字符
j 或下方向键	向下移动一行
k 或上方向键	向上移动一行
数字 0	移动到当前行行首
^	移动到当前行中第一个非空白字符处
$	移动到当前行行尾

续表

命令	光标移动
w	移动到下一个单词开头或标点符号
W	移动到下一个单词开头，忽略标点符号
b	移动到上一个单词开头或标点符号
B	移动到上一个单词开头，忽略标点符号
Ctrl-F 或下翻页键	移动到下一页
Ctrl-B 或上翻页键	移动到上一页
数字键 G	移动到指定行。例如，1G 可以使光标移动到文件的第一行
G	移动到文件的最后一行

为什么要使用 l、h、j、k 键来移动光标？因为最初在编写 Vi 的时候，不是所有的影像终端都有方向键，这种设计使熟练的输入人员能够在手指不离开键盘的情况下使用普通的按键移动光标。

像表 12-1 所示的 G 命令一样，许多 Vi 命令的前面都可以加上数字前缀。通过数字可以指定命令执行的次数。例如，5j 可以使光标下移 5 行。

12.6 基本编辑

大多数编辑是由少数基本操作组成的，例如插入文本、删除文本，而通过剪切、粘贴可以移动文本。当然了，Vi 以自己独特的方式支持所有这些操作。除此之外，Vi 还提供了有限形式的撤销操作。如果在命令模式下按 u 键，Vi 会撤销上一次做出的改动。在尝试一些基本编辑命令时，该特性非常方便。

12.6.1 追加

Vi 有多种方式可以进入插入模式。我们先前使用 i 命令插入文本。

让我们再回到 foo.txt 文件：

```
The quick brown fox jumped over the lazy dog.
```

如果想在句末添加一些文本，我们会发现 i 命令做不到，因为无法将光标移动过（beyond）行尾。Vi 提供了名称恰如其分的文本追加命令 a（append 的缩写）。如果将光标移动至行尾并输入 a，光标会移动过行尾，同时 Vi 进入插入模式。这样就可以添加文本了：

```
The quick brown fox jumped over the lazy dog. It was cool.
```

记住，按 Esc 键能够退出插入模式。

因为我们几乎总是想在行尾追加文本，所以 Vi 提供了一种便捷方式，可以将光标移动至当前行行尾并进行追加。这便是 A 命令。来试一试向文件中追加几行文本。

首先，使用 0（数字）命令将光标移动到行首。然后，输入 A，追加下列文本行：

```
The quick brown fox jumped over the lazy dog. It was cool.
Line 2
Line 3
Line 4
Line 5
```

再按 Esc 键退出插入模式。

12.6.2 新建

插入文本的另一种方法是新建。这可以在已有的两行之间插入一个空行并进入插入模式。新建命令有两种，如表 12-2 所示。

表 12-2 新建命令

命令	新建内容
o	在当前行之下新建一行
O	在当前行之上新建一行

我们按照下列方式演示命令的用法——将光标定位在第 3 行，然后输入 o：

```
The quick brown fox jumped over the lazy dog. It was cool.
Line 2
Line 3

Line 4
Line 5
```

第 3 行下面出现了一个新行，同时也进入了插入模式。按 Esc 键退出插入模式，然后按 u 键撤销刚才的改动。

输入 O，在光标上方新建一行：

```
The quick brown fox jumped over the lazy dog. It was cool.
Line 2

Line 3
Line 4
Line 5
```

按 Esc 键退出插入模式，然后按 u 键撤销刚才的改动。

12.6.3　删除

正如我们所期望的那样，Vi 也提供了多种删除文本的方法。首先，x 命令会删除光标处的字符。x 之前可以使用数字来指定删除多少个字符。d 命令更加通用，而且和 x 一样，也可以在其之前使用数字来指定删除次数。另外，d 命令之后还可以跟上移动命令，控制删除范围。表 12-3 给出了一些示例。

表 12-3　文本删除命令

命令	删除内容
x	当前字符
3x	当前字符和接下来的两个字符
dd	当前行
5dd	当前行和接下来的 4 行
dW	从光标所在处一直到下一个单词开头
d$	从光标所在处一直到行尾
d0	从光标所在处一直到行首
d^	从光标所在处一直到行中第一个非空白字符
dG	从当前行一直到文件末尾
d20G	从当前行一直到第 20 行

将光标移至第一行的单词 It 处。重复按 x 键，直到删除完句子的剩余部分。接着，重复按 u 键，撤销所有被删除的内容。

> **注意**　标准的 Vi 仅支持单级撤销。Vim 支持多级撤销。

让我们再来试一试删除，这次使用 d 命令。再次将光标移至第一行的单词 It 处，输入 dW 删除该单词：

```
The quick brown fox jumped over the lazy dog. was cool.
Line 2
Line 3
Line 4
Line 5
```

输入 d$，从光标所在处一直删除到行尾：

```
The quick brown fox jumped over the lazy dog.
Line 2
Line 3
Line 4
Line 5
```

输入 dG，从当前行一直删除到文件末尾：

```
~
~
~
~
~
```

连续输入 3 次 u，撤销删除操作。

12.6.4 剪切、复制及粘贴

d 命令不仅能够删除文本，还可以“剪切”文本。每次使用 d 命令，被删除的文本就会被复制到粘贴缓冲区（paste buffer），可将其想象成粘贴板。随后可以使用 p 命令将粘贴缓冲区中的内容粘贴到光标之前或之后。

y（yank 的缩写）命令可用于“复制”文本，其使用方式和用于剪切文本的 d 命令差不多。表 12-4 中列举了 y 命令与各种光标移动命令配合使用的一些示例。

表 12-4 y 命令与各种光标移动命令配合使用的示例

命令	复制内容
yy	当前行
5yy	当前行和接下来的 4 行
yW	从光标所在处一直到下一个单词开头
y$	从光标所在处一直到行尾
y0	从光标所在处一直到行首
y^	从光标所在处一直到行中第一个非空白字符
yG	从当前行一直到文件末尾
y20G	从当前行一直到第 20 行

让我们来尝试一些复制—粘贴操作。将光标置于第一行文本，输入 yy，复制当前行文本。接着，把光标移动至最后一行（使用 G 命令），输入 p，将刚才复制的那行文本粘贴到当前行之下：

```
The quick brown fox jumped over the lazy dog. It was cool.
Line 2
Line 3
Line 4
Line 5
The quick brown fox jumped over the lazy dog. It was cool.
```

和先前一样，使用 u 命令撤销改动。光标定位在文件最后一行，输入 P，将文本粘贴到当前行之上：

```
The quick brown fox jumped over the lazy dog. It was cool.
Line 2
Line 3
Line 4
The quick brown fox jumped over the lazy dog. It was cool.
Line 5
```

再试一试表 12-4 所示的其他命令，理解 p 和 P 命令的行为。掌握之后，将文件恢复到初始状态。

12.6.5 合并

Vi 对行的约束相当严格。一般而言，是无法通过将光标移至行尾，删除行尾字符来合并当前行与下一行的。因此，Vi 提供了一个用于合并行的特殊命令 J（别和 j 搞混了，后者是光标移动命令）。

如果将光标置于第 3 行，输入 J 命令，结果如下：

```
The quick brown fox jumped over the lazy dog. It was cool.
Line 2
Line 3 Line 4
Line 5
```

12.7 搜索和替换

Vi 能够在单行或整个文件范围内将光标移动至搜索结果处。另外，还可以执行文本替换，用户可选择替换时是否需要确认。

12.7.1 行内搜索

f 命令在行内搜索并将光标移动至指定字符的下一次出现处。例如，命令 fa 会将光标移动至字符 a 在行内下一次出现的位置。输入分号可以重复先前的搜索。

12.7.2 搜索整个文件

/命令可以将光标移动至指定单词或短语的下一次出现处。其工作方式和之前讲过的 less 命令一样。当你输入/命令时，/字符会出现在屏幕底部。接着，输入待搜索字符串，然后按 Enter 键。光标会移动到包含待搜索字符串的下一个位置。要想重复搜索上一次指定的字符串，使用 n 命令即可。来看一个例子：

```
The quick brown fox jumped over the lazy dog. It was cool.
Line 2
Line 3
Line 4
Line 5
```

将光标置于第一行。输入下列内容并按 Enter 键：

```
/Line
```

光标会移动至第 2 行。接着，输入 n，光标会移动至第 3 行。重复输入 n 命令，光标会一直向下移动，直到没有匹配位置。即使目前我们只使用单词作为搜索模式，Vi 也能够使用正则表达式（一种表示复制文本模式的方式）。我们会在第 19 章详细介绍正则表达式。

12.7.3 全局搜索和替换

Vi 使用 ex 命令在若干行或整个文件范围内执行搜索和替换操作。要想将文件中所有的单词 Line 更改为 line，可以输入下列命令：

```
:%s/Line/line/g
```

把该命令“拆开”，看一看各部分都做了什么（见表 12-5）。

表 12-5 全局搜索和替换的用法示例

组成	含义
:	冒号表示接下来是 ex 命令
%	指定操作的行范围。%是一种便捷写法，代表从第一行到最后一行。也可以将该范围写作 1,5（因为文件长度为 5 行）或者 1,$（表示从第 1 行到最后一行）。如果未指定行范围，则仅对当前行执行操作
s	指定操作。在这个示例中，指定替换（substitution）操作
/Line/line/	指定搜索模式和替换文本
g	代表全局（global），表示对行中所有搜索字符串执行替换操作。如果不指定，则仅替换每行搜索到的第一个字符串

执行过全局搜索和替换命令之后，文件内容如下：

```
The quick brown fox jumped over the lazy dog. It was cool.
line 2
line 3
line 4
line 5
```

我们也可以要求在替换的时候由用户进行确认。这只需要在命令结尾加上 c 即可。下面是一个示例：

```
:%s/line/Line/gc
```

该命令将文件改回原先的内容。但是，在每次替换之前，Vi会停止，提示用户确认替换：

```
replace with Line (y/n/a/q/l/^E/^Y)?
```

圆括号中的每个字符都代表一种可能的选择，确认替换按键如表12-6所示。

表12-6 确认替换按键

按键	操作
y	执行替换
n	跳过此次替换
a	执行所有替换
q或Esc	退出替换
l	执行此次替换，然后退出。这是last的缩写
Ctrl-E/Ctrl-Y	分别表示向下滚动和向上滚动。可用于查看被替换处的上下文

如果输入y，就执行替换。n会使Vi跳过此次替换并移动到下一个匹配位置。

12.8 编辑多个文件

一次性编辑多个文件通常会很方便。你可能需要修改多个文件，或者需要把一个文件的内容复制到另一个文件中。我们可以使用 Vi 打开多个文件进行编辑，只需要在命令行中执行如下命令即可：

```
vi file1 file2 file3 . . .
```

退出当前Vi会话，创建一个新文件用于编辑。输入:wq退出Vi，保存修改过的文件。接着，在主目录创建另一个文件。使用 ls 命令的输出结果作为该文件的内容：

```
[me@linuxbox ~]$ ls -l /usr/bin > ls-output.txt
```

使用Vi编辑旧文件和新文件：

```
[me@linuxbox ~]$ vi foo.txt ls-output.txt
```

Vi启动之后，我们会看到第一个文件出现在屏幕上：

```
The quick brown fox jumped over the lazy dog. It was cool.
Line 2
Line 3
Line 4
Line 5
```

12.8.1 在文件之间切换

使用下列 ex 命令切换到下一个文件：

```
:bn
```

切换回上一个文件：

```
:bp
```

虽然我们能够在文件之间切换，但 Vi 要求必须先保存对当前文件做出的修改之后才能切换到其他文件。如果要放弃对文件的修改并强制 Vi 切换到另一个文件，可以在命令后添加感叹号（!）。

除了已经介绍过的切换方法，Vim（以及某些版本的 Vi）还提供了一些方便管理多个文件的 ex 命令。我们可以使用:buffers 命令查看被编辑的文件。该命令会在屏幕底部显示一个文件列表：

```
:buffers
  1 %a   "foo.txt"                    line 1
  2      "ls-output.txt"              line 0
Press ENTER or type command to continue
```

要想切换到另一个缓冲区（文件），需要输入:buffer，后面跟上要编辑的缓冲区编号。例如，要从包含文件 foo.txt 的 1 号缓冲区切换到包含文件 ls-output.txt 的 2 号缓冲区，可以输入：

```
:buffer 2
```

屏幕上会显示第二个文件的内容。另一种更改缓冲区的方法是使用之前提到过的:bn（下一个缓冲区，buffer next 的缩写）和:bp（上一个缓冲区，buffer previous 的缩写）命令。

12.8.2 载入更多的文件进行编辑

我们也可以将更多的文件加入当前的编辑会话中。在 ex 命令:e（编辑，edit 的缩写）的后面跟上文件名就可以打开更多的文件。结束当前编辑会话，返回命令行。

重新启动 Vi，只打开一个文件：

```
[me@linuxbox ~]$ vi foo.txt
```

添加另一个文件：

```
:e ls-output.txt
```

屏幕上应该会出现该文件的内容。第一个文件仍然存在，可以使用下列命令验证：

```
:buffers
  1 #    "foo.txt"                        line 1
  2 %a   "ls-output.txt"                  line 0
Press ENTER or type command to continue
```

12.8.3 将一个文件的内容复制到另一个文件

在编辑多个文件的过程中，经常会需要将一个文件中的部分内容复制到正在编辑的另一个文件中。使用前文讲过的复制和粘贴命令就可以轻松实现。首先，先切换到1号缓冲区：

```
:buffer 1
```

应该会看到如下内容：

```
The quick brown fox jumped over the lazy dog. It was cool.
Line 2
Line 3
Line 4
Line 5
```

接着，将光标移至第一行，输入yy，复制该行。

切换到2号缓冲区：

```
:buffer 2
```

屏幕上应该会显示如下内容（这里只列出了部分内容）：

```
total 343700
-rwxr-xr-x 1 root root      31316 2017-12-05 08:58 [
-rwxr-xr-x 1 root root       8240 2017-12-09 13:39 411toppm
-rwxr-xr-x 1 root root     111276 2018-01-31 13:36 a2p
-rwxr-xr-x 1 root root      25368 2017-10-06 20:16 a52dec
-rwxr-xr-x 1 root root      11532 2017-05-04 17:43 aafire
-rwxr-xr-x 1 root root       7292 2017-05-04 17:43 aainfo
```

将光标移至第一行，输入p命令，粘贴从上一个文件中复制的内容：

```
total 343700
```

```
The quick brown fox jumped over the lazy dog. It was cool.
-rwxr-xr-x 1 root root      3 1316 2017-12-05 08:58 [
-rwxr-xr-x 1 root root       8240 2017-12-09 13:39 411toppm
-rwxr-xr-x 1 root root     111276 2018-01-31 13:36 a2p
-rwxr-xr-x 1 root root      25368 2016-10-06 20:16 a52dec
-rwxr-xr-x 1 root root      11532 2017-05-04 17:43 aafire
-rwxr-xr-x 1 root root       7292 2017-05-04 17:43 aainfo
```

12.8.4 将整个文件插入另一个文件

也可以将整个文件插入正在编辑的文件中。让我们来看怎么实现。先结束当前的 Vi 会话，启动一个新会话，只打开一个文件：

```
[me@linuxbox ~]$ vi ls-output.txt
```

又会看到下列文件列表：

```
total 343700
-rwxr-xr-x 1 root root      31316 2017-12-05 08:58 [
-rwxr-xr-x 1 root root       8240 2017-12-09 13:39 411toppm
-rwxr-xr-x 1 root root     111276 2018-01-31 13:36 a2p
-rwxr-xr-x 1 root root      25368 2016-10-06 20:16 a52dec
-rwxr-xr-x 1 root root      11532 2017-05-04 17:43 aafire
-rwxr-xr-x 1 root root       7292 2017-05-04 17:43 aainfo
```

将光标移动至第 3 行，然后输入下列 ex 命令：

```
:r foo.txt
```

:r 命令（读取，read 的缩写）会在光标之下插入指定文件。这时应该能看到如下内容：

```
total 343700
-rwxr-xr-x 1 root root      31316 2017-12-05 08:58 [
-rwxr-xr-x 1 root root       8240 2017-12-09 13:39 411toppm
The quick brown fox jumped over the lazy dog. It was cool.
Line 2
Line 3
Line 4
Line 5
-rwxr-xr-x 1 root root     111276 2018-01-31 13:36 a2p
-rwxr-xr-x 1 root root      25368 2016-10-06 20:16 a52dec
-rwxr-xr-x 1 root root      11532 2017-05-04 17:43 aafire
-rwxr-xr-x 1 root root       7292 2017-05-04 17:43 aainfo
```

12.9 保存工作

就像其他功能一样，Vi提供了多种方式来保存编辑过的文件。在前文中我们讲过了ex命令:w，但还有另一些方法可能也会派上用场。

在命令模式下，输入ZZ可以保存当前文件并退出Vi。同样，ex命令:wq结合了:w和:q这两个命令的功能，能够保存文件并退出Vi。

:w命令也可以指定一个可选的文件名，作用类似于“另存为”。例如，我们正在编辑foo.txt，想要将其另存为foo1.txt，可以这样做：

```
:w foo1.txt
```

注意 虽然该命令会将文件以新名称保存，但并不更改编辑中的原文件名。用户继续编辑的文件还是foo.txt，而不是foo1.txt。

12.10 总结

掌握了这些基本技能，我们现在已经可以执行维护典型Linux系统所需的大多数文本编辑操作了。从长远来看，经常练习使用Vi终有回报。由于Vi风格的编辑器已深植于UNIX文化之中，因此我们会发现许多程序都受到其设计的影响，less程序就是一个很好的体现。

第13章 定制提示符

在本章中，我们要来看一个看似微不足道的细节——Shell 提示符（简称提示符），借此将揭示一些 Shell 和终端仿真器的内部工作机制。

和 Linux 中的很多其他事物一样，提示符也具备很强的可配置性，虽然我们已经将其视为理所当然，但是控制提示符可是一件颇为实用的工具。

13.1 分解提示符

默认的提示符类似于下面这样：

```
[me@linuxbox ~]$
```

注意，其中包含了用户名、主机名、当前工作目录，但怎么就是这个样子呢？很简单，本就如此。提示符是由环境变量 PS1（提示字符串 1，prompt string 1 的缩写）定义的。我们可以使用 echo 命令查看 PS1 的内容。

```
[me@linuxbox ~]$ echo $PS1
[\u@\h \W]\$
```

注意 如果你的系统上的显示结果和示例中的不一样，也不用担心。每种 Linux 发行版定义的提示符都略有不同，有些甚至还挺怪异。

从结果中，我们可以看出 PS1 包含了一些能够在提示符中看到的字符，例如[]、@、$，但剩下的那些就不太能理解了。你可能会发现它们就是第 7 章中讲过的反斜线转义字符。表 13-1 列举了 Bash 在提示符中进行特殊处理时用到的转义字符。

表 13-1 提示符中用到的转义字符

转义字符	显示内容
\a	ASCII 响铃。会使计算机发出蜂鸣声
\d	当前日期（“星期几-月-日”格式）。例如 Mon May 26
\h	本地服务器的主机名，不包括结尾域名（trailing domain name）
\H	完整的主机名
\j	执行在当前 Shell 会话中的作业数量
\l	当前终端设备名称
\n	换行符
\r	回车符
\s	Shell 程序的名称
\t	24 小时制的当前时间（时:分:秒）
\T	12 小时制的当前时间
\@	12 小时制的当前时间（AM/PM）
\A	24 小时制的当前时间（时:分）
\u	当前用户名
\v	Shell 版本号
\V	Shell 版本号和发布号
\w	当前工作目录
\W	当前工作目录的最后一部分
\!	当前命令的历史记录编号
\#	当前 Shell 会话中输入过的命令数量
\$	显示$，如果拥有超级用户权限的话，则显示#
\[	表明一个或多个非输出字符序列的开头。可用于嵌入非输出的控制字符，以某种方式操作终端仿真器，例如移动光标或更改文本颜色
\]	表明一个或多个非输出字符序列的结束

13.2 换一种提示符

有了这些特殊字符，我们就能换一种提示符。首先，备份现有的提示符，以便随后恢复。为此，将其复制到另一个 Shell 变量中：

```
[me@linuxbox ~]$ ps1_old="$PS1"
```

我们创建了一个新变量 ps1_old，将 PS1 的值保存在其中。可以通过 echo 命令来验证：

```
[me@linuxbox ~]$ echo $ps1_old
[\u@\h \W]\$
```

在终端会话期间，我们随时可以恢复原先的提示符，只需简单地做一个相反的操作即可：

```
[me@linuxbox ~]$ PS1="$ps1_old"
```

现在可以继续进行了，来看一看如果设置一个空提示符会怎样：

```
[me@linuxbox ~]$ PS1=
```

如果将提示符设置为空，那么得到的内容也是空。提示符完全消失了！提示符开头还在，只是什么都不显示，这是按照我们的要求做的。这会让人感到困惑，因此我们将其替换为最小化的提示符：

```
PS1="\$ "
```

这样就好点儿了。至少现在我们能看出来自己在做什么。注意，双引号中的结尾是空格符。在显示提示符时，这个空格符在$和光标之间提供了间隔。

在提示符中添加响铃：

```
$ PS1="\[\a\]\$ "
```

在每次显示提示符的时候，应该都能听到蜂鸣声，不过有些系统禁止了这个“特性”。响铃可能会让人厌烦，但如果需要提醒，尤其是在执行那种耗时命令的时候，这反倒会很方便。注意，我们在提示符中加入了\[和\]转义字符。因为 ASCII 响铃（\a）属于非输出字符，也就是说它并不会移动光标，所以我们需要告诉 Bash，以便 Bash 能够正确地确定提示符的长度。

接下来，我们尝试在提示符中加入主机名和时间信息：

```
$ PS1="\A \h \$ "
17:33 linuxbox $
```

如果我们需要记录某些任务的执行时间，在提示符中加入时间信息就很实用。最后，我们来制作一个类似于默认提示符的新提示符：

```
17:37 linuxbox $ PS1="<\u@\h \W>\$ "
<me@linuxbox ~>$
```

可以尝试表 13-1 所示的其他转义字符，看一看能否创造出一个全新的提示符。

13.3 增加颜色

大多数终端仿真器能够识别某些非输出字符序列，用于控制字符属性（如颜色、粗体及文本闪烁）和光标位置等。我们随后会谈及光标位置，现在先来讲解颜色。

混乱的终端

以前，终端还和远程计算机捆绑在一起，市面上有很多相互竞争的终端产品，而且工作方式各异，如不同的键盘、不同的控制信息解释方式。UNIX 和类 UNIX 系统都配备了相当复杂的子系统（分别称为 termcap 和 terminfo）来应对终端控制方面的复杂情况。如果查看终端仿真器最底层的属性，你可能会找到关于终端仿真类型的设置。

为了使各种终端有一套通用语言，美国国家标准委员会（American National Standards Institute，ANSI）开发了一套标准的字符序列来控制终端。过去的 DOS 老用户一定会记得用来启用这些代码解释的 ANSI.SYS 文件。

字符颜色是由发送到终端仿真器的 ANSI 转义代码来控制的，转义代码可以嵌入要显示的字符流中。转义代码不会输出到屏幕上，而是被终端解释为一条命令。从表 13-1 中可以看到，\[和\]这两个转义字符用来封装非输出字符。ANSI 转义代码以八进制数 033 开头（该代码由 Esc 键生成），后面跟着一个可选的字符属性，接着是一条命令。例如，下列代码可以将文本颜色设置为普通的（attribute = 0）黑色：

```
\033[0;30m
```

表 13-2 列出了用于设置文本颜色的转义代码。注意，颜色分为两组，区别在于是否应用了粗体（bold）属性（1），该属性使颜色分为深色和浅色。

表 13-2 用于设置文本颜色的转义代码

转义代码	文本颜色	转义代码	文本颜色
\033[0;30m	黑色	\033[1;30m	深灰色
\033[0;31m	红色	\033[1;31m	浅红色
\033[0;32m	绿色	\033[1;32m	浅绿色
\033[0;33m	棕色	\033[1;33m	黄色
\033[0;34m	蓝色	\033[1;34m	浅蓝色
\033[0;35m	紫色	\033[1;35m	浅紫色
\033[0;36m	青色	\033[1;36m	浅青色
\033[0;37m	浅灰色	\033[1;37m	白色

让我们来执行一个红色的提示符（其印刷效果看起来是灰色的）。在提示符开头处插入转义代码：

```
<me@linuxbox ~>$ PS1="\[\033[0;31m\]<\u@\h \W>\$ "
<me@linuxbox ~>$
```

确实管用，但我们发现在提示符之后输入的所有文本也全都变成了红色。为了解决这个问题，我们在提示符结尾处添加另一段转义代码，告知终端仿真器恢复原先的颜色：

```
<me@linuxbox ~>$ PS1="\[\033[0;31m\]<\u@\h \W>\$\[\033[0m\] "
<me@linuxbox ~>$
```

也可以使用表 13-3 所示的转义代码设置文本背景色。背景色不支持粗体属性。

表 13-3 用于设置文本背景色的转义代码

序列	背景色	序列	背景色
\033[0;40m	黑色	\033[0;44m	蓝色
\033[0;41m	红色	\033[0;45m	紫色
\033[0;42m	绿色	\033[0;46m	青色
\033[0;43m	棕色	\033[0;47m	浅灰色

只需要简单修改第一个转义代码示例就能够创建有红色背景的提示符：

```
<me@linuxbox ~>$ PS1="\[\033[0;41m\]<\u@\h \W>\$\[\033[0m\] "
<me@linuxbox ~>$
```

试一试这些颜色编码，看一看你能创建出怎样的提示符！

> **注意** 除了普通（0）和粗体（1）字符属性，还可以为文本设置下画线（4）、闪烁（5）及反显（7）[1]。为了保持良好的品质，许多终端仿真器禁止使用闪烁属性。

13.4 移动光标

转义代码也可以用来移动光标，通常用于在屏幕的不同位置（如每次绘制提示符时，在屏幕上方角落处）显示时钟或其他种类的信息。表 13-4 列举了可用于移动光标的转义代码。

表 13-4 可用于移动光标的转义代码

转义代码	作用
\033[l;cH	将光标移动至第一行 *c* 列
\033[nA	将光标向上移动 *n* 行
\033[nB	将光标向下移动 *n* 行
\033[nC	将光标向前移动 *n* 个字符
\033[nD	将光标向后移动 *n* 个字符
\033[2J	清空屏幕并将光标移动至左上角(0 行, 0 列)
\033[K	从光标所在处一直清除到当前行末尾
\033[s	保存光标当前位置
\033[u	恢复先前保存的光标位置

利用表 13-4 所示的转义代码，我们可以创建一个提示符，每次出现时都会在屏幕顶部绘制出一个内含时钟（黄色数字）的红色横条。这个提示符的实现代码看起来挺“吓人”的：

```
PS1="\[\033[s\033[0;0H\033[0;41m\033[K\033[1;33m\t\033[0m\033[u\]<\u@\h \W>\$ "
```

表 13-5 描述了各部分转义代码的作用。

表 13-5 各部分转义代码的作用

转义代码	作用
\[	表示非输出字符序列的开始。其目的在于使 Bash 能够正确计算字符串可输出部分的长度。否则的话，命令行编辑特性无法正确定位光标
\033[s	保存光标位置。这是为了能在绘制完屏幕顶部的横条和时钟之后，使光标返回原处。注意，有些终端仿真器不识别此代码
\033[0;0H	将光标移动至屏幕左上角(0 行, 0 列)

[1] 前景色与背景色交换。

续表

转义代码	作用
\033[0;41m	将背景色设置为红色
\033[K	从光标当前所在处（屏幕左上角）一直清除到行尾。因为背景色现在为红色，所以清除后的行就是红色的，从而创建出了红色横条。注意，清除至行尾并不会改变光标位置，它仍停留在左上角
\033[1;33m	将文本设置为黄色
\t	显示当前时间。尽管这属于“可输出”元素，但我们仍将其包含在提示符的非输出部分，因为我们不想让 Bash 在计算所显示的提示符真实长度时把时钟也纳入其中
\033[0m	关闭颜色。对文本和背景均有效
\033[u	恢复先前保存的光标位置
\]	结束非输出字符序列
<\u@\h \W>\$	提示符

13.5 保存提示符

我们显然不想每次都输入这样一长串代码，所以需要将提示符存储在某个地方。将其添加到.bashr 文件中是一个一劳永逸的解决办法。为此，把下列两行加入该文件中：

```
PS1="\[\033[s\033[0;0H\033[0;41m\033[K\033[1;33m\t\033[0m\033[u\]<\u@\h \W>\$ "
export PS1
```

13.6 总结

无论你信不信，提示符的功能绝不仅限于此，其中涉及我们尚未讲到的 Shell 函数和脚本，但本章已经开了一个好头。因为默认的提示符通常已经足够了，所以并不是每个人都会想要修改提示符。但是对那些喜欢探索的用户来说，Shell 也为其创造了寻找乐趣的条件。

第三部分

常见任务与必备工具

第14章 软件包管理

如果在 Linux 社区里浏览过，肯定见过不少关于哪种 Linux 发行版"最好"的观点和看法。这种讨论往往比较无聊，因为关注点都在诸如桌面背景有多好看（有些人不用 Ubuntu 的原因仅仅是不喜欢默认的颜色主题！）和其他旁枝末节上。

Linux 发行版质量的比较重要的影响因素就是打包系统（packaging system）和相应发行版支持社区的活力。随着接触 Linux 的时间越来越长，我们会发现其软件日新月异。事物从来都不是一成不变的。大多数流行前沿的 Linux 发行版每半年就会发布一次新版本，很多单独的程序每天都会更新。为了跟上层出不穷的各种软件，我们需要有好的工具来进行软件包管理。

软件包管理是安装和维护系统内软件的一种方法。如今，多数用户可以通过安装 Linux 发行商提供的软件包来满足大部分软件需求。对比 Linux 早期，那时候要想安装软件，必须下载并编译源代码。编译源代码这件事本身没有任何问题，事实上，能够获取源代码可谓 Linux 的一大亮点，这使我们（和其他用户）得以检查并改进系统。只不过使用预先编译好的软件包会更快、更容易些。

在本章中，我们会介绍一些可用于 Linux 软件包管理的命令行工具。虽然所有的主流 Linux 发行版都提供了功能强大且复杂的图形化系统维护程序，但学习命令行程序同样重要，因为后者能够完成很多图形化系统维护程序很难（甚至不可能）达成的任务。

14.1 打包系统

不同的 Linux 发行版使用不同的打包系统，原则上，不同 Linux 发行版的软件包互不兼容。多数 Linux 发行版采用的打包系统不外乎 Debian 的.deb 或者 Red Hat 的.rpm。也存在一些特例，例如 Gentoo、Slackware、Foresight，不过多数 Linux 发行版在两种基本的打包系统中选择，如表 14-1 所示。

表 14-1 基本的打包系统

打包系统	Linux 发行版（仅列出部分）
Debian 类（.deb）	Debian、Ubuntu、Linux Mint、Raspbian
Red Hat 类（.rpm）	Fedora、CentOS、Red Hat Enterprise Linux、OpenSUSE

14.2 软件包的工作方式

专有软件行业的软件发行方式通常需要购买安装介质（例如安装盘）或者访问发行商的网站下载产品，然后执行“安装向导”来安装新的应用程序。

Linux 并不是这样的。几乎所有 Linux 系统的软件都可以在网上找到，其中大部分由发行商以软件包文件的形式提供，其余的则采用源代码形式，可以手动安装。我们将在第 23 章中讨论如何通过编译源代码来安装软件。

14.2.1 软件包文件

软件包文件是打包系统的基本软件单元。它是经过压缩后的文件集合，这些文件组成了整个软件包。一个软件包中可能包含许多程序和支持这些程序的数据文件。除了要安装的文件，其中还包括关于包本身的元数据，例如包及其内容的文本描述。另外，很多软件包还包含安装前和安装后脚本，负责执行安装前和安装后的配置任务。

软件包文件由包维护人（package maintainer）创建，他通常是发行商的员工。包维护人从上游供应商（程序作者）那里获得源代码形式的软件，对其进行编译，创建软件包元数据和必要的安装脚本。通常情况下，包维护人会修改原始源代码，提高程序与 Linux 发行版其他部分的集成度。

14.2.2 仓库

虽然有些软件包是自行打包和发行的，但目前大多数软件包是由发行商和相关的第三方制作的。Linux 发行版用户可以从中央仓库获得软件包，这些仓库可能包含成千上万个软件包，每个软件包都是为 Linux 发行版专门构建和维护的。

Linux 发行版可以针对软件开发生命周期的各个阶段维护不同的仓库。例如，往往会有一个测试仓库，其中包含刚构建好的软件包，供敢于尝鲜的用户使用，这些用户会在软件包正式发布之前查找是否存在 Bug。Linux 发行版通常还会有一个开发仓库，其中包含尚在开发过程中，且准备纳入 Linux 发行版的下一个主要版本中的软件包。

Linux 发行版可能还有相关的第三方库。这些库通常提供由于专利或数字版权管理（Digital Rights Management，DRM）反规避问题等法律上的原因而不能包括在 Linux 发行版中的软件。典型的例子就是加密 DVD 的技术支持。第三方库用于不适用软件专利和反规避法的国家。这些库通常完全独立于支持的 Linux 发行版，用户必须充分了解后手动将其加入打包系统的配置文件中才能使用。

14.2.3 依赖性

程序很少是独立的；相反，它们依靠其他软件组件来完成工作。常用操作（如输入/输出）由多个程序共享的例程处理。这些例程存储在共享库中，共享库为多个程序提供必要的服务。如果软件包需要某种共享资源（如共享库），则说明其具有依赖性。现代打包系统都有解决依赖性问题的方法，确保在安装软件包时也安装了其所有的依赖。

14.2.4 低层和高层工具

打包系统通常由两种工具组成。

- 处理软包文件的安装和删除等任务的低层工具。
- 执行元数据搜索和解决依赖性问题的高层工具。

在本章中，我们将要介绍 Debian 类系统（如 Ubuntu 等）和 Red Hat 系列产品提供的相关工具。虽然所有 Red Hat 类的 Linux 发行版都依赖于低层工具（RPM），但使用的高层工具却不尽不同。接下来我们将讨论 Red Hat Enterprise Linux 和 CentOS 使用的高层工具 YUM。其他 Red Hat 类的 Linux 发行版也提供了可与之媲美的高层工具，打包系统工具参见表 14-2。

表 14-2 打包系统工具

Linux 发行版	低层工具	高层工具
Debian 类	dpkg	apt-get、apt、aptitude
Red Hat 类	RPM	YUM、DNF

14.3 常见的软件包管理任务

很多操作都可以使用命令行软件包管理工具执行。我们来看一些常见的操作。注意，低层工具也支持创建软件包文件，但这超出了本书的知识范围。

在接下来的讨论中，package_name 指代软件包的实际名称，package_file 指代包含该软件包的文件名。

14.3.1 在仓库中查找软件包

使用高层工具搜索仓库元数据，可以根据软件包的名称或描述来查找（见表 14-3）。

表 14-3 软件包查找命令

系统类型	命令
Debian	apt-get update apt-cache search search_string
Red Hat	yum search search_string

例如，使用下列命令在 YUM 仓库中搜索 Emacs 软件包：

```
yum search emacs
```

14.3.2 安装仓库中的软件包

高层工具可以从仓库中下载并安装软件包，同时一并安装所有的依赖（见表 14-4）。

表 14-4 软件包安装命令

系统类型	命令
Debian	apt-get update apt-get install package_name
Red Hat	yum install package_name

例如，使用下列命令在 Debian 系统上安装 apt 仓库中的 Emacs 软件包：

```
apt-get update; apt-get install emacs
```

14.3.3 安装软件包文件中的软件包

如果软件包文件不是从仓库中下载的，可以直接使用低层工具安装（见表 14-5），但无法解决依赖性问题。

表 14-5 低层工具的软件包安装命令

系统类型	命令
Debian	dpkg-i package_file
Red Hat	rpm-i package_file

例如，如果从仓库之外的地方下载了软件包文件 emacs-22.1-7.fc7-i386.rpm，安装方法如下：

```
rpm -i emacs-22.1-7.fc7-i386.rpm
```

注意 因为这种方法使用了低层的 RPM 进行安装，所以并不会解决依赖性问题。如果 RPM 发现有缺失的依赖，RPM 会显示错误消息并退出。

14.3.4 删除软件包

高层工具和低层工具都可以删除软件包。表 14-6 列出了相关高层工具的软件包删除命令。

表 14-6 高层工具的软件包删除命令

系统类型	命令
Debian	apt-get remove package_name
Red Hat	yum erase package_name

例如，可以使用下列命令在 Debian 类的系统中删除 Emacs 软件包：

```
apt-get remove emacs
```

14.3.5 通过仓库更新软件包

常见的软件包管理任务就是使系统中的软件保持最新状态。这项重要任务通过高层工具只需要一步就能搞定（见表 14-7）。

表 14-7 高层工具的软件包更新命令

系统类型	命令
Debian	apt-get update、apt-get upgrade
Red Hat	yum update

例如，使用下列命令将所有可用的更新应用于 Debian 类系统中已安装的软件包：

```
apt-get update; apt-get upgrade
```

14.3.6 通过软件包文件更新软件包

如果从仓库之外的地方下载了软件包的更新版，可以使用表14-8所示的低层工具的软件包更新命令安装，以替换之前的版本。

表14-8 低层工具的软件包更新命令

系统类型	命令
Debian	dpkg -i package_file
Red Hat	rpm -U package_file

例如，可以使用下列命令在Red Hat系统上将已安装的Emacs升级到软件包文件emacs-22.1-7.fc7-i386.rpm中包含的版本：

```
rpm -U emacs-22.1-7.fc7-i386.rpm
```

注意　dpkg并没有像RPM那样特定的软件包更新选项。

14.3.7 列举已安装的软件包

表14-9列出了可用于显示系统中所有已安装软件包的低层工具的软件包列举命令。

表14-9 低层工具的软件包列举命令

系统类型	命令
Debian	dpkg -l
Red Hat	rpm -qa

14.3.8 确定软件包是否已安装

表14-10列出了可用于显示特定软件包是否安装的低层工具的软件包状态命令。

表14-10 低层工具的软件包状态命令

系统类型	命令
Debian	dpkg -s package_name
Red Hat	rpm -q package_name

例如，可以使用下列命令确定Debian类系统中是否安装了Emacs软件包：

```
dpkg -s emacs
```

14.3.9 显示已安装软件包的相关信息

如果已安装软件包的名称已知，可以使用表 14-11 所示的软件包信息命令显示其描述。

表 14-11 软件包信息命令

系统类型	命令
Debian	apt-cache show package_name
Red Hat	yum info package_name

例如，我们可以使用下列命令查看 Debian 类系统中的 Emacs 软件包的信息：

```
apt-cache show emacs
```

14.3.10 识别某个文件是哪个软件包安装的

可以使用表 14-12 所示的软件包文件识别命令识别特定文件是哪个软件包安装的。

表 14-12 软件包文件识别命令

系统类型	命令
Debian	dpkg -S file_name
Red Hat	rpm -qf file_name

可以使用下列命令查看哪个软件包在 Red Hat 系统中安装了文件/usr/bin/vim：

```
rpm -qf /usr/bin/vim
```

14.4 总结

在后文中，我们将探讨涵盖广泛应用的诸多程序。虽然这些程序大多数已经被默认安装了，但如果系统尚未安装必要的程序，则可能需要安装额外的软件包。凭借我们刚学到的软件包管理的知识（以及理解领会），安装和管理所需的软件包应该不在话下。

Linux 软件安装迷思

从其他平台"转战而来"的用户有时候会陷入一种迷思：Linux 的软件不容易安装，而且不同的 Linux 发行版使用的各种打包方案对用户而言也是一种障碍。这确实是障碍，不过也只是针对那些只想发布二进制版本软件的专有软件发行商而言。

Linux 软件生态系统基于开放源代码的思想。如果程序员发布了某个程序的源代码，Linux 发行版的相关人员可能会将该程序打包，添加到 Linux 发行版的仓库之中。这种方法确保了程序能够与 Linux 发行版很好地集成在一起，用户得以享受到便捷的软件“一站式服务”，不用再逐个搜索程序的网站。近来，主流专有软件平台发行商已经开始利用这种思路，搭建应用商店。

设备驱动程序的处理方式也差不多，只不过不是 Linux 发行版仓库中的独立个体，而是成为 Linux 的组成部分。一般而言，Linux 中并没有“驱动盘”这类东西。就某种设备而言，内核要么支持，要么不支持。事实上，Linux 内核支持的设备要比 Windows 多得多。当然，这也并不能确保你需要的特定设备一定能被 Linux 支持。如果出现这样的情况，就得找找原因了。缺少驱动程序支持一般有以下 3 个原因。

- 设备太新。因为很多硬件厂商并不积极支持 Linux 开发，编写内核驱动程序代码的任务就落在了 Linux 社区成员的肩上。这需要时间。
- 设备太稀少。不可能有哪种 Linux 发行版能涵盖所有可能的设备驱动。每种 Linux 发行版都构建了自己的内核，又因为内核是可配置的（这正是 Linux 能够在从手表到大型机的平台上运行的原因），所以可能忽略了某种设备。只要能找到并下载驱动程序的源代码，你（没错，就是你）就能自己编译和安装驱动程序。这个过程并不难，但是相当麻烦。我们将在后文中讨论软件的编译问题。
- 硬件厂商有所隐瞒。有些硬件既没有发布 Linux 驱动程序源代码，也没有提供让他人编写驱动代码的技术文档。也就是说该硬件厂商打算将设备编程接口保密。我们可不想自己的计算机里有什么秘密设备，所以最好远离这种产品。

第15章 存储介质

在前文中，我们介绍了文件层面的数据处理，本章将讨论设备层面的数据处理。无论是硬盘、网络存储等物理存储，还是独立磁盘冗余阵列（Redundant Array of Independent Disks，RAID）和逻辑卷管理器（Logical Volume Manager，LVM）等虚拟存储，Linux 在存储设备方面的处理能力都令人称道。

然而，本书并不是一本系统管理方面的图书，我们并不打算深入探讨这个主题，而只介绍其中一些概念以及用于管理存储设备的重要命令。为了完成本章中的练习，我们会用到 USB 闪存和 CD-RW（用于配备了光盘刻录机的系统）。

我们将介绍下列命令。

- mount：挂载文件系统。
- umount：卸载文件系统。
- fsck：检查和修复文件系统。
- fdisk：操作分区。
- mkfs：创建新的文件系统。
- dd：转换和复制文件。
- genisoimage（mkisofs）：创建 ISO 9660 映像文件。
- wodim（cdrecord）：擦除和刻录光学存储介质。

- md5sum：计算 MD5 校验和。

15.1 存储设备的挂载与卸载

Linux 桌面近年来取得的进展使桌面用户能够轻而易举地管理存储设备。多数情况下，设备只要连接上系统就能运作。在过去，这个操作只能手动完成。对于非桌面系统（服务器），在很大程度上仍要依靠手动操作，因为服务器往往有极端的存储需求和复杂的配置要求。

管理存储设备的第一步就是将该设备挂接（attaching）到文件系统树。这个过程称为挂载，能够使设备与操作系统交互。回忆一下第 2 章，类 UNIX 系统（如 Linux）维护着单一的文件系统树，设备挂载在其中的不同节点。这不同于其他系统（如 Windows），后者对每个设备都维护独立的文件系统树（如 C:\、D:\等）。

文件/etc/fstab（文件系统表，file system table 的缩写）列出了会在系统引导时挂载的各种设备（通常是硬盘分区）。下面是来自 Fedora 系统的/etc/fstab 示例：

```
LABEL=/12         /            ext4     defaults         1 1
LABEL=/home       /home        ext4     defaults         1 2
LABEL=/boot       /boot        ext4     defaults         1 2
tmpfs             /dev/shm     tmpfs    defaults         0 0
devpts            /dev/pts     devpts   gid=5,mode=620   0 0
sysfs             /sys         sysfs    defaults         0 0
proc              /proc        proc     defaults         0 0
LABEL=SWAP-sda3   swap         swap     defaults         0 0
```

其中大多数文件系统是虚拟的，并不适用于我们的讨论。前 3 行内容才是我们感兴趣的：

```
LABEL=/12         /            ext4     defaults         1 1
LABEL=/home       /home        ext4     defaults         1 2
LABEL=/boot       /boot        ext4     defaults         1 2
```

这些代表硬盘分区。/etc/fstab 文件中的每行包含 6 个字段，每个字段的内容不同，如表 15-1 所示。

表 15-1 /etc/fstab 文件字段

字段	内容	描述
1	设备	以前，该字段包含与物理设备关联的设备文件名，如 dev/hda1（被检测到的第一个硬盘的第一个分区）。因为如今的计算机都有不少能够热拔插的设备（如 USB 驱动器），所以很多现代 Linux 发行版采用文本标签来关联设备。该标签（存储介质被格式化后添加）可以是简单的文本或随机生成的通用唯一识别码（Universally Unique Identifier，UUID）。当设备挂载到系统时，系统会读取标签。通过这样的方式，不管实际的物理设备所分配的是哪个设备文件，都能够被正确识别

续表

字段	内容	描述
2	挂载点	设备被挂接在文件系统树上的位置（目录）
3	文件系统类型	Linux 允许挂载多种文件系统类型。多数原生 Linux 文件系统采用的是第 4 代扩展文件系统（Fourth Extended File System，ext4），不过也支持包括 FAT16（msdos）、FAT32（vfat）、NTFS（ntfs）、CD-ROM（ISO 9660）在内的很多其他文件系统
4	选项	文件系统有各种挂载选项。例如，可以将文件系统以只读形式挂载或禁止执行其中的任何程序（这对可移动设备是一个很有用的特性）
5	频率	dump 命令使用该数值决定是否对该文件系统进行备份以及多久备份一次
6	顺序	fsck 命令使用该数值决定文件系统的检查顺序

15.1.1　查看已挂载的文件系统列表

mount 命令可用于挂载文件系统。如果不加任何参数，可以显示当前已挂载的文件系统列表：

```
[me@linuxbox ~]$ mount
/dev/sda2 on / type ext4 (rw)
proc on /proc type proc (rw)
sysfs on /sys type sysfs (rw)
devpts on /dev/pts type devpts (rw,gid=5,mode=620)
/dev/sda5 on /home type ext4 (rw)
/dev/sda1 on /boot type ext4 (rw)
tmpfs on /dev/shm type tmpfs (rw)
none on /proc/sys/fs/binfmt_misc type binfmt_misc (rw)
sunrpc on /var/lib/nfs/rpc_pipefs type rpc_pipefs (rw)
fusectl on /sys/fs/fuse/connections type fusectl (rw)
/dev/sdd1 on /media/disk type vfat (rw,nosuid,nodev,noatime,
uhelper=hal,uid=500,utf8,shortname=lower)
twin4:/musicbox on /misc/musicbox type nfs4 (rw,addr=192.168.1.4)
```

列表格式是这样的：device on mount_point type filesystem_type (options)。例如，第一行表明设备/dev/sda2 作为根文件系统挂载，文件系统类型为 ext4，挂载形式为可读取和可写入（选项 rw）。列表底部有两行值得注意。倒数第二行显示一个 2GB 的 SD 内存卡被挂载到/media/disk，最后一行显示一个网络驱动器被挂载到/misc/musicbox。

我们在第一个练习中将使用 CD-ROM。首先，来看一下插入 CD-ROM 之前的系统：

```
[me@linuxbox ~]$ mount
/dev/mapper/VolGroup00-LogVol00 on / type ext4 (rw)
proc on /proc type proc (rw)
```

```
sysfs on /sys type sysfs (rw)
devpts on /dev/pts type devpts (rw,gid=5,mode=620)
/dev/sda1 on /boot type ext4 (rw)
tmpfs on /dev/shm type tmpfs (rw)
none on /proc/sys/fs/binfmt_misc type binfmt_misc (rw)
sunrpc on /var/lib/nfs/rpc_pipefs type rpc_pipefs (rw)
```

输出结果来自 CentOS 系统，其根文件系统是使用 LVM 创建的。和很多现代 Linux 发行版一样，该系统也会在 CD-ROM 插入时尝试自动挂载。插入 CD-ROM 之后，我们会看到下列输出结果：

```
[me@linuxbox ~]$ mount
/dev/mapper/VolGroup00-LogVol00 on / type ext4 (rw)
proc on /proc type proc (rw)
sysfs on /sys type sysfs (rw)
devpts on /dev/pts type devpts (rw,gid=5,mode=620)
/dev/hda1 on /boot type ext4 (rw)
tmpfs on /dev/shm type tmpfs (rw)
none on /proc/sys/fs/binfmt_misc type binfmt_misc (rw)
sunrpc on /var/lib/nfs/rpc_pipefs type rpc_pipefs (rw)
/dev/sdc on /media/live-1.0.10-8 type iso9660 (ro,noexec,nosuid,nodev,uid=500)
```

和先前的输出结果相比，我们发现多出了一项。在列表底部，可以看到 CD-ROM（在系统中对应于设备/dev/sdc）被挂载到/media/live-1.0.10-8，类型为 ISO 9660（CD-ROM 文件格式）。在这个练习中，我们感兴趣的是设备名称。在你自己做练习时，设备名称很可能与此不同。

警告 在下面的例子中，一定要密切注意你的系统中使用的实际设备名称，可别用本书中的名称，这一点非常重要！另外还要注意，音频 CD 与 CD-ROM 不同。音频 CD 没有文件系统，无法以常用的方式挂载。

现在我们已经知道了 CD-ROM 驱动器的设备名称，接着来卸载 CD-ROM，将其重新挂载到文件系统树的其他位置。为此，我们要切换到超级用户身份（使用相应的系统命令），使用 umount（注意拼写）命令卸载 CD-ROM：

```
[me@linuxbox ~]$ su -
Password:
[root@linuxbox ~]# umount /dev/sdc
```

下面为 CD-ROM 创建新的挂载点。所谓挂载点，其实就是文件系统树中的一个目录，没什么特别之处。该目录甚至可以不是空的，但如果你将设备挂载到非空目录，在卸载设备之前，无法查看此目录先前的内容。作为演示，我们创建一个新目录：

```
[root@linuxbox ~]# mkdir /mnt/cdrom
```

我们将 CD-ROM 挂载到新的挂载点。-t 选项可用于指定文件系统类型：

```
[root@linuxbox ~]# mount -t iso9660 /dev/sdc /mnt/cdrom
```

通过新的挂载点检查 CD-ROM 的内容：

```
[root@linuxbox ~]# cd /mnt/cdrom
[root@linuxbox cdrom]# ls
```

注意当我们尝试卸载 CD-ROM 的时候会发生什么：

```
[root@linuxbox cdrom]# umount /dev/sdc
umount: /mnt/cdrom: device is busy
```

为什么会这样？原因在于正在被某个用户或进程使用的设备是无法卸载的。在本例中，我们将工作目录更改为 CD-ROM 的挂载点，导致其处于繁忙状态。解决方法也很简单，将工作目录更改为挂载点以外的其他目录即可：

```
[root@linuxbox cdrom]# cd
[root@linuxbox ~]# umount /dev/hdc
```

这样就能顺利卸载设备了。

为什么卸载很重要

如果你查看 free 命令的输出结果（该命令会显示内存使用情况的统计信息），会注意到其中有一项是缓冲区（buffer）。计算机系统的设计初衷就是尽可能快速运行。影响系统运行速度的因素之一就是低速设备。打印机就是一个典型的例子。按照计算机的标准，就算是最快的打印机也慢得“令人发指”。如果计算机只能停下来等待打印机完成一页的打印，那么计算机肯定被拖累得速度很慢。在个人计算机早期（实现多任务处理之前），这的确是一个问题。你正在处理电子表格或是文本文档，每次打印的时候，计算机就必须停下来，无法工作。计算机可以按照打印机能够接受的最快速度传送数据，但是由于打印速度很慢，因此数据传送也快不到哪里去。打印缓冲区的出现，解决了这个问题。打印缓冲区是位于计算机与打印机之间的 RAM 设备。有了它，计算机就可以将准备传送给打印机的数据先传送至缓冲区，由于 RAM 的存储速度飞快，因此这个过程可以很快完成，这样一来，计算机就能尽快返回，处理先前的工作，不用再停下来等待。与此同时，打印缓冲区再慢慢地以打印机能接受的速度将数据从缓冲区中传送给打印机。

> 缓冲的广泛应用提高了计算机的速度。与低速设备之间偶发性的数据读/写不会再影响系统速度。在与低速设备交互之前，系统将已读取和要写入存储设备的数据尽可能久地保存在内存中。例如，在 Linux 中，你会发现系统运行的时间越长，占用的内存就越多。这并不是说 Linux 用完了所有内存，而是 Linux 利用所有的可用内存尽可能地进行缓冲。
>
> 缓冲使写入存储设备能够非常迅速地完成，因为向物理设备的写入操作被推迟。在这期间，准备写入设备的数据会不断被堆积在缓冲区。系统选择将这些数据写入物理设备。
>
> 卸载设备会将所有剩余的数据写入设备，以便能够将其安全地移除。如果在移除前没有先卸载，则存在数据并未完全写入该设备的可能性。在某些情况下，未写入的数据中可能包含关键的目录更新信息，这会导致文件系统损坏——糟糕的事件之一。

15.1.2 确定设备名称

有时很难确定设备名称。在过去，这并不难，那时候的设备始终固定在同一个位置不动。类 UNIX 系统喜欢这种方式。在 UNIX 开发时，更改磁盘驱动器得用铲车将洗衣机大小的设备从机房里面挪出来。如今的典型桌面硬件配置变化不定，而 Linux 也通过不断完善，变得比“前辈们”灵活了许多。

在前面的例子中，我们利用了现代 Linux 桌面系统的自动挂载设备功能，确定设备名称。但如果管理的是服务器，或者处在其他不具备此功能的环境中，那该怎么办呢？

让我们先来看一看系统是如何命名设备的。如果列出/dev 目录下的内容（所有设备均在其中），会看到大量的设备：

```
[me@linuxbox ~]$ ls /dev
```

可以从输出结果总结出一些设备命名模式。表 15-2 描述了 Linux 存储设备模式。

表 15-2 Linux 存储设备模式

模式	设备
/dev/fd*	软盘驱动器
/dev/hd*	旧式系统中的 IDE（PATA）磁盘。典型的主板有两个 IDE 接口或通道，每条接口线缆上有两个驱动器插口。线缆上的第一个驱动器称为主设备（master device），第二个驱动器称为从设备（slave device）。设备命名规则：/dev/hda 代表第一个通道上的主设备，/dev/hdb 代表第一个通道上的从设备；/dev/hdc 代表第二个通道上的主设备，以此类推。末尾的数字代表设备的分区号。例如，/dev/hda1 表示系统第一块硬盘的第一个分区，其中/dev/hda 代表整个驱动器

续表

模式	设备
/dev/lp*	打印机
/dev/sd*	SCSI 磁盘。在现代 Linux 系统中，内核将所有类似于磁盘的设备（包括 PATA/SATA 硬盘、闪存驱动器、便携音乐播放器及数码相机等 USB 大容量存储设备）都视为 SCSI 磁盘。其余的命名规则与先前描述的/dev/hd*的规则类似
/dev/sr*	光驱（CD/DVD 播放器和刻录机）

另外，我们经常能看到诸如/dev/cdrom、/dev/dvd、/dev/floppy 这样的符号链接，它们各自指向实际的设备文件，采用符号链接只是出于方便。

如果你的系统不会自动挂载可移动设备，可以使用下列方法确定可移动设备被接入系统后的名称。首先，实时查看/var/log/messages 或/var/log/syslog 文件（需要超级用户权限）：

```
[me@linuxbox ~]$ sudo tail -f /var/log/messages
```

文件的最后几行会显示出来，然后暂停。接下来，插入可移动设备。在本例中，我们使用一个 16MB 的闪存。内核几乎立刻就检测到了该设备：

```
Jul 23 10:07:53 linuxbox kernel: usb 3-2: new full speed USB device using uhci_hcd
     and address 2
Jul 23 10:07:53 linuxbox kernel: usb 3-2: configuration #1 chosen from 1 choice
Jul 23 10:07:53 linuxbox kernel: scsi3 : SCSI emulation for USB Mass Storage devices
Jul 23 10:07:58 linuxbox kernel: scsi scan: INQUIRY result too short (5), using 36
Jul 23 10:07:58 linuxbox kernel: scsi 3:0:0:0: Direct-Access Easy Disk .00 PQ: 0
     ANSI: 2
Jul 23 10:07:59 linuxbox kernel: sd 3:0:0:0: [sdb] 31263 512-byte hardware sectors
     (16 MB)
Jul 23 10:07:59 linuxbox kernel: sd 3:0:0:0: [sdb] Write Protect is off
Jul 23 10:07:59 linuxbox kernel: sd 3:0:0:0: [sdb] Assuming drive cache: write
     through
Jul 23 10:07:59 linuxbox kernel: sd 3:0:0:0: [sdb] 31263 512-byte hardware sectors
     (16 MB)
Jul 23 10:07:59 linuxbox kernel: sd 3:0:0:0: [sdb] Write Protect is off
Jul 23 10:07:59 linuxbox kernel: sd 3:0:0:0: [sdb] Assuming drive cache: write
     through
Jul 23 10:07:59 linuxbox kernel: sdb: sdb1
Jul 23 10:07:59 linuxbox kernel: sd 3:0:0:0: [sdb] Attached SCSI removable disk
Jul 23 10:07:59 linuxbox kernel: sd 3:0:0:0: Attached scsi generic sg3 type 0
```

在显示再次暂停之后，按 Ctrl-C 组合键返回提示符。输出结果中值得注意的是重复出现[sdb]的部分，这符合 SCSI 磁盘设备的名称。明白了这一点，下面两行不禁让人眼前一亮：

```
Jul 23 10:07:59 linuxbox kernel: sdb: sdb1
Jul 23 10:07:59 linuxbox kernel: sd 3:0:0:0: [sdb] Attached SCSI removable disk
```

这表明整个设备的名称是/dev/sdb，/dev/sdb1 是其中的第一个分区。

窍门 ail-f/var/log/messages 命令是用来对系统操作进行接近实时监测的好方法。

知道了设备名称，现在就可以挂载闪存驱动器了：

```
[me@linuxbox ~]$ sudo mkdir /mnt/flash
[me@linuxbox ~]$ sudo mount /dev/sdb1 /mnt/flash
[me@linuxbox ~]$ df
Filesystem        1K-blocks     Used Available Use% Mounted on
/dev/sda2          15115452  5186944   9775164  35% /
/dev/sda5          59631908 31777376  24776480  57% /home
/dev/sda1            147764    17277    122858  13% /boot
tmpfs                776808        0    776808   0% /dev/shm
/dev/sdb1             15560        0     15560   0% /mnt/flash
```

设备只要不从计算机上拔下来并且系统不重启，设备名称就不会变化。

15.2 创建新文件系统

闪存驱动器当前采用 FAT32 文件系统，假设我们想使用 Linux 原生文件系统将其格式化，就涉及两个步骤。

1.（可选）创建新分区（如果对现有分区不满意）。
2. 创建新的文件系统。

警告 在下面的练习中，我们将格式化闪存驱动器。最好准备一个没什么重要数据的闪存，因为其中的所有内容都会被清除！另外，务必确保指定正确的设备名称，可千万别用本书中的名称，否则可能会格式化（也就是清除）错误的驱动器！

15.2.1 用 fdisk 操作分区

有一些程序（命令行和图形界面）允许我们与类磁盘设备（如硬盘和闪存驱动器）直接进行低层面的交互，fdisk 就是其中之一。利用这种程序，我们可以编辑、删除、创建驱动器分区。为了处理闪存驱动器，我们必须先将其卸载（如果需要的话），然后使用 fdisk 程序：

```
[me@linuxbox ~]$ sudo umount /dev/sdb1
[me@linuxbox ~]$ sudo fdisk /dev/sdb
```

注意，我们必须指定整个设备，不能仅指定分区号。程序启动后，我们会看到下列提示符：

```
Command (m for help):
```

输入 m，显示程序菜单：

```
Command action
   A   toggle a bootable flag
   b   edit bsd disklabel
   c   toggle the dos compatibility flag
   d   delete a partition
   l   list known partition types
   m   print this menu
   n   add a new partition
   o   create a new empty DOS partition table
   p   print the partition table
   q   quit without saving changes
   s   create a new empty Sun disklabel
   t   change a partition's system id
   u   change display/entry units
   v   verify the partition table
   w   write table to disk and exit
   x   extra functionality (experts only)

Command (m for help):
```

我们要做的第一件事是检查现有的分区布局。输入 p，显示设备分区表：

```
Command (m for help): p

Disk /dev/sdb: 16 MB, 16006656 bytes
1 heads, 31 sectors/track, 1008 cylinders
Units = cylinders of 31 * 512 = 15872 bytes

   Device Boot      Start         End      Blocks   Id  System
/dev/sdb1               2        1008       15608+   b  W95 FAT32
```

在本练习中，我们看到这个 16MB 的设备有一个分区，占用了设备可用的 1008 个柱面中的 1006 个。该分区被识别为 Windows 95 FAT32 分区。有些程序会使用此标识限制能够执行的磁盘操作类型，不过大多数时候改不改变该标识并不重要。不过出于演示的目的，我们将其更改为 Linux 分区标识。为此，先得知道 Linux 分区用的是哪种 ID。在上面的列表中，我们注意到现有分区的 ID 是 b。为了查看可用分区类型的列表，浏览程序菜单，其中包含下列菜单项：

```
l   list known partition types
```

如果输入 l，就会显示可能的分区类型的长列表。从中可以看到代表现有分区类型的 b 和代表 Linux 的 83。

返回菜单，找到修改分区 ID 的菜单项：

```
t   change a partition's system id
```

在提示符处输入 t 和新的 ID：

```
Command (m for help): t
Selected partition 1
Hex code (type L to list codes): 83
Changed system type of partition 1 to 83 (Linux)
```

所有的改动到此全部完成。目前，设备并未被修改（改动保存在内存中，而非物理设备），接下来我们要将修改后的分区表写入设备，然后退出。为此，在提示符处输入 w：

```
Command (m for help): w
The partition table has been altered!

Calling ioctl() to re-read partition table.

WARNING: If you have created or modified any DOS 6.x
partitions, please see the fdisk manual page for additional
information.
Syncing disks.
[me@linuxbox ~]$
```

如果不打算修改设备，可以输入 q，退出程序，不写入任何改动。那些吓人的警告信息放心忽略即可。

15.2.2 使用 mkfs 创建新的文件系统

编辑好分区表之后（尽管看起来可能也算不上什么难的操作），就该在闪存驱动器上创建新的文件系统了。为此，可以使用 mkfs（创建文件系统，make filesystem），该命令能够创建各种格式的文件系统。要想创建 ext4，只需使用-t 选项指定 ext4 类型，然后指定待格式化分区名称：

```
[me@linuxbox ~]$ sudo mkfs -t ext4 /dev/sdb1
mke2fs 2.23.2 (12-Jul-2011)
Filesystem label=
OS type: Linux
Block size=1024 (log=0)
Fragment size=1024 (log=0)
3904 inodes, 15608 blocks
780 blocks (5.00%) reserved for the super user
First data block=1
Maximum filesystem blocks=15990784
2 block groups
8192 blocks per group, 8192 fragments per group
1952 inodes per group
Superblock backups stored on blocks:
    8193

Writing inode tables: done
Creating journal (1024 blocks): done
Writing superblocks and filesystem accounting information: done

This filesystem will be automatically checked every 34 mounts or
180 days, whichever comes first. Use tune2fs -c or -i to override.
[me@linuxbox ~]$
```

mkfs 命令会输出大量信息。如果要将分区重新格式化为原来的 FAT32 文件系统，则指定 vfat 作为文件系统类型：

```
[me@linuxbox ~]$ sudo mkfs -t vfat /dev/sdb1
```

只要系统添加了额外的存储设备，就可以进行分区和格式化。虽然练习中用的是一个小容量的闪存驱动器，但相同的过程也适用于内置硬盘和 USB 硬盘等可移动存储。

15.3 文件系统的检查和修复

前面在讨论/etc/fstab 文件的时候，我们看到每一行的末尾都有一些神秘的数字。系统每次启动时，在挂载文件系统之前都会例行检查文件系统的完整性。这是由 fsck（文件系统检查，filesystem check）完成的。fstab 文件每个条目末尾的数字对应设备的检查优先级。在先前的练习中，根文件系统首先被检查，然后是 home 和 boot 文件系统。末尾数字是 0 表示不用例行检查。

除了检查文件系统的完整性，fsck 还能修复损坏的文件系统，修复程度取决于受损量。对于类 UNIX 文件系统，已修复的文件会存放在各个文件系统根目录下的 lost+found 目录之中。

使用下列命令检查闪存驱动器（应该先将其卸载）：

```
[me@linuxbox ~]$ sudo fsck /dev/sdb1
fsck 1.40.8 (13-Mar-2016)
e2fsck 1.40.8 (13-Mar-2016)
/dev/sdb1: clean, 11/3904 files, 1661/15608 blocks
```

现如今，除非出现了硬件问题（如硬盘故障），否则文件系统很少会损坏。在大多数系统中，如果在引导阶段检测到文件系统损坏，系统会停下来，指导用户运行 fsck。

15.4 在设备之间直接移动数据

虽然我们通常认为计算机中的数据都是以文件的形式存储的，但也不妨碍以原始形式来考量数据。以磁盘驱动器为例，它包含了大量被系统视为目录或文件的数据“块”。如果我们简单地将磁盘驱动器当作数据块的大型集合，就可以执行诸如复制设备等实用任务。

dd 命令就可以完成这种任务。该命令将数据块从一处复制到另一处。由于各种原因，命令语法比较独特，惯常用法如下：

```
dd if=input_file of=output_file [bs=block_size [count=blocks]]
```

警告 dd 命令的功能非常强大。尽管其名称取自“data definition”(数据定义)，但有时候也被称为“destory disk”(摧毁磁盘)，因为用户经常会不小心输错 if 或 of 说明。在按 Enter 键之前，一定要检查一遍 if 和 of 说明！

假设我们有两个大小一样的 USB 闪存驱动器，希望将第一个驱动器中的内容全部复制到第二个驱动器中。如果将两个驱动器插入计算机，其分配到的设备名称分别为/dev/sdb 和/dev/sdc，使用下列命令完成复制操作：

```
dd if=/dev/sdb of=/dev/sdc
```

如果只插入了第一个驱动器，我们也可以将其内容复制成一个普通文件，随后用于恢复或复制：

```
dd if=/dev/sdb of=flash_drive.img
```

15.4.1 向可刻录 CD 写入数据

向可刻录 CD（CD-RW）写入数据需要两步。

1. 创建 ISO 映像文件，也就是 CD-ROM 的 ISO 映像文件。
2. 将 ISO 映像文件写入可刻录光盘。

15.4.2 创建 CD-ROM 的 ISO 映像文件

如果想制作已有 CD-ROM 的 ISO 映像文件，则可以使用 dd 命令读取该 CD-ROM 的所有数据块并将其复制为本地文件。假设我们有一张 Ubuntu CD，想制作 ISO 映像文件，以便后续生成更多副本。插入 CD 之后，确定其设备名称（如为/dev/cdrom），然后执行下列命令：

```
dd if=/dev/cdrom of=ubuntu.iso
```

该方法同样可用于数据 DVD，但不适用于音频 CD，因为这种 CD 并不通过文件系统进行存储，可考虑对其使用 cdrdao 命令。

15.4.3 用文件集合创建 ISO 映像文件

genisoimage 命令可用于创建包含目录内容的 ISO 映像文件。先创建一个目录，其中包含所有希望加入 ISO 映像文件的内容，然后执行 genisoimage 命令，创建 ISO 映像文件。例如，假定我们创建了一个名为~/cd-rom-files 的目录，其中包含了 CD-ROM 要用到的所有文件，可以使用下列命令创建 ISO 映像文件 cd-rom.iso：

```
genisoimage -o cd-rom.iso -R -J ~/cd-rom-files
```

-R 用于添加启用 Rock Ridge 扩展（Rock Ridge extensions）的元数据，允许使用长文件名和 POSIX 风格的文件权限。与此类似，-J 选项用于启用 Joliet 扩展，允许使用 Windows 长文件名。

其他的程序

如果看过创建和刻录 CD 和 DVD 之类的光学存储介质的在线教程，你肯定会经常看到 mkisofs 和 cdrecord 这两个程序。两者都属于 cdtools，这是由约格·席林（Jörg Schilling）编写的一款颇为流行的软件包。2006 年的夏天，席林更改了 cdtools 软件包中部分内容的许可证，Linux 社区的很多用户认为这与 GNU 通用公共许可证不兼容。cdtools 项目因此产生了分叉（fork），cdrecord 和 mkisofs 分别被 wodim 和 genisoimage 替代。

15.5 写入 CD-ROM 的 ISO 映像文件

创建好 ISO 映像文件之后，就可以写入 CD-ROM 的 ISO 映像文件了。本节中讨论的大部分命令适用于可刻录 CD 和 DVD。

15.5.1 直接挂载 ISO 映像文件

有一个技巧，可以像挂载光盘那样直接挂载硬盘中的 ISO 映像文件。使用 mount 命令的-o loop 选项（以及用于指定文件系统类型的-t iso9660），将 ISO 映像文件当作设备挂载到文件系统树：

```
mkdir /mnt/iso_image
mount -t iso9660 -o loop image.iso /mnt/iso_image
```

在本例中，我们创建了挂载点/mnt/iso_image，将 ISO 映像文件 image.iso 挂载于此。然后，就可以将其当作真实的 CD-ROM 或 DVD 使用了。如果不再用 ISO 映像文件的话，记得卸载它。

检查下载的 ISO 映像文件的完整性往往是有必要的。多数情况下，ISO 映像文件的发行方会提供一个校验和文件。校验和是通过一系列复杂难懂的数学运算得到的一串数字，代表目标文件的内容。即便文件内容只改变了某个位，校验和的结果也会大不相同。生成校验和的常见方法是使用 md5sum 命令，该命令会产生一个唯一的十六进制数：

```
md5sum image.iso
34e354760f9bb7fbf85c96f6a3f94ece  image.iso
```

下载好 ISO 映像文件后，你应该使用 md5sum 命令得出其校验和，与发行方提供的校验和进行比对。

除了用来检查下载文件的完整性，还可以使用 md5sum 来核实刚刻录好的光盘。首先计算 ISO 映像文件的校验和，然后计算光盘的校验和。窍门在于只计算光盘中包含该 ISO 映像文件数据的那部分校验和。为此，确定 ISO 映像文件中包含的 2KB 块的数量（光盘总是以 2KB 块为单位进行写入），接着从光盘中读取同等数量的块。有些类型的光盘并不需要这么做。以整盘刻录模式制作的 CD-R 和 CD-RW 可以使用这种方式检查：

```
md5sum /dev/cdrom
34e354760f9bb7fbf85c96f6a3f94ece  /dev/cdrom
```

许多类型的介质（如 DVD）需要精确计算块的数量。在下面的例子中，我们检查了 ISO 映像文件 dvd-image.iso 和 DVD 光驱/dev/dvd 中光盘的完整性。你能想明白其中的工作原理吗？

```
md5sum dvd-image.iso; dd if=/dev/dvd bs=2048 count=$(( $(stat -c "%s" dvd-image.iso)
/ 2048 ))| md5sum
```

15.5.2 擦除可刻录 CD

可刻录 CD 在重新刻录之前需要擦除或清空。为此，可以使用 wodim 命令，指定刻录机的设备名称和要执行的擦除操作类型。wodim 命令提供了多种擦除类型，其中基本的（也是较快的）是 fast 类型：

```
wodim dev=/dev/cdrw blank=fast
```

15.5.3 刻录映像文件

wodim 命令还可用于刻录映像文件，需要指定刻录机设备名称和映像文件名：

```
wodim dev=/dev/cdrw image.iso
```

除了设备名称和映像文件名，wodim 命令还支持不少选项。其中两个常见的选项是-v 和-dao，前者用于输出详细信息，后者表示采用整盘刻录（disc-at-once）模式，该模式适用于光盘商业化生产。wodim 命令默认采用轨道刻录（track-at-once）模式，适用于录制音乐曲目。

15.6 总结

在本章中，我们了解了基本的存储管理任务，当然了，Linux 肯定不会仅限于此。Linux 支持多种存储设备和文件系统方案。除此之外，它还提供了许多可实现与其他系统互操作的特性。

第16章

联网

说到联网，Linux 可谓“无所不能”。Linux 可用于构建包括防火墙、路由器、域名服务器、网络附加存储（Network-Attached Storage，NAS）在内的各种联网系统和设备。

联网涉及方方面面的内容，对其进行配置和控制的命令数量自然也不少。我们只关注其中包括网络监测和文件传输在内的少数常用的命令。此外，还会讨论用于远程登录的 ssh 命令。本章将介绍下列命令。

- ping：向网络主机发送 ICMP ECHO_REQUEST 分组。
- traceroute：输出分组抵达网络主机所经历的路线。
- ip：显示/操作路由、设备、策略路由、隧道。
- netstat：输出网络连接、路由表、接口统计、伪装连接、多播成员关系。
- ftp：互联网文件传输程序。
- wget：非交互式网络下载工具。
- ssh：OpenSSH 客户端（远程登录程序）。
- scp 和 sftp：在网络上复制文件。

我们假定你具有一定的网络背景知识。在互联网时代，每个使用计算机的人都需要对网络概念有基本的了解。为了充分理解本章内容，你应该熟悉以下术语。

- IP 地址。
- 主机名和域名。
- 统一资源标识符（Uniform Resource Identifier，URI）。

注意 后文涉及的一些命令可能需要从 Linux 发行版仓库中安装额外的软件包（取决于你使用的 Linux 发行版），部分命令可能需要超级用户权限才能执行。

16.1 网络检查与监控

即便你不是超级用户，检查网络性能和执行状况通常也是有益无害的。

16.1.1 ping

ping 是基本的网络命令。该命令会向指定主机发送名为 ICMP ECHO_REQUEST 的特殊网络分组。接收到此分组的多数网络设备会回应，以此就可以核实网络连接的连通性。

注意 多数网络设备（包括 Linux 主机）能够配置为 ICMP ECHO_REQUEST。这么做往往是出于安全的考虑，以此在一定程度上迷惑潜在的攻击者。防火墙通常也会阻塞 ICMP 流量。

例如，要想查看是否能够抵达 linuxcommand.org，可以像下面这样使用 ping 命令：

```
[me@linuxbox ~]$ ping linuxcommand.org
```

ping 命令启动之后，会按照特定间隔（默认为 1s）持续发送分组，直至被中断：

```
[me@linuxbox ~]$ ping linuxcommand.org
PING linuxcommand.org (66.35.250.210) 56(84) bytes of data.
64 bytes from vhost.sourceforge.net (66.35.250.210): icmp_seq=1 ttl=43 time=107 ms
64 bytes from vhost.sourceforge.net (66.35.250.210): icmp_seq=2 ttl=43 time=108 ms
64 bytes from vhost.sourceforge.net (66.35.250.210): icmp_seq=3 ttl=43 time=106 ms
64 bytes from vhost.sourceforge.net (66.35.250.210): icmp_seq=4 ttl=43 time=106 ms
64 bytes from vhost.sourceforge.net (66.35.250.210): icmp_seq=5 ttl=43 time=105 ms
64 bytes from vhost.sourceforge.net (66.35.250.210): icmp_seq=6 ttl=43 time=107 ms

--- linuxcommand.org ping statistics ---
6 packets transmitted, 6 received, 0% packet loss, time 6010ms
rtt min/avg/max/mdev = 105.647/107.052/108.118/0.824 ms
```

按 Ctrl-C 组合键中断发送之后（在本例中，是在第 6 个分组之后），ping 命令会输出性能统计信息。正常的网络会显示 0%的分组丢失率。一次成功执行的 ping 命令表明网络的各个组成部分（接口卡、布线、路由、网关）工作情况整体良好。

16.1.2 traceroute

traceroute 程序（有些系统使用 tracepath 程序代替）会列出网络流量从本地系统到指定主机经过的所有跳（hop）数。例如，要查看到达 slashdot.org 的路由，可以这样做：

```
[me@linuxbox ~]$ traceroute slashdot.org
```

输出结果如下：

```
traceroute to slashdot.org (216.34.181.45), 30 hops max, 40 byte packets
 1 ipcop.localdomain (192.168.1.1) 1.066 ms 1.366 ms 1.720 ms
 2 * * *
 3 ge-4-13-ur01.rockville.md.bad.comcast.net (68.87.130.9) 14.622 ms 14.885 ms
    15.169 ms
 4 po-30-ur02.rockville.md.bad.comcast.net (68.87.129.154) 17.634 ms 17.626 ms
    17.899 ms
 5 po-60-ur03.rockville.md.bad.comcast.net (68.87.129.158) 15.992 ms 15.983 ms
    16.256 ms
 6 po-30-ar01.howardcounty.md.bad.comcast.net (68.87.136.5) 22.835 ms 14.233 ms
    14.405 ms
 7 po-10-ar02.whitemarsh.md.bad.comcast.net (68.87.129.34) 16.154 ms 13.600 ms
    18.867 ms
 8 te-0-3-0-1-cr01.philadelphia.pa.ibone.comcast.net (68.86.90.77) 21.951 ms
    21.073 ms 21.557 ms
 9 pos-0-8-0-0-cr01.newyork.ny.ibone.comcast.net (68.86.85.10) 22.917 ms 21.884 ms
    22.126 ms
10 204.70.144.1 (204.70.144.1) 43.110 ms 21.248 ms 21.264 ms
11 cr1-pos-0-7-3-1.newyork.savvis.net (204.70.195.93) 21.857 ms
    cr2-pos-0-0-3-1.newyork. savvis.net (204.70.204.238) 19.556 ms
    cr1-pos-0-7-3-1.newyork.savvis.net (204.70.195.93) 19.634 ms
12 cr2-pos-0-7-3-0.chicago.savvis.net (204.70.192.109) 41.586 ms 42.843 ms cr2-
    tengig-0-0-2-0.chicago.savvis.net (204.70.196.242) 43.115 ms
13 hr2-tengigabitethernet-12-1.elkgrovech3.savvis.net (204.70.195.122) 44.215 ms
    41.833 ms 45.658 ms
14 csr1-ve241.elkgrovech3.savvis.net (216.64.194.42) 46.840 ms 43.372 ms 47.041 ms
15 64.27.160.194 (64.27.160.194) 56.137 ms 55.887 ms 52.810 ms
16 slashdot.org (216.34.181.45) 42.727 ms 42.016 ms 41.437 ms
```

在输出结果中，我们可以看到从本地系统到 slashdot.org 需要经历 16 个路由器。对于提供了标识信息的路由器，能够得知其主机名、IP 地址以及性能数据（从本地系统到该路由器的 3 个往返时间采样）。对于没有提供标识信息的路由器（路由器配置、网络拥塞、防火墙等原因），会像第 2 跳那样用星号表示。如果路由信息被阻塞，有时候可以使用 traceroute 命令的-T 或-I 选项来解决。

16.1.3 ip

ip 是一款多用途的网络配置工具，能够全面发挥现代 Linux 内核的联网特性。它取代了早期的 ifconfig 程序（现已过时）。我们可以使用 ip 检查系统的网络接口和路由表：

```
[me@linuxbox ~]$ ip a
1: lo: <LOOPBACK,UP,LOWER_UP> mtu 65536 qdisc noqueue state UNKNOWN group
default
    link/loopback 00:00:00:00:00:00 brd 00:00:00:00:00:00
    inet 127.0.0.1/8 scope host lo
       valid_lft forever preferred_lft forever
    inet6 ::1/128 scope host
       valid_lft forever preferred_lft forever
2: eth0: <BROADCAST,MULTICAST,UP,LOWER_UP> mtu 1500 qdisc pfifo_fast state UP
group default qlen 1000
    link/ether ac:22:0b:52:cf:84 brd ff:ff:ff:ff:ff:ff
    inet 192.168.1.14/24 brd 192.168.1.255 scope global eth0
       valid_lft forever preferred_lft forever
    inet6 fe80::ae22:bff:fe52:cf84/64 scope link
       valid_lft forever preferred_lft forever
```

在上面的例子中，我们看到系统有两个网络接口。第一个接口是环回接口（loopback interface），名为 lo，是一个虚拟接口，系统用它来“和自己对话”（talk to itself）[1]；第二个接口是以太网接口，名为 eth0。

在进行网络诊断时，重要的是在每个网络接口信息的第一行中寻找 UP 字样（表示该接口已启用）并查看第 3 行的 inet 字段中是否存在有效的 IP 地址。如果系统采用了动态主机配置协议（Dynamic Host Configuration Protocol，DHCP），该字段中的有效 IP 地址则能证明 DHCP 工作正常。

16.1.4 netstat

netstat 可用于检查各种网络设置和统计信息。通过其众多的选项，我们可以查看各种网络特性。-ie 选项能够检查系统的网络接口：

[1] 发往环回接口的分组不会出现在网络中，而是直接返回给发送主机（sending host）的 TCP/IP 栈处理。

```
[me@linuxbox ~]$ netstat -ie
eth0      Link encap:Ethernet HWaddr 00:1d:09:9b:99:67
          inet addr:192.168.1.2 Bcast:192.168.1.255 Mask:255.255.255.0
          inet6 addr: fe80::21d:9ff:fe9b:9967/64 Scope:Link
          UP BROADCAST RUNNING MULTICAST MTU:1500 Metric:1
          RX packets:238488 errors:0 dropped:0 overruns:0 frame:0
          TX packets:403217 errors:0 dropped:0 overruns:0 carrier:0
          collisions:0 txqueuelen:100
          RX bytes:153098921 (146.0 MB) TX bytes:261035246 (248.9 MB)
          Memory:fdfc0000-fdfe0000

lo        Link encap:Local Loopback
          inet addr:127.0.0.1 Mask:255.0.0.0
          inet6 addr: ::1/128 Scope:Host
          UP LOOPBACK RUNNING MTU:16436 Metric:1
          RX packets:2208 errors:0 dropped:0 overruns:0 frame:0
          TX packets:2208 errors:0 dropped:0 overruns:0 carrier:0
          collisions:0 txqueuelen:0
          RX bytes:111490 (108.8 KB) TX bytes:111490 (108.8 KB)
```

-r 选项能够显示内核的网络路由表，从中能够看出分组是如何在网络之间传送的：

```
[me@linuxbox ~]$ netstat -r
Kernel IP routing table
Destination  Gateway      Genmask        Flags MSS Window irtt Iface
192.168.1.0  *            255.255.255.0  U     0   0      0    eth0
default      192.168.1.1  0.0.0.0        UG    0   0      0    eth0
```

在这个简单的例子中，我们看到了位于防火墙/路由器之后的局域网中一台客户端的典型路由表。第一行表明目的地为 192.168.1.0。以 0 结尾的 IP 地址指代网络，而非单独的主机，因此其代表的是此网络中的任意主机。下一个字段 Gateway 是用于将分组从当前主机发送到目标网络的网关（路由器）名称或 IP 地址。字段中的星号表明不需要设置网关。

最后一行包含目的地字段 default。如果流量的目的地未在路由表中指明，则该行指明了此类流量的去处。在这个例子中，我们看到网关地址为 192.168.1.1，那么发往此处的流量就由其来处理。

和 ip 命令一样，netstat 命令也有很多选项，我们只讲了其中几个。完整的选项参见 ip 命令和 netstat 命令的手册页。

16.2 通过网络传输文件

要是不能在网络上传输文件，那么网络还有何用？能够在网络上传递数据的程序有很多。我们先介绍其中两个，还有一些在后文中介绍。

16.2.1 ftp

ftp 是真正的"经典"程序之一，其得名于使用的文件传输协议（File Transfer Protocol，FTP）[1]。FTP 曾经是互联网上广泛使用的文件下载方式。大多数 Web 浏览器支持它，你经常会看到以 ftp://开头的 URI。

ftp 程序先于 Web 浏览器出现。ftp 程序用于同 FTP 服务器通信，后者包含着可通过网络上传和下载的文件。

最初的 FTP 服务器并不安全，因为它是以明文形式发送用户名和密码的。这意味着这些信息都没有加密，只要嗅探网络就能知道其是什么内容。因此，网络上几乎所有的 FTP 服务器都是匿名的。匿名服务器允许任何人使用用户名 anonymous 和无意义的密码登录。

下面的例子中展示了一个典型的 ftp 会话，其中使用 ftp 程序匿名从 FTP 服务器 fileserver 的/pub/cd_images/Ubuntu-18.04 目录中下载 Ubuntu ISO 映像文件：

```
[me@linuxbox ~]$ ftp fileserver
Connected to fileserver.localdomain.
220 (vsFTPd 2.0.1)
Name (fileserver:me): anonymous
331 Please specify the password.
Password:
230 Login successful.
Remote system type is UNIX.
Using binary mode to transfer files.
ftp> cd pub/cd_images/ubuntu-18.04
250 Directory successfully changed.
ftp> ls
200 PORT command successful. Consider using PASV.
150 Here comes the directory listing.
-rw-rw-r--    1 500      500      733079552 Apr 25 03:53 ubuntu-18.04-desktop-
    amd64.iso
226 Directory send OK.
ftp> lcd Desktop
Local directory now /home/me/Desktop
ftp> get ubuntu-18.04-desktop-amd64.iso
local: ubuntu-18.04-desktop-amd64.iso remote: ubuntu-18.04-desktop-amd64.iso
200 PORT command successful. Consider using PASV.
150 Opening BINARY mode data connection for ubuntu-18.04-desktop-amd64.iso
    (733079552 bytes).
226 File send OK.
733079552 bytes received in 68.56 secs (10441.5 kB/s)
ftp> bye
```

[1] 在本书正文中，FTP 表示协议，ftp 则表示与该协议同名的程序。

表 16-1 解释了该会话中涉及的交互式 ftp 命令。

表 16-1 交互式 ftp 命令

命令	含义
ftp fileserver	启动 ftp 程序，连接到 FTP 服务器 fileserver
anonymous	用户名。登录提示要求输入密码。有些服务器可以接受空密码；有些则要求输入电子邮件地址形式的密码。在这种情况下，不妨尝试 user@example.com 这种密码
cd pub/cd_images/ubuntu-18.04	更改远程系统目录。注意，在多数匿名 FTP 服务器中，可供公开下载的文件位于 pub 目录下的某个位置
ls	列出远程系统目录中的内容
lcd Desktop	将本地系统的目录更改为~/Desktop。在本例中，ftp 程序是在工作目录~中调用的。该命令将工作目录更改为~/Desktop
get ubuntu-18.04-desktop-amd64.iso	告诉远程系统将文件 ubuntu-18.04-desktop-amd64.iso 传至本地系统。因为本地系统的工作目录已经更改为~/Desktop，所以该文件会被下载到此目录中
bye	登出远程服务器，结束 ftp 会话。也可以使用 quite 和 exit 命令

在提示符 ftp>处输入 help，会显示所支持的命令列表。在已被授予足够权限的服务器上使用 ftp 命令，可以执行许多日常的文件管理任务。虽然笨拙，但它的确管用。

16.2.2 lftp——更好的 ftp

ftp 并不是唯一的命令行 FTP 客户端。事实上，可供选择的还有不少。亚历山大·卢亚诺诺夫（Alexander Lukyanov）编写的 lftp 就是另一种更好（也更流行）的代替品。其工作方式和传统的 ftp 程序非常相似，同时加入了多协议支持（包括 HTTP）、下载故障重试、后台进程、路径名补全等便利特性。

16.2.3 wget

wget 是一款流行的命令行文件下载程序，它可用于从 Web 和 FTP 网站下载文件，无论是单个文件、多个文件，还是整个网站都没问题。下面演示了如何下载 linuxcommands.org 的首页：

```
[me@linuxbox ~]$ wget http://linuxcommand.org/index.php
--11:02:51--  http://linuxcommand.org/index.php
           => 'index.php'
Resolving linuxcommand.org... 66.35.250.210
Connecting to linuxcommand.org|66.35.250.210|:80... connected.
HTTP request sent, awaiting response... 200 OK
Length: unspecified [text/html]

    [ <=>                                 ] 3,120         --.--K/s

11:02:51 (161.75 MB/s) - 'index.php' saved [3120]
```

通过 wget 命令提供的多种选项，能够实现递归下载、后台下载（允许注销后继续下载）、断点续传等功能。这些特性都清晰地写在了其质量优秀的手册页中。

16.3　与远程主机的安全通信

多年来，类 UNIX 系统一直能够通过网络进行远程管理。在互联网普及之前，有两个流行的远程登录程序：rlogin 和 telnet。但是这两者与 ftp 程序有着相同的致命缺点：所有通信信息（包括用户名和密码）都是以明文形式传输的，这使其完全不适用于互联网时代。

16.3.1　ssh

一个名为安全外壳（Secure Shell，SSH）的全新协议诞生了。SSH 解决了与远程主机进行安全通信的两个基本问题。

- 认证远程主机的身份是否属实（避免了“中间人”攻击）。
- 加密本地主机与远程主机之间的所有通信。

SSH 由两部分组成：SSH 服务器和 SSH 客户端。前者在远程主机中运行，负责在端口 22（默认）上监听接入的连接；后者在本地主机中运行，用于同远程 SSH 服务器通信。

多数 Linux 发行版自带了来自 OpenBSD 项目的 SSH 实现 openSSH。有些 Linux 发行版（如 Red Hat）默认包含客户端和服务器的软件包，而有些 Linux 发行版（如 Ubuntu）仅提供客户端软件包。要想让系统接受远程连接，就必须安装 OpenSSH-server 软件包，并进行配置和运行，还必须允许 TCP 端口 22 接受接入的网络连接（如果系统运行了防火墙或在防火墙保护下）。

窍门　　如果没有可供连接的远程主机，但是想要尝试一下安全通信，则可以在确保系统已安装了 OpenSSH-server 软件包的前提下，使用 localhost 作为远程主机名。如此一来，主机便会与自身建立网络连接。

用于连接远程 SSH 服务器的 SSH 客户端程序被称为 ssh。要想连接名为 remote-sys 的远程主机，可以像下面这样使用 ssh：

```
[me@linuxbox ~]$ ssh remote-sys
The authenticity of host 'remote-sys (192.168.1.4)' can't be established.
RSA key fingerprint is 41:ed:7a:df:23:19:bf:3c:a5:17:bc:61:b3:7f:d9:bb.
Are you sure you want to continue connecting (yes/no)?
```

第一次尝试连接的时候，会出现一条信息，指明无法认证远程主机。这是因为 ssh 之前从未接触过该远程主机。要想接受远程主机的凭证（credential），可以在出现提示信息时输入 yes。一旦建立了连接，会提示用户输入密码。

```
Warning: Permanently added 'remote-sys,192.168.1.4' (RSA) to the list of known hosts.
me@remote-sys's password:
```

远程 Shell 会话将一直持续，直到用户在远程 Shell 提示符处输入 exit 命令，关闭远程连接为止。这时，恢复本地 Shell 会话，本地 Shell 提示符也重新出现：

```
Last login: Sat Aug 25 13:00:48 2018
[me@remote-sys ~]$
```

也可以使用不同的用户名连接远程主机。例如，如果本地用户 me 在远程主机上拥有用户名 bob，那就可以像下面这样登录到远程主机上的该账户：

```
[me@linuxbox ~]$ ssh bob@remote-sys
bob@remote-sys's password:
Last login: Sat Aug 25 13:03:21 2018
[bob@remote-sys ~]$
```

之前讲过，ssh 会核实远程主机的真实性。如果远程主机没有顺利通过认证，则会显示下列消息：

```
[me@linuxbox ~]$ ssh remote-sys
@@@@@@@@@@@@@@@@@@@@@@@@@@@@@@@@@@@@@@@@@@@@@@@@@@@@@@@@@@@
@    WARNING: REMOTE HOST IDENTIFICATION HAS CHANGED!     @
@@@@@@@@@@@@@@@@@@@@@@@@@@@@@@@@@@@@@@@@@@@@@@@@@@@@@@@@@@@
IT IS POSSIBLE THAT SOMEONE IS DOING SOMETHING NASTY!
Someone could be eavesdropping on you right now (man-in-the-middle attack)!
It is also possible that the RSA host key has just been changed.
The fingerprint for the RSA key sent by the remote host is
41:ed:7a:df:23:19:bf:3c:a5:17:bc:61:b3:7f:d9:bb.
Please contact your system administrator.
Add correct host key in /home/me/.ssh/known_hosts to get rid of this message.
Offending key in /home/me/.ssh/known_hosts:1
RSA host key for remote-sys has changed and you have requested strict
checking.
Host key verification failed.
```

出现该消息的原因有两种：攻击者可能试图发起中间人攻击，这种情况很少见，因为大家都知道 ssh 会向用户告警；更可能的原因是远程主机出现了变动。例如，重新安装了系统或 SSH 服务器。但是，安全起见，前一种原因也不能忽视。出现此消息时，请联系远程主机管理员。

在确定该消息是由第二种原因引起的之后，可以放心地在客户端上纠正问题。使用文本编辑器（也许是 Vi）从~/.ssh/known_hosts 文件中删除过时的密钥。在前面的示例消息中，我们看到了如下内容：

```
Offending key in /home/me/.ssh/known_hosts:1
```

这意味着 known_hosts 文件的第一行包含的密钥有问题。从文件中删除此行，ssh 就能从远程主机接受新的认证凭据。

除了打开远程主机的 Shell 会话，ssh 还允许我们在其中运行命令。例如，要想在远程主机 remote-sys 上运行 free 命令并在本地主机显示输出结果，可以这样：

```
[me@linuxbox ~]$ ssh remote-sys free
me@twin4's password:
             total       used       free     shared    buffers     cached
Mem:        775536     507184     268352          0     110068     154596
-/+ buffers/cache:     242520     533016
Swap:      1572856          0    1572856
[me@linuxbox ~]$
```

这项技术还有更多有意思的应用方式，在下面的例子中，我们在远程主机上运行 ls 命令，并将其输出重定向到本地主机文件：

```
[me@linuxbox ~]$ ssh remote-sys 'ls *' > dirlist.txt
me@twin4's password:
[me@linuxbox ~]$
```

注意命令中的单引号用法。使用单引号的原因在于我们不希望在本地主机上运行路径名扩展，而是在远程主机上运行。与此类似，如果我们想将输出重定向到远程主机文件，可以将重定向操作符和文件名放入单引号：

```
[me@linuxbox ~]$ ssh remote-sys 'ls * > dirlist.txt'
```

SSH 隧道

在通过 SSH 与远程主机建立连接的过程中，涉及在本地主机与远程主机之间创建一条加密隧道。通常，该隧道用于将本地命令安全地传送到远程主机，并将命令结果安全地传送回来。除这项基本功能外，SSH 还允许大多数类型的网络流量通过加密隧道发送，在本地主机与远程主机之间建立某种虚拟专用网络（Virtual Private Network，VPN）。

该特性最常见的用法可能就是传输 X Window 系统流量。对于运行着 X 服务器的系统（也就是显示 GUI 的主机），可以启动并运行远程主机中的 X 客户端程序并在本地主机上显示图形化效果。实现起来很简单，来看一个例子。假设我们使用的 Linux 系统名为 linuxbox，它运行着 X 服务器，我们想在名为 remote-sys 的远程主机上运行 xload 程序并在本地主机查看该程序的图形化输出。可以这么做：

```
[me@linuxbox ~]$ ssh -X remote-sys
me@remote-sys's password:
Last login: Mon Sep 10 13:23:11 2018
[me@remote-sys ~]$ xload
```

在远程主机上运行 xload 之后，其窗口会出现在本地主机中。对于某些系统，你可能需要使用-Y 选项代替-X 选项。

16.3.2 scp 与 sftp

OpenSSH 软件包中有两个程序，能够利用 SSH 加密隧道在网络上复制文件。其中一个是 scp（secure copy），用法和我们熟悉的 cp 差不多。两者之间主要的差别在于 scp 命令的源路径或目的地路径之前可以加上远程主机名和冒号。例如，如果我们想将远程主机 remote-sys 的主目录下的 document.txt 文件复制到本地主机的当前工作目录中，可以这么做：

```
[me@linuxbox ~]$ scp remote-sys:document.txt .
me@remote-sys's password:
document.txt                                100% 5581    5.5KB/s   00:00
[me@linuxbox ~]$
```

与 ssh 命令一样，如果远程主机账号与本地主机账号不一致，则需要在远程主机名之前加上用户名：

```
[me@linuxbox ~]$ scp bob@remote-sys:document.txt .
```

另一个 SSH 文件复制程序是 sftp。顾名思义，它是 ftp 程序的安全版本。Sftp 程序的用法与先前的 ftp 程序大同小异，只是在传输信息的时候不是采用明文形式，而是使用了 SSH 加密隧道。相较于 ftp 而言，sftp 的一个重要优势是不需要远程主机运行 FTP 服务器，只要有 SSH 服务器就够了。这就意味着任何能够接受 SSH 客户端连接的远程主机都可以当作 FTP 服务器使用。下面是一个简单的会话示例：

```
[me@linuxbox ~]$ sftp remote-sys
Connecting to remote-sys...
me@remote-sys's password:
sftp> ls
ubuntu-8.04-desktop-i386.iso
sftp> lcd Desktop
sftp> get ubuntu-8.04-desktop-i386.iso
Fetching /home/me/ubuntu-8.04-desktop-i386.iso to ubuntu-8.04-desktop-i386.iso
/home/me/ubuntu-8.04-desktop-i386.iso 100%  699MB   7.4MB/s   01:35
sftp> bye
```

窍门 Linux 发行版中的许多图形文件管理器都支持SSH文件传输协议（SSH File Transfer Protocol，SFTP）协议。无论是GNOME还是KDE，都可以在地址栏中输入以sftp://开头的URI，对存储在运行着SSH服务器的远程主机上的文件进行操作。

Windows 版的 SSH 客户端

假使你正在使用一台安装了Windows系统的计算机，但需要登录Linux服务器完成一些实际工作。应该怎么做？当然是找一款Windows版的SSH客户端！选择有很多。流行的可能就是西蒙·泰瑟姆（Simon Tatham）及其团队开发的PuTTY了。PuTTY程序会显示一个终端窗口，允许Windows用户在远程主机上打开SSH（或telnet）会话。该程序也提供了与scp程序和sftp程序类似的功能。

16.4 总结

在本章中，我们研究了大多数Linux系统中常见的网络工具。由于Linux在服务器和网络设备中的广泛应用，因此还有很多工具可以通过安装其他软件来添加。但就算只利用这些基本工具，也能够运行许多与网络相关的任务。

第17章 查找文件

学习 Linux 也有一段时间了，有一件事我们已经非常清楚，那就是典型的 Linux 系统包含着大量的文件！这就产生了一个疑问：我们应该怎样查找文件呢？我们知道，Linux 文件系统良好的组织结构，源自类 UNIX 系统“代代传承”的惯例，但庞大的文件量会引发令人生畏的问题。

在本章中，我们将介绍两款用于在系统中查找文件的工具。

- locate：按照路径名查找文件。
- find：在目录中查找文件。

我们还会介绍一个经常配合文件查找命令来处理结果文件的命令。

- xargs：通过标准输入构建并执行命令。

除此之外，还有两个能够派上用场的命令。

- touch：修改文件时间。
- stat：显示文件或文件系统状态。

17.1 locate——简单的文件查找方法

locate 命令对路径名执行快速的数据库查找，然后输出与给定字符串匹配的各个名称。例如，我们想查找名称以 zip 开头的所有程序。由于查找的是程序文件，因此可以假定包含查找程序文件的目录名应以 bin/结尾。尝试按照下面的方法使用 locate 命令：

```
[me@linuxbox ~]$ locate bin/zip
```

locate 命令会查找其路径名数据库，输出所有包含字符串 bin/zip 的匹配项：

```
/usr/bin/zip
/usr/bin/zipcloak
/usr/bin/zipgrep
/usr/bin/zipinfo/usr/bin/zipnote
/usr/bin/zipsplit
```

如果查找条件比较复杂，可以将 locate 命令与 grep 等其他命令结合起来，设计出更有趣的查找方法：

```
[me@linuxbox ~]$ locate zip | grep bin
/bin/bunzip2
/bin/bzip2
/bin/bzip2recover
/bin/gunzip
/bin/gzip
/usr/bin/funzip
/usr/bin/gpg-zip
/usr/bin/preunzip
/usr/bin/prezip
/usr/bin/prezip-bin
/usr/bin/unzip
/usr/bin/unzipsfx
/usr/bin/zip
/usr/bin/zipcloak
/usr/bin/zipgrep
/usr/bin/zipinfo
/usr/bin/zipnote
/usr/bin/zipsplit
```

locate 命令已经存在了很长一段时间了，也有几种常用的变体。slocate 命令和 mlocate 命令是现代 Linux 发行版中常见的两种，不过两者通常是通过符号链接 locate 命令访问的。不同版本的 locate 有一些重叠的选项。有些版本支持正则表达式（我们会在第 19 章讲到）和通配符。查看 locate 命令的手册页，确定系统安装的是哪个版本的 locate 命令。

locate 命令的数据库在哪里

在一些 Linux 发行版中，你可能会注意到 locate 命令在系统安装好之后是无法工作的，但如果你过一天再尝试，它又正常了。这是怎么回事？locate 命令的数据库是通过另一个命令 updatedb 创建的。它通常作为 cron 作业，由守护进程 cron 定期执行。大多数包含 locate 命令的系统每天执行一次 updatedb 命令。因为数据库并不是持续更新的，所以你会注意到在使用 locate 命令时，新创建的文件不会出现在查找结果中。要想解决这个问题，可以切换成超级用户，手动执行 updatedb 命令。

17.2 find——复杂的文件查找方法

locate 命令仅根据文件名查找文件，而 find 命令可以根据各种属性在指定目录（及其子目录）中查找文件。我们将会花大量的篇幅介绍 find 命令的用法，因为它有很多值得关注的特性，并会在后文介绍编程概念时多次讲到。

find 命令较简单的用法就是为其指定一个或多个目录作为查找范围。例如，要想生成主目录的文件列表，可以这样：

```
[me@linuxbox ~]$ find ~
```

对于大多数活跃用户，该命令会产生一个很长的文件列表。因为列表被发送到标准输出，所以我们可以通过管道将其导入其他程序。来试一试用 wc 命令统计文件数量：

```
[me@linuxbox ~]$ find ~ | wc -l
47068
```

find 命令的美妙之处在于能够找出符合特定条件的文件。这是通过运用各种选项（option）、测试条件（test）以及操作（action）来实现的（看起来有点奇怪）。我们先来看测试条件。

17.2.1 测试条件

假设我们想查找目录。为此，可以加入下列测试条件：

```
[me@linuxbox ~]$ find ~ -type d | wc -l
1695
```

加入测试条件-type d，限制只查找目录。相反，我们也可以使用下列测试条件，限制只查找普通文件：

```
[me@linuxbox ~]$ find ~ -type f | wc -l
38737
```

表 17-1 列出了 find 命令支持的常见文件类型。

表 17-1 find 命令支持的常见文件类型

文件类型	描述
b	块设备文件
c	字符设备文件
d	目录
f	普通文件
l	符号链接

还可以加入其他测试条件，按照文件大小和文件名查找。让我们来查找所有匹配通配符模式*.JPG 且大于 1MB 的普通文件：

```
[me@linuxbox ~]$ find ~ -type f -name "*.JPG" -size +1M | wc -l
840
```

在这个例子中，我们在-name 测试条件之后添加了通配符模式。注意，将通配符放入双引号中是为了避免 Shell 对其进行路径名扩展。接着在-size 测试条件之后添加了+1M。前面的加号表示查找的文件大小比指定数值大；如果前面是减号，表示比指定数值小；没有符号则表示与指定值完全相等。末尾的 M 表示计量单位是 MB。表 17-2 列出了用于指定计量单位的字符。

表 17-2 用于指定计量单位的字符

字符	单位
b	512B 块。这是默认单位（如果未指定单位的话）
c	B
w	字（2B）
k	KB（Kilobyte，1024B）
M	MB（Megabyte，1048576B）
G	GB（Gigabyte，1073741824B）

find 命令支持大量测试条件。表 17-3 列出了常见测试条件。注意，如果需要指定数值参数，先前讨论过的+和-表示法同样适用。

表 17-3　常见测试条件

测试条件	描述
-cmin n	匹配 *n* 分钟前内容或属性发生变化的文件或目录。如果不足 *n* 分钟，使用-*n*；如果超过 *n* 分钟，就用+*n*
-cnewer file	匹配内容或属性发生变化的时间比 file 更晚的文件或目录
-ctime n	匹配内容或属性在 *n*×24 小时之前发生变化的文件或目录
-empty	匹配空文件或目录
-group name	匹配属于组 name 的文件或目录。name 可以使用组名或者数值形式的组 ID 来表示
-iname pattern	类似于-name，但是忽略大小写
-inum n	匹配 i 节点号为 *n* 的文件。有助于找出特定 i 节点的所有硬链接
-mmin n	匹配内容在 *n* 分组之前发生变化的文件或目录
-mtime n	匹配内容在 *n*×24 小时之前发生变化的文件或目录
-name pattern	匹配符合指定通配符模式 pattern 的文件或目录
-newer file	匹配内容发生变化的时间比 file 更晚的文件或目录。在编写执行文件备份的 Shell 脚本时，该测试条件很有帮助。每次制作备份时，更新文件（例如日志），然后确定自上一次更新之后都有哪些文件发生了变化
-nouser	匹配不属于合法用户的文件或目录。该测试条件可用于查找属于已删除用户的文件或是检测攻击者的活动
-nogroup	匹配不属于合法组的文件或目录
-perm mode	匹配指定权限 mode 的文件或目录。mode 可以使用八进制或符号表示法表示
-samefile name	类似于-inum。匹配 i 节点号与文件 name 相同的文件
-size n	匹配大小为 *n* 的文件
-type c	匹配类型为 c 的文件
-user name	匹配属于用户 name 的文件或目录。name 可以使用用户名或数值形式的用户 ID 表示

表 17-3 并不是完整的列表。完整的列表详见 find 命令的手册页。

17.2.2　操作符

即使有了 find 命令提供的测试条件，我们可能仍需要一种更好的方式来描述测试条件之间的逻辑关系。例如，如何确定某目录下所有的文件和子目录是否都设置了安全的访问权限？我们可以查找权限不为 0600 的文件和权限不为 0700 的目录。好在 find 命令提供了一种方式，可以使用逻辑操作符（简称操作符）组合多个测试条件，从而表达更为复杂的逻辑关系。之前的问题能够通过下列命令来解决：

```
[me@linuxbox ~]$ find ~ \( -type f -not -perm 0600 \) -or \( -type d -not -perm 0700 \)
```

这看起来也太怪异了。这都是些什么东西？其实，只要你明确了操作符的来龙去脉，一切就豁然开朗了。表 17-4 列出了 find 命令的操作符。

表 17-4 find 命令的操作符

操作符	描述
-and	如果操作符两侧的测试结果均为真，则匹配。该操作符可以简写为-a。注意，如果没有在命令行中写明操作符，则默认假定为-and
-or	只要操作符任意一侧的测试结果为真，则匹配。该操作符可以简写为-o
-not	如果操作符后的测试结果为假，则匹配。该操作符可以简写为!
()	对测试条件和操作符分组，能够形成更大的表达式。该操作符可用于控制逻辑求值的优先级。在默认情况下，find 命令的求值顺序是从左到右。为了获得想要的结果，需要覆盖默认求值顺序。分组有时候有助于增强命令的可读性。注意，因为括号对 Shell 具有特殊含义，所以在命令行中使用的时候必须将其用引号标注，以便作为 find 命令的参数。常见的做法是使用反斜线来转义括号

有了表 17-4，让我们来拆解上面的 find 命令。从整体来看，测试条件分为两组，彼此之间由-or 分隔：

```
( expression 1 ) -or ( expression 2 )
```

这样做是有原因的，因为我们查找的文件和目录各自具有不同的权限。既然要查找文件和目录，为什么不用-and，而是选择-or？因为 find 命令在扫描文件和目录时，会逐一判断其是否符合指定的测试条件，而我们想知道是否存在权限设置有误的文件或目录。这两种条件不可能同时满足。如果把分组表达式展开，就是下面这样：

```
( file with bad perms ) -or ( directory with bad perms )
```

接下来的挑战就是如何测试“有误的权限”。该怎么分辨“正确的权限”和“错误的权限”呢？实际上，我们根本就不用分辨。因为我们知道什么是“正确的权限”（good permissions），所以要测试的就是“不正确权限”（not good permissions）。对于文件，我们将正确权限定义为 0600；对于目录，将正确权限定义为 0700。那么，测试具有不正确权限的文件的表达式如下：

```
-type f -and -not -perms 0600
```

测试目录的表达式如下：

```
-type d -and -not -perms 0700
```

如表 17-4 所示，因为-and 是默认使用的，所以将其排除。将两个表达式组合在一起，就得到了最终的命令：

```
find ~ ( -type f -not -perms 0600 ) -or ( -type d -not -perms 0700 )
```

但是，因为括号对 Shell 具有特殊含义，为了避免 Shell 解释括号，必须对其进行转义。在每个括号前面加上反斜线即可。

操作符还有另一个重要的特性。假设有两个被操作符分隔的表达式：

```
expr1 -operator expr2
```

无论在哪种情况下，expr1 都会被求值；但 expr2 是否会被求值，就得看操作符了。表 17-5 描述了其中的工作方式。

表 17-5 工作方式

expr1 的结果	操作符	expr2
真	-and	总是被求值
假	-and	不会被求值
真	-or	不会被求值
假	-or	总是被求值

为什么要这样？为了改善性能。以-and 为例。我们知道只要 expr1 为假，那么表达式 expr1 -and expr2 不可能为真，再对 expr2 求值就没必要了。与此类似，对于表达式 expr1 -or expr2，如果 expr1 为真，就不用再求值 expr2，因为我们已经知道该表达式一定为真。

好了，现在知道了这种做法能够提高速度。这很重要吗？是的，因为我们可以依靠这种行为来控制如何进行操作，你马上就会看到。

17.2.3 预定义操作

开始操作吧！得到 find 命令的查找结果固然有用，但我们真正想做的是对结果执行某些操作。幸运的是，find 命令允许这么做。除了一些已经预定义好的操作，也可以应用用户的自定义操作。首先，让我们先来看一看表 17-6 列出的 find 命令的预定义操作。

表 17-6 find 命令的预定义操作

操作	描述
-delete	删除当前匹配的文件
-ls	对匹配的文件执行相当于 ls-dils 命令的操作。输出结果被发送至标准输出
-print	将匹配文件的完整路径名输出至标准输出。这是默认操作（如果没有指定其他操作的话）
-quit	一旦发现匹配就退出

和测试条件一样，预定义操作还有很多，详见 find 命令的手册页。

在第一个例子中，我们是这样做的：

```
find ~
```

该命令会产生主目录下包含的所有文件和子目录的列表。之所以如此，是因为如果没有指定别的操作，则默认执行-print 操作。因此，这个命令也可以写成这样：

```
find ~ -print
```

我们可以使用 find 命令删除符合某些条件的文件。例如，下列命令能够删除扩展名为.bak（多用于表示备份文件）的文件：

```
find ~ -type f -name '*.bak' -delete
```

在这个例子中，查找用户主目录（及其子目录）中的所有文件，查找扩展名为.bak 的文件。找到之后，将其删除。

警告　在使用-delete 操作时，一定要格外小心。在实际删除文件之前，先使用-print 代替-delete，确认查找结果无误。

在继续往下进行之前，先来看一看操作符是如何影响操作的。执行下列命令：

```
find ~ -type f -name '*.bak' -print
```

该命令查找所有扩展名为.bak（-name '*.bak'）的普通文件（-type f），将每个匹配文件的完整路径输出至标准输出（-print）。但是，产生这种结果的原因是测试条件和操作之间的逻辑关系。记住，两者之间的默认关系是-and。我们也可以像下面这样更清晰地表达出这种关系：

```
find ~ -type f -and -name '*.bak' -and -print
```

以上就是完整的命令，表 17-7 列出了操作符是如何影响命令执行的。

表 17-7　操作符如何影响命令执行

测试条件/操作	何时执行 ls
-print	-type f 和-name '*.bak'均为真
-name '*.bak'	-type f 为真
-type f	总是执行 ls，因为它是-and 逻辑关系中的第一部分

因为测试条件与操作之间的逻辑关系决定了该由谁执行，因此两者的先后顺序就很重要了。例如，如果我们重新调整测试条件与操作的顺序，把-print 操作放在最前面，命令结果可就大不一样了：

```
find ~ -print -and -type f -and -name '*.bak'
```

该命令会输出所有文件（-print 操作总是为真），然后测试文件类型和指定的扩展名。

17.2.4 用户自定义操作

除了预定义操作，我们还可以针对查找结果调用任意命令。传统的实现方式是使用-exec 操作。其用法如下：

```
-exec command {} ;
```

在这里，command 是命令名。{}是代表当前路径名的符号。;作为分隔符，表示命令结束。下面演示了使用-exec 操作实现类似于先前讨论过的-delete 操作的操作：

```
-exec rm '{}' ';'
```

因为{}和;对 Shell 具有特殊含义，所以必须对其进行标注或转义。

也可以交互式地执行用户自定义操作。只需要使用-ok 操作代替-exec 操作即可，在执行指定命令之前都会提示用户：

```
find ~ -type f -name 'foo*' -ok ls -l '{}' ';'
< ls ... /home/me/bin/foo > ? y
-rwxr-xr-x 1 me   me 224 2007-10-29 18:44 /home/me/bin/foo
< ls ... /home/me/foo.txt > ? y
-rw-r--r-- 1 me   me   0 2016-09-19 12:53 /home/me/foo.txt
```

在这个例子中，我们查找名称以 foo 开头的文件并对找到的每个文件执行命令 ls -l。-ok 操作会在执行 ls 命令之前提示用户。

17.2.5 提高效率

当使用-exec 操作时，每找到一个匹配文件，就会执行指定命令的一个新实例。有时候，我们更愿意将所有的查找结果合并在一起，执行单个命令实例。例如，不要像下面这样执行命令：

```
ls -l file1
ls -l file2
```

而是这样：

```
ls -l file1 file2
```

这样一来，命令只需要执行一次，而不再执行多次。这有两种实现方法：传统方式和现代方式。前者使用外部命令 xargs，后者使用 find 命令自身的一个新特性。我们先来说一说现代方式。

将结尾的分号改成加号，就能让 find 命令将查找结果组合成参数列表，供指定的命令一次性使用。在之前的例子中，每找到一个匹配文件，就要执行一次 ls 命令：

```
find ~ -type f -name 'foo*' -exec ls -l '{}' ';'
-rwxr-xr-x 1 me    me 224 2007-10-29 18:44 /home/me/bin/foo
-rw-r--r-- 1 me    me   0 2016-09-19 12:53 /home/me/foo.txt
```

将命令修改成下面这样：

```
find ~ -type f -name 'foo*' -exec ls -l '{}' +
-rwxr-xr-x 1 me    me 224 2007-10-29 18:44 /home/me/bin/foo
-rw-r--r-- 1 me    me   0 2016-09-19 12:53 /home/me/foo.txt
```

结果没变化，但系统只执行一次 ls 命令。

17.2.6 xargs

xargs 命令的功能很有意思。它从标准输入接收输入，将其转换为指定命令的参数列表。我们可以在例子中这样使用：

```
find ~ -type f -name 'foo*' -print | xargs ls -l
-rwxr-xr-x 1 me    me 224 2007-10-29 18:44 /home/me/bin/foo
-rw-r--r-- 1 me    me   0 2016-09-19 12:53 /home/me/foo.txt
```

其中，find 命令的输出结果通过管道传给了 xargs 命令，后者构造出 ls 命令的参数列表，然后执行该命令。

注意 命令参数的数量不是没有限制的。有可能出现命令长度超出 Shell 接受能力的情况。如果出现了这种情况，xargs 命令可以使用系统支持的最大参数数量来执行指定的命令，然后重复此过程，直至处理完所有参数。在执行 xargs 命令时加入--show-limits 选项就能知道系统支持的最大参数数量。

处理特殊的文件名

类 UNIX 系统允许在文件名中嵌入空格符（甚至是换行符）。这会给像 xargs 这类为其他程序构建参数列表的命令带来一些问题。因为内嵌空格符会被视为分隔符，而要执行的命令将以空格符分隔的单词视为不同的参数。为了解决这个问题，find 命令和 xargs 命令允许选用空字符（null character）作为参数分隔符。在 ASCII 中，空字符由数字 0 表示（空格符在 ASCII 编码中由数字 32 表示）。find 命令提供-print0 操作，用于生成由空字符分隔的输出结果，而 xargs 命令则使用--null（或-0）选项来接受由空字符分隔的输入。来看一个例子：

```
find ~ -iname '*.jpg' -print0 | xargs --null ls -l
```

利用该技术，我们能够确保所有的文件（即便文件名中包含内嵌空格符）都能被妥善处理。

17.2.7 实战演练

我们要创建一个“练兵场”，试一试刚才学到的技术。

首先，创建包含多个子目录和文件的 playground 目录：

```
[me@linuxbox ~]$ mkdir -p playground/dir-{001..100}
[me@linuxbox ~]$ touch playground/dir-{001..100}/file-{A..Z}
```

惊叹于命令行的威力吧！只用了两行，我们就创建了一个包含 100 个子目录（每个子目录包含 26 个空文件）的 playground 目录。你不妨在 GUI 中试一试！

实现这一神奇的效果的方法包括熟悉的 mkdir 命令、形式奇异的 Shell 扩展（花括号扩展）以及新命令 touch。将 mkdir 命令及其-p 选项（使 mkdir 命令创建指定路径的父目录）与花括号扩展组合在一起，我们成功地创建出了 100 个子目录。

touch 命令通常用于设置或更新文件的访问（access）、变更（change）、修改（modify）时间。但如果文件名参数指定的文件并不存在，则创建同名的空文件。

playground 目录中共创建了 100 个 file-A 文件。让我们将其找出来：

```
[me@linuxbox ~]$ find playground -type f -name 'file-A'
```

注意，和 ls 命令不同，find 命令并不会对查找结果进行排序。具体的顺序是由存储设备的结构决定的。我们可以核实的确存在 100 个 file-A 文件：

```
[me@linuxbox ~]$ find playground -type f -name 'file-A' | wc -l
100
```

接下来，让我们来看如何根据文件的修改时间进行查找。这在创建备份文件或按时间顺序组织文件时能派上用场。首先需要创建一个用于比较修改时间的参照文件：

```
[me@linuxbox ~]$ touch playground/timestamp
```

该命令创建了一个名为 timestamp 的空文件并将其修改时间设置为当前时间。我们可以使用另一个方便的命令 stat 来验证这一点，该命令算是 ls 命令的增强版。stat 命令能够显示出文件的所有信息及其属性：

```
[me@linuxbox ~]$ stat playground/timestamp
  File: 'playground/timestamp'
  Size: 0           Blocks: 0         IO Block: 4096 regular empty file
Device: 803h/2051d Inode: 14265061 Links: 1
Access: (0644/-rw-r--r--)  Uid: ( 1001/ me)     Gid: ( 1001/ me)
Access: 2018-10-08 15:15:39.000000000 -0400
Modify: 2018-10-08 15:15:39.000000000 -0400
Change: 2018-10-08 15:15:39.000000000 -0400
```

如果再次使用 touch 命令，然后通过 stat 命令检查该文件，会发现文件的时间更新了：

```
[me@linuxbox ~]$ touch playground/timestamp
[me@linuxbox ~]$ stat playground/timestamp
  File: 'playground/timestamp'
  Size: 0          Blocks: 0        IO Block: 4096 regular empty file
Device: 803h/2051d Inode: 14265061 Links: 1
Access: (0644/-rw-r--r--)  Uid: ( 1001/ me)   Gid: ( 1001/ me)
Access: 2018-10-08 15:23:33.000000000 -0400
Modify: 2018-10-08 15:23:33.000000000 -0400
Change: 2018-10-08 15:23:33.000000000 -0400
```

让我们使用 find 命令更新部分文件：

```
[me@linuxbox ~]$ find playground -type f -name 'file-B' -exec touch '{}' ';'
```

该命令更新所有名为 file-B 的文件。通过使用 find 命令，将所有文件与参照文件 timestamp 比对，识别出已更新过的文件：

```
[me@linuxbox ~]$ find playground -type f -newer playground/timestamp
```

结果中包含了全部 100 个 file-B 文件。因为我们在更新 timestamp 之后对 playground 目录中的所有文件执行了 touch 命令，所以它们的时间都比 timestamp 更新，可以使用-newer 测试条件来识别。

最后，回到先前执行过的“错误的权限”测试，将其应用于 playground 目录：

```
[me@linuxbox ~]$ find playground \( -type f -not -perm 0600 \) -or \( -type d
-not -perm 0700 \)
```

该命令列出了 playground 中的 100 个子目录和 2600 个文件（还包括 timestamp 和 playground，共计 2702 个），因为它们都不符合“正确的权限”的定义。利用 find 命令操作符和操作的知识，我们在命令中加入相关操作，为 playground 目录中的文件和子目录设置新的权限：

```
[me@linuxbox ~]$ find playground \( -type f -not -perm 0600 -exec chmod 0600
'{}' ';' \) -or \( -type d -not -perm 0700 -exec chmod 0700 '{}' ';' \)
```

依据日常经验，大家可能会觉得用两条命令（分别针对目录和文件）要比用这么长的复合命令更容易，不过知道可以像这样一次性完成操作也是件好事。这里的重点在于理解如何配合使用操作符和操作来执行一些实用的任务。

17.2.8 find 命令选项

最后要讲的是一些可用于控制 find 命令查找范围的选项。在构建 find 表达式时，这些选项可以与其他测试条件和操作共同使用。表 17-8 列出了其中一些常用的 find 命令选项。

表 17-8 常用的 find 命令选项

选项	描述
-depth	要求 find 命令在处理目录本身之前先处理该目录中的文件。如果指定了-delete 操作，则自动应用此选项
-maxdepth levels	设置 find 命令在执行测试和操作时，向下深入的最大目录层级数
-mindepth levels	设置 find 命令在执行测试和操作之前，向下深入的最小目录层级数
-mount	要求 find 命令不遍历挂载在其他文件系统上的目录
-noleaf	要求 find 命令不根据其查找类 UNIX 文件系统的假设来优化查找。在扫描 DOS/Windows 文件系统和 CD-ROM 的时候，需要使用该选项

17.3 总结

很容易看出，locate 命令简单，而 find 命令复杂。两者各有用途，你需要花些时间来研究 find 命令的诸多特性。只要定期使用，你就能够加深自己对 Linux 文件系统操作的理解。

第18章

归档与备份

计算机系统管理员的主要任务之一就是保证系统数据安全。其中一种实现方法是及时备份系统文件。即便你不是系统管理员，制作备份、转移大批量文件往往也是有好处的。

在本章中，我们将学习一些用于管理文件集合的常用程序，其中包括

- 文件压缩程序。
    - gzip：压缩或解压缩文件。
    - bzip2：块排序文件压缩器。
- 归档程序。
    - tar：磁带归档实用工具。
    - zip：压缩文件。
- 文件同步程序。
    - rsync：远程文件和目录同步。

18.1 压缩文件

在计算机领域的发展历史中，人们一直努力将最多的数据塞入最小的空间，无

论空间是指内存、存储设备，还是指网络带宽。许多如今已认为理所当然的数据服务，例如手机服务、高清电视或者宽带网络，其存在都要归功于高效的数据压缩技术。

数据压缩是指移除冗余数据的过程。考虑一个例子，假设有一张 100 像素×100 像素的纯黑图像文件。就数据存储而言（假设每个像素点占用 24bit，也就是 3B），该图像则需要 30 000B 的存储空间：

$$100\times100\times3=30\ 000$$

只有一种颜色的图像包含的全都是冗余数据。要是聪明的话，在编码图像数据的时候，只简单地描述有 10000 个黑色像素点就够了。因此，用不着存储包含 30000 个 0 值字节（黑色在图像文件中通常用 0 表示[1]）的数据块，我们可以将这些数据用数字 10000，其后再跟一个 0 来表示。这种数据压缩方案称为游程编码（run-lengh encoding），属于基本的压缩技术。虽然如今的压缩技术要先进、复杂得多，但基本目标仍是消除冗余数据。压缩算法（用于实现压缩的数学方法）一般分为两类。

- 无损压缩。无损压缩保留原文件中的所有数据。这意味着恢复后的文件和之前未压缩的文件一模一样。
- 有损压缩。在压缩时为了实现更高的压缩比例，会删除部分数据。更大程度的压缩删除了某些数据信息，有损压缩文件还原后，与原文件并不完全一致，但差别并不大。JPEG（图像压缩技术）和 MP3（音频压缩技术）就是典型的有损压缩。

在下面的讨论中，我们只涉及无损压缩，因为计算机中的大部分数据无法容忍任何损失。

18.1.1 gzip

gzip 程序可用于压缩单个或多个文件。该程序在执行时，会使用原文件的压缩版替换原文件。对应的 gunzip 程序用于解压缩。来看一个例子：

```
[me@linuxbox ~]$ ls -l /etc > foo.txt
[me@linuxbox ~]$ ls -l foo.*
-rw-r--r-- 1 me     me   15738 2018-10-14 07:15 foo.txt
[me@linuxbox ~]$ gzip foo.txt
[me@linuxbox ~]$ ls -l foo.*
-rw-r--r-- 1 me     me    3230 2018-10-14 07:15 foo.txt.gz
[me@linuxbox ~]$ gunzip foo.txt
[me@linuxbox ~]$ ls -l foo.*
-rw-r--r-- 1 me     me   15738 2018-10-14 07:15 foo.txt
```

[1] 因为黑色的 RGB 值为 0。

在这个例子中，我们首先创建了一个名为 foo.txt 的文本文件，其内容为当前工作目录的文件列表。然后执行 gzip，将原文件替换为压缩文件 foo.txt.gz。在通配符 foo.*产生的文件大小列表中，可以看到原文件已被其压缩版本取代，压缩后的文件大小差不多是原文件大小的 1/5。此外，还可以看出，压缩文件的权限和时间戳与原文件相同。

接下来，执行 gunzip 解压缩文件。在这之后，我们可以看到压缩文件被原文件替代，文件权限和时间戳也一并保留了下来。

gzip 选项众多，如表 18-1 所示。

表 18-1 常用的 gzip 选项

选项	描述
-c, --stdout, --to-stdout	将输出结果写入标准输出，保留原文件
-d, --decompress, --uncompress	解压缩。利用它可以把 gzip 当作 gunzip 使用
-f, --force	强制压缩，哪怕原文件的压缩文件已经存在
-h, --help	显示用法信息
-l, --list	列出压缩文件的压缩统计信息
-r, --recursive	如果命令行参数是目录，则递归压缩目录中的文件
-t, --test	测试压缩文件的完整性
-v, --verbose	在压缩时显示详细信息
-number	设置压缩级别。number 是范围为 1（速度最快，压缩级别最低）～9（最慢，压缩级别最高）的整数。1 和 9 也可以分别用--fast 和--best 表示。默认值是 6

回到先前的例子：

```
[me@linuxbox ~]$ gzip foo.txt
[me@linuxbox ~]$ gzip -tv foo.txt.gz
foo.txt.gz: OK
[me@linuxbox ~]$ gzip -d foo.txt.gz
```

在这里，我们使用压缩文件 foo.txt.gz 替代了 foo.txt。然后使用-t 和-v 选项测试该压缩文件的完整性。最后，解压缩文件。

借助标准输入和标准输出，gzip 还有一些有趣的用法：

```
[me@linuxbox ~]$ ls -l /etc | gzip > foo.txt.gz
```

该命令将目录列表制作成了压缩文件。

用于解压 gzip 文件的 gunzip 程序假定文件扩展名为.gz，所以没有必要明确写出扩展名，只要指定的文件名不会与现有的非压缩文件冲突即可：

```
[me@linuxbox ~]$ gunzip foo.txt
```

如果只是想查看压缩的文本文件内容，可以这样做：

```
[me@linuxbox ~]$ gunzip -c foo.txt | less
```

gzip 附带了一个叫作 zcat 的程序，其功能等同于带有-c 选项的 gunzip。可以像 cat 命令那样查看经过 gzip 压缩过的文件内容：

```
[me@linuxbox ~]$ zcat foo.txt.gz | less
```

窍门　还有一个 zless 程序，其功能等同于上面的管道操作符。

18.1.2 bzip2

朱利安·苏厄德（Julian Seward）编写的 bzip2 程序类似于 gzip，但使用了不同的压缩算法，在牺牲压缩速度的情况下实现了更高的压缩率。其用法和 gzip 基本上差不多。扩展名为.bz2 代表经过 bzip2 压缩的文件：

```
[me@linuxbox ~]$ ls -l /etc > foo.txt
[me@linuxbox ~]$ ls -l foo.txt
-rw-r--r-- 1 me    me    15738 2018-10-17 13:51 foo.txt
[me@linuxbox ~]$ bzip2 foo.txt
[me@linuxbox ~]$ ls -l foo.txt.bz2
-rw-r--r-- 1 me    me     2792 2018-10-17 13:51 foo.txt.bz2
[me@linuxbox ~]$ bunzip2 foo.txt.bz2
```

你应该已经看到了，gzip 怎么用，bzip2 就怎么用。先前讨论过的所有 gzip 选项（除了-r）也都适用于 bzip2。但是要注意，压缩级别选项（-number）的含义对 bzip2 有些不一样。bzip2 还带有用于解压缩的 bunzip2 和 bzcat。

bzip2 另配有用于恢复受损.bz2 文件的 bzip2recover 程序。

别强行压缩

我偶尔看到有人试图二次压缩那些已经使用高效压缩算法压缩过的文件：

```
$ gzip picture.jpg
```

别这么做，这纯粹就是在浪费时间和空间而已！如果你对已经压缩过的文件再次进行压缩，最后得到的压缩文件往往会更大。这是因为所有的压缩技术都涉及一些额外信息，这些额外信息被添加到文件中来描述压缩过程。尝试压缩不包含任何冗余信息的文件，省下来的那点儿空间根本不足以抵销额外信息使用的空间。

18.2 文件归档

与压缩分不开的另一项常见的文件管理任务是归档。收集多个文件，将其组合成一个大文件，这个过程就是归档。归档通常作为系统备份的一部分，也用于将旧数据从系统转移到某些长期存储设备中。

18.2.1 tar

tar（磁带归档，tape archive）程序是类 UNIX 系统的软件世界里一款经典的文件归档工具，由此可见，它最初的用途就是备份磁带。虽然 tar 依然能够从事"老本行"，但也同样可用于其他种类的存储设备。我们经常会看到扩展名为.tar 和.tgz 的文件，它们分别代表普通的 tar 归档文件和经过 gzip 压缩的归档（简称归档）。tar 归档的组成可以是多个独立的文件、一个或多个目录层次或者两者兼而有之。tar 用法如下：

```
tar mode[options] pathname...
```

其中，mode 是表 18-2（只包含部分模式，完整模式参见 tar 的手册页）列出的 tar 模式之一。

表 18-2 tar 模式

模式	描述
c	根据指定的一组文件或目录创建归档
x	提取归档内容
r	将指定的路径名追加到归档末尾
t	列出归档内容

tar 选项的用法有点儿奇怪，我们通过几个例子来展示到底该怎么用。首先，重新创建第 17 章中的 playground 目录：

```
[me@linuxbox ~]$ mkdir -p playground/dir-{001..100}
[me@linuxbox ~]$ touch playground/dir-{001..100}/file-{A..Z}
```

然后，创建整个 playground 目录的 tar 归档：

```
[me@linuxbox ~]$ tar cf playground.tar playground
```

该命令创建了一个名为 playground.tar 的归档，其中包含了整个 playground 目录的层次结构。从命令中可以看到，模式和用于指定 tar 归档名称的 f 选项可以合并书写，前面也不需要添加连字符。但是要注意，模式必须先于其他选项出现。

要想列出归档内容，可以这样：

```
[me@linuxbox ~]$ tar tf playground.tar
```

要想获取更详细的清单，可以添加 v(verbose)选项：

```
[me@linuxbox ~]$ tar tvf playground.tar
```

现在，将归档内容提取到新的位置。先创建一个新目录 foo，切换到该目录，提取 tar 归档：

```
[me@linuxbox ~]$ mkdir foo
[me@linuxbox ~]$ cd foo
[me@linuxbox foo]$ tar xf ../playground.tar
[me@linuxbox foo]$ ls
playground
```

如果我们检查~/foo/playground 的内容，可以看到已经成功提取了 tar 归档，生成了和原文件一模一样的副本。但是存在一个问题。除非是以超级用户身份操作，否则，从归档中提取出来的文件和目录的所有权属于执行提取操作的用户，而不再属于原先的属主。

tar 另一个值得注意的行为就是其处理归档中路径名的方式，默认采用的是相对路径，而不是绝对路径。在创建归档时，tar 会直接去掉路径名中最前面的正斜线[1]。作为演示，我们重新创建归档，这次指定绝对路径：

```
[me@linuxbox foo]$ cd
[me@linuxbox ~]$ tar cf playground2.tar ~/playground
```

记住，执行命令时，~/playground 会被扩展成绝对路径/home/me/playground。接下来，先提取归档，看一看会出现什么情况：

```
[me@linuxbox ~]$ cd foo
[me@linuxbox foo]$ tar xf ../playground2.tar
[me@linuxbox foo]$ ls
home playground
[me@linuxbox foo]$ ls home
me
[me@linuxbox foo]$ ls home/me
playground
```

我们可以看到，在提取第二个归档的时候，tar 重新创建了目录 home/me/playground，该目录是相对于当前工作目录~/foo 的，而不是相对于根目录的。这种方式看似奇怪，其实很实用，因为这允许用户将归档提取到任何位置，不用一定是原先的位置。再练习一遍，同时加入 v 选项（输出详细信息），这样能够清晰地看出整个操作的来龙去脉。

[1] 也就是根目录符号（/），这样就将绝对路径改成了相对路径。

考虑一个虚构的，但却实用的 tar 应用示例。假设我们打算用一块大容量的 USB 硬盘把系统的主目录及其内容复制到另一个系统。在现代 Linux 系统中，该硬盘会自动挂载到/media 目录下。再假设硬盘接入系统后的卷名为 BigDisk。要想生成 tar 归档，可以执行下列操作：

```
[me@linuxbox ~]$ sudo tar cf /media/BigDisk/home.tar /home
```

生成 tar 归档之后，卸载硬盘，将其接入另一台计算机。和先前一样，硬盘还是被挂载到/media/BigDisk。执行下列操作，提取归档：

```
[me@linuxbox2 ~]$ cd /
[me@linuxbox2 /]$ sudo tar xf /media/BigDisk/home.tar
```

这里的重点是我们必须先切换到/目录，以便在提取归档时是相对于根目录的，因为归档中的所有路径全都是相对路径。

从归档中提取文件时，可以限制提取某些文件。例如，如果只想从归档中提取单个文件，可以这样：

```
tar xf archive.tar pathname
```

在命令结尾加上 pathname，tar 就会只提取指定的文件，也可以指定多个路径名。注意，路径名必须和归档中保存的相对路径名一模一样。指定路径名时，一般不支持通配符；但是，GNU 版本的 tar（Linux 发行版中大多是这个版本）通过--wildcards 选项加入了对通配符的支持。来看一个例子：

```
[me@linuxbox ~]$ cd foo
[me@linuxbox foo]$ tar xf ../playground2.tar --wildcards 'home/me/playground/
    dir-*/file-A'
```

该命令只提取路径名中包含通配符 dir-*的文件。

tar 经常配合使用 find 来创建归档。在下面的例子中，我们使用 find 生成了一组要进行归档的文件：

```
[me@linuxbox ~]$ find playground -name 'file-A' -exec tar rf playground.tar '{}' '+'
```

在这里，我们使用 find 命令查找 playground 目录中所有名为 file-A 的文件，然后使用-exec 操作，以追加模式（r）调用 tar，将查找到的文件添加到归档文件 playground.tar 之中。

tar 结合 find 的方式很适合创建目录树或整个系统的增量备份。通过 find 查找比时间戳文件更新的（newer）文件，可以创建在上一次归档之后出现的那些文件的归档，前提是每次创建归档之后立刻更新时间戳文件。

tar 也能利用标准输入和标准输出。下面是一个综合示例：

```
[me@linuxbox foo]$ cd
[me@linuxbox ~]$ find playground -name 'file-A' | tar cf - --files-from=- | gzip
    > playground.tgz
```

在本示例中，先用 find 得到匹配的文件列表，然后通过管道将其传给 tar。如果将-指定为文件名，则根据需要将其表示为标准输入或标准输出。（顺便说一句，这种使用-代表标准输入或标准输出的惯例，也被其他许多程序采用）。--files-from 选项（也可以写为-T）使 tar 从文件中而不是从命令行中读取文件列表。最后，tar 生成的归档通过管道传给 gzip 进行压缩，由此得到压缩归档文件 playground.tgz。作为惯例，经过 gzip 压缩的 tar 归档采用.tgz 作为扩展名，不过有时候也会用.tar.gz。

虽然可以将 gzip 作为外部程序来生成压缩归档文件，但现代的 GNU 版本 tar 通过 z 选项和 j 选项，直接支持 gzip 和 bzip2 压缩。因此，之前的例子简化如下：

```
[me@linuxbox ~]$ find playground -name 'file-A' | tar czf playground.tgz -T -
```

如果想创建 bzip2 的压缩归档文件，可以这样：

```
[me@linuxbox ~]$ find playground -name 'file-A' | tar cjf playground.tbz -T -
```

只需简单地将压缩选项从 z 改成 j（同时相应地将输出文件的扩展名改成.tbz，以作为 bzip2 压缩的文件），就可以改用 bzip2 压缩。

tar 结合标准输入和标准输出的另一种值得注意的用法是在网络系统之间传输文件。假设有两台执行着类 UNIX 系统的计算机，各自安装了 tar 和 ssh。在这种情况下，我们可以将远程主机（名为 remote-sys）的目录传输至本地主机：

```
[me@linuxbox ~]$ mkdir remote-stuff
[me@linuxbox ~]$ cd remote-stuff
[me@linuxbox remote-stuff]$ ssh remote-sys 'tar cf - Documents' | tar xf -
me@remote-sys's password:
[me@linuxbox remote-stuff]$ ls
Documents
```

这里，我们可以将远程主机 remote-sys 的 Documents 目录复制到本地主机的 remote-stuff 目录中。怎么做到的？首先，使用 ssh 在远程主机上执行 tar。回想一下，ssh 能够在联网的远程主机上执行程序并在本地主机上“看到”结果——远程主机产生的标准输出会被送至本地主机以供浏览。为了利用这一点，我们让 tar 生成归档（利用 c 模式），然后将其发送到标准输出，而不是生成文件（利用 f 选项加上-参数），这样就将归档通过 ssh 提供的加密隧道传输到了本地主机。在本地主机中，我们执行 tar，提取（利用 x 模式）由标准输入提供的归档。

18.2.2 zip

zip 既能压缩也能归档。该程序可以读写.zip 文件，Windows 用户应该很熟悉这种文件格式。但在 Linux 中，gzip 才是主流压缩程序，bzip2 紧随其后。

zip 的基本用法如下：

```
zip options zipfile file...
```

例如，要想生成 playground 目录的 zip 归档，可以这样：

```
[me@linuxbox ~]$ zip -r playground.zip playground
```

除非加入用于递归操作的-r 选项，否则只会保留 playground 目录（但不包含其内容）。尽管 zip 会自动添加扩展名.zip，但为了清晰起见，我们还是明确地写出扩展名。

在创建 zip 归档的过程中，zip 程序会显示一系列消息：

```
adding: playground/dir-020/file-Z (stored 0%)
adding: playground/dir-020/file-Y (stored 0%)
adding: playground/dir-020/file-X (stored 0%)
adding: playground/dir-087/ (stored 0%)
adding: playground/dir-087/file-S (stored 0%)
```

这些消息显示了加入归档的各个文件的状态。zip 使用两种存储方式向归档中添加文件：一种是只存储，不压缩（就像上例中那样）；另一种是压缩存储。每行结尾显示的数值表示压缩率。因为 playground 目录中包含的都是空文件，所以空文件均未进行压缩。

unzip 程序可以方便地提取.zip 文件内容：

```
[me@linuxbox ~]$ cd foo
[me@linuxbox foo]$ unzip ../playground.zip
```

关于 zip（与 tar 相反），有一件事要注意，如果指定的归档已存在，则将对其进行更新而不是替换。这意味着在保留现有归档的同时会向其中添加新文件，并替换同名文件。

在使用 unzip 时指定文件名，就可以有选择地列出和提取归档中的文件：

```
[me@linuxbox ~]$ unzip -l playground.zip playground/dir-087/file-Z
Archive:  ../playground.zip
  Length     Date    Time    Name
 --------    ----    ----    ----
        0  10-05-18 09:25   playground/dir-087/file-Z
 --------                   -------
        0                   1 file
[me@linuxbox ~]$ cd foo
[me@linuxbox foo]$ unzip ../playground.zip playground/dir-087/file-Z
```

```
Archive: ../playground.zip
replace playground/dir-087/file-Z? [y]es, [n]o, [A]ll, [N]one, [r]ename: y
 extracting: playground/dir-087/file-Z
```

-l 选项使 unzip 只列出归档内容，但不从中提取文件。如果没有指定任何文件，unzip 会列出归档中的所有文件。可以加入-v 选项，显示更详细的信息。注意，如果提取的文件与现有文件冲突，unzip 会提示用户是否替换现有文件。

和 tar 一样，zip 也能利用标准输入和标准输出，不过并不实用。可以使用-@选项，将文件名列表通过管道传给 zip：

```
[me@linuxbox foo]$ cd
[me@linuxbox ~]$ find playground -name "file-A" | zip -@ file-A.zip
```

这里，我们使用 find 生成符合测试条件-name "file-A"的文件列表，然后通过管道将其传给 zip，由后者创建包含所选文件的归档 file-A.zip。

zip 也支持向标准输出写入输出结果，但因为很少有程序能够利用这种输出结果，所以该用法的作用有限。遗憾的是，unzip 不接受标准输入。这就使 zip 和 unzip 不能像 tar 那样配合进行网络文件复制。

不过，zip 可以接受标准输入，因此可用于压缩其他程序的输出结果：

```
[me@linuxbox ~]$ ls -l /etc/ | zip ls-etc.zip -
 adding: - (deflated 80%)
```

在这个例子中，我们将 ls 的输出结果通过管道传给 zip。和 tar 一样，命令结尾的-被 zip 解释为“使用标准输入作为输入文件”。

如果指定了-p（pipe，管道）选项，unzip 会将其输出结果发送到标准输出：

```
[me@linuxbox ~]$ unzip -p ls-etc.zip | less
```

到目前为止，我们见识了 zip/unzip 的一些基本用法。两者都拥有大量选项，增强了其灵活性，不过部分选项只适用于特定的系统。zip 和 unzip 的手册页编写得颇为不错，其中包含了一些有用的例子。zip 和 unzip 的主要用途还是与 Windows 系统交换文件，而不是在 Linux 中进行压缩和归档，tar 和 gzip 则是这些任务的首选。

18.3 同步文件与目录

维护系统备份的常用策略包括保持一个或多个目录与本地主机（通常是某种可移动存储设备）或远程主机上的其他目录同步。例如，有一个尚处于开发阶段的网站备份，我们会不时地将其与远程 Web 服务器上的实时副本进行同步。

在类 UNIX 系统中，执行该任务的首选工具是 rsync。它利用 rsync 远程更新协议（rsync remote-update protocol）同步本地目录和远程目录，该协议允许 rsync 快速检测两处目录之间的差异，执行使其达成同步所需的最少复制操作。因此，相较于其他复制程序，rsync 速度飞快、经济实用。

rsync 的用法如下：

```
rsync options source destination
```

其中，source 和 destination 如下。

- 本地文件或目录。
- 采用[user@]host:path 形式指定的远程文件或目录。
- 采用 rsync://[user@]host[:port]/path 形式的 URI 指定的远程 rsync 服务器。

注意，source 或 destination 必须有一个是本地的，rsync 不支持远程对远程（remote-to-remote）复制。

让我们对本地文件试一试 rsync。先清空 foo 目录：

```
[me@linuxbox ~]$ rm -rf foo/*
```

接下来，将 playground 目录与其在 foo 目录中的副本进行同步：

```
[me@linuxbox ~]$ rsync -av playground foo
```

我们加入了-a 选项（用于归档，执行递归操作并保留文件属性）和-v 选项（详细输出），在 foo 目录中制作 playground 目录的镜像（mirror）文件。在命令执行时，我们会看到被复制的文件和目录列表。最后，显示类似于下面的汇总信息，说明复制了多少数据：

```
sent 135759 bytes received 57870 bytes 387258.00 bytes/sec
total size is 3230 speedup is 0.02
```

如果再次执行命令，会看到不同的结果：

```
[me@linuxbox ~]$ rsync -av playground foo
building file list ... done

 sent 22635 bytes received 20 bytes 45310.00 bytes/sec
total size is 3230 speedup is 0.14
```

注意并没有出现文件列表，这是因为 rsync 检测到~/playground 和~/foo/playground 之间并没有什么差异，无须复制任何文件。如果我们修改 playground 中的某个文件，再次执行 rsync：

```
[me@linuxbox ~]$ touch playground/dir-099/file-Z
[me@linuxbox ~]$ rsync -av playground foo
building file list ... done
playground/dir-099/file-Z
sent 22685 bytes received 42 bytes 45454.00 bytes/sec
total size is 3230 speedup is 0.14
```

可以看到，rsync 检测到了变化，只复制有更新的文件。

在指定 rsync 的同步源的时候，有一个细微但却实用的特性，我们可以善加利用。考虑下面两个目录：

```
[me@linuxbox ~]$ ls
source          destination
```

source 目录中包含 file1 文件，destination 目录为空。如果执行下列操作：

```
[me@linuxbox ~]$ rsync source destination
```

rsync 会将 source 复制到 destination：

```
[me@linuxbox ~]$ ls destination
source
```

但如果我们在作为同步源的目录名称后加上/，rsync 只会复制目录内容，而非目录本身：

```
[me@linuxbox ~]$ rsync source/ destination
[me@linuxbox ~]$ ls destination
file1
```

如果你只想复制目录内容，不想在同步目标处再创建另一个目录，这种用法就很方便了。从最终结果来看，我们可以将其看作 source/*，但该方法只复制包括隐藏文件在内的源目录的内容。

回想一下之前讲解 tar 命令时的那个 USB 硬盘的例子。如果将硬盘接入系统，它会被挂载在/media/BigDisk 目录下，我们先在硬盘上创建目录/backup，然后使用 rsync 命令将系统中最重要的内容复制到其中，以此完成系统备份：

```
[me@linuxbox ~]$ mkdir /media/BigDisk/backup
[me@linuxbox ~]$ sudo rsync -av --delete /etc /home /usr/local /media/BigDisk/backup
```

在本例中，系统中的/etc、/home、/usr/local 目录被复制到硬盘中。我们添加了--delete 选项，用于删除存在于备份设备，但源设备中已经不存在的文件（这一步在首次备份时并不重要，但在后续的复制操作中就会发挥作用了）。每次接入硬盘，然后执行 rsync 命令。对于小型系统来说，这可以作为一个持续备份的实用方法（尽管并不完美）。当然，如果使用别名的话会更方便。我们定义下列别名并将其添加到.bashrc 文件中，以提供备份功能：

```
alias backup='sudo rsync -av --delete /etc /home /usr/local /media/BigDisk/backup'
```

现在要做的就是接入硬盘，执行 backup 命令进行备份。

在网络上使用 rsync

rsync 的真正美妙之处在于能够在网络上复制文件。rsync 中的 r 就代表"remote"（远程）。远程复制有两种方法。第一种针对安装了 rsync 和远程 Shell 程序（例如 ssh）的系统。假设在局域网中还有另一个系统，其中尚有大量可用的硬盘空间，我们想使用该远程系统代替外置存储设备来执行备份操作。如果用来存放备份的/backup 目录已经建好，我们可以这么做：

```
[me@linuxbox ~]$ sudo rsync -av --delete --rsh=ssh /etc /home /usr/local
    remote-sys:/backup
```

我们对命令做了两处改动，以便于网络复制。首先，加入了--rsh=ssh 选项，用于指示 rsync 使用 ssh 程序作为其远程 Shell。这样就能使用加密隧道将本地系统数据安全地传输到远程系统。其次，在目标路径名之前加上了远程主机名（在本例中，远程主机名为 remote-sys）。

第二种方法是使用 rsync 服务器。可以配置 rsync，使其作为守护进程执行，监听传入的同步请求。这种做法常用于实现远程系统监控。例如，Red Hat Software 为其 Fedora 发行版的软件开发维护着一个大型仓库。对于软件测试人员来说，在系统发行版发布周期的测试阶段创建仓库的镜像文件非常有用。由于该仓库中的文件改动频繁（经常一天好几次），因此通过定期同步来维持本地镜像文件要比大批量复制仓库更可取。其中一个仓库位于杜克大学，我们可以像下面这样使用本地系统的 rsync 和远程的 rsync 服务器来创建镜像文件：

```
[me@linuxbox ~]$ mkdir fedora-devel
[me@linuxbox ~]$ rsync -av –delete rsync://archive.linux.duke.edu/fedora/
linux/development/rawhide/Everything/x86_64/os/ fedora-devel
```

本例中用到了远程 rsync 服务器的 URI，其组成包含协议（rsync://）、远程主机名（archive.linux.duke.edu）以及仓库的路径名。

18.4 总结

我们学习了 Linux 和其他类 UNIX 系统中常见的压缩和归档程序的用法。对于文件归档，tar 和 gzip 组合是类 UNIX 系统上的首选方法，而 zip 和 unzip 则用于和 Windows 系统之间的相互操作。最后，我们还讨论了 rsync 程序（个人最爱），它可以非常方便地在系统之间高效同步文件和目录。

第19章 正则表达式

在后文中，我们会看到一些文本操作工具。文本型数据在所有的类UNIX系统（如Linux）中扮演着重要角色，这一点，我们已经知道了。但是在完全领会这些工具的全部特性之前，我们要先了解一项常常与此类工具最为复杂的用法相关的技术：正则表达式。

在见识命令行提供的众多特性和便利功能的同时，我们碰到过一些真正深奥的特性，例如，Shell扩展和引用、键盘快捷键、命令历史记录，更别提还有 Vi 编辑器了。正则表达式也不例外，而且可能是其中之最。这并不是说不值得去花时间学习它们。恰恰相反，充分理解这些特性能让我们实现惊人之举，尽管它们的全部价值可能不会立即体现出来。

19.1 什么是正则表达式

简单地说，正则表达式是一种用于识别文本模式的符号表示法，在某种程度上类似于匹配文件和路径名的 Shell 通配符，但用途更广。许多命令行工具和大多数编程语言支持正则表达式，以便于解决文本操作方面的问题。然而，事情没那么简单，正则表达式并非全都相同；不同的工具，不同的编程语言，其正则表达式实现都略有差异。在本书中，我们将正则表达式限定在POSIX标准范围内（该标准范围涵盖了大多数命令行工具），相较于许多编程语言（典型的是Perl），POSIX使用的符号写法要略微丰富一些。

19.2 grep

我们用来处理正则表达式的主要命令是"老伙计"grep。grep源于global regular expression print，译为全局正则表达式输出。由此可见，它显然和正则表达式有关。grep的基本功能是在文本文件中搜索与指定的正则表达式匹配的文本，将包含匹配项的文本行输出到标准输出。

目前为止，我们使用grep搜索过固定字符串：

```
[me@linuxbox ~]$ ls /usr/bin | grep zip
```

该命令会列出/usr/bin目录中所有名称内含有字符串zip的文件。

grep命令用法如下，其中，regex代表正则表达式：

```
grep [options] regex [file...]
```

表19-1描述了常用的grep选项。

表19-1　常用的grep选项

选项	描述
-i, --ignore-case	忽略字母大小写。不区分大写字母和小写字母
-v, --invert-match	反向匹配。在正常情况下，grep会输出包含匹配项的文本行。该选项则使grep输出所有不包含匹配项的文本行
-c, --count	输出匹配数量（如果同时指定了-v选项，则输出不匹配数量），不再输出文本行
-l, --files-with-matches	输出包含匹配项的文件名，不再输出文本行
-L, --files-without-match	和-l选项类似，但是只输出不包含匹配项的文件名
-n, --line-number	在包含匹配项的文本行之前加上行号
-h, --no-filename	在多文件搜索中禁止输出文件名

为了更全面地研究grep，我们来创建几个用于搜索的文本文件：

```
[me@linuxbox ~]$ ls /bin > dirlist-bin.txt
[me@linuxbox ~]$ ls /usr/bin > dirlist-usr-bin.txt
[me@linuxbox ~]$ ls /sbin > dirlist-sbin.txt
[me@linuxbox ~]$ ls /usr/sbin > dirlist-usr-sbin.txt
```

```
[me@linuxbox ~]$ ls dirlist*.txt
dirlist-bin.txt   dirlist-sbin.txt     dirlist-usr-sbin.txt
dirlist-usr-bin.txt
```

我们可以对多个文件执行简单的搜索：

```
[me@linuxbox ~]$ grep bzip dirlist*.txt
dirlist-bin.txt:bzip2
dirlist-bin.txt:bzip2recover
```

在这个例子中，grep 搜索所有文件，查找字符串 bzip，结果找到两处匹配项，均位于 dislist-bin.txt 文件中。如果我们只对包含匹配项的文件感兴趣，并不关心匹配项，可以指定-l 选项：

```
[me@linuxbox ~]$ grep -l bzip dirlist*.txt
dirlist-bin.txt
```

相反，如果我们只对不包含匹配项的文件感兴趣，可以这样做：

```
[me@linuxbox ~]$ grep -L bzip dirlist*.txt
dirlist-sbin.txt
dirlist-usr-bin.txt
dirlist-usr-sbin.txt
```

19.3　元字符与文字字符

看起来可能并不明显，我们在通过 grep 搜索的时候其实已经在使用正则表达式了，尽管是非常简单的那种。正则表达式 bzip 的意思是仅当文件中的某行至少包含 4 个字符且字符顺序为 b、z、i、p 的时候（之间没有任何其他字符）才匹配。字符串 bzp 中的字符全部都是文字字符（literal character），只能匹配自身。除了普通字符，正则表达式还包括元字符（metacharacter），用于指定更复杂的匹配。正则表达式元字符包括：

```
^ $ . [ ] { } - ? * + ( ) | \
```

其他所有字符均被视为普通字符，不过在少数情况下，反斜线字符可用于创建元序列（metasequence），还能转义元字符，使其成为普通字符。

注意　很多正则表达式元字符对 Shell 扩展具有特殊含义。当包含元字符的正则表达式出现在命令行上时，一定要记得将其放入引号中，避免 Shell 去扩展这些字符，这一点非常重要。

19.4 任意字符

我们要介绍的第一个元字符是点号“.”，它可用于匹配任意字符[1]。如果我们将其放入正则表达式，它能够匹配该字符位置上的任意字符。来看一个例子：

```
[me@linuxbox ~]$ grep -h '.zip' dirlist*.txt
bunzip2
bzip2
bzip2recover
gunzip
gzip
funzip
gpg-zip
preunzip
prezip
prezip-bin
unzip
unzipsfx
```

我们在文件内搜索匹配正则表达式.zip 的所有行。最终结果的有些地方值得注意。首先，在其中没有发现 zip 程序。这是因为正则表达式中的点号元字符将需要匹配的字符串长度增加到了 4 个字符，又因为 zip 只包含 3 个字符，所以不匹配。另外，如果文件列表中有扩展名为.zip 的文件，也能够匹配，因为扩展名中的点号也属于“任意字符”的范畴。

19.5 锚点

在正则表达式中，脱字符^和美元符号$被视为锚点（anchor），分别表示仅当正则表达式出现在行首或行尾的时候才匹配[2]：

```
[me@linuxbox ~]$ grep -h '^zip' dirlist*.txt
zip
zipcloak
zipgrep
zipinfo
zipnote
zipsplit
[me@linuxbox ~]$ grep -h 'zip$' dirlist*.txt
```

[1] 准确地说，点号是不能匹配换行符的，但是可以通过修改匹配模式来改变点号的匹配规则。——译者注

[2] 和点号一样，也可以通过修改匹配模式来改变^和$的匹配规则。——译者注

```
gunzip
gzip
funzip
gpg-zip
preunzip
prezip
unzip
zip
[me@linuxbox ~]$ grep -h '^zip$' dirlist*.txt
zip
```

我们在文件列表中分别搜索位于行首、位于行尾、单独作为一行的字符串 zip。注意，正则表达式^$（表示行首和行尾之间什么都没有）可以匹配空行。

填字游戏助手

即便是我们现在掌握的正则表达式的有限知识，也可以发挥出一些实际作用。

我妻子很喜欢填字游戏，有时候还让我帮忙。例如，有一个包含 5 个字母的单词，它的第三个字母是 j，最后一个字母是 r，请问这是什么单词？这类问题真得我费脑筋了。

知不知道 Linux 系统中其实自带了词典？没错。进入/usr/share/dict 目录，你会在里面有所发现。这里的词典文件其实就是一份冗长的单词列表，一行一个单词，按照字母顺序排列。在我自己的系统中，words 文件内含 98500 多个单词。为了找出上面那个填字游戏的答案，可以这么做：

```
[me@linuxbox ~]$ grep -i '^..j.r$' /usr/share/dict/words
Major
major
```

利用这个正则表达式，我们就能够找出词典中所有符合条件的单词。

19.6 方括号表达式与字符类

除了匹配正则表达式中指定位置上的任意字符，还可以使用方括号表达式来匹配指定字符集合中的单个字符。借助方括号表达式，可以指定一组待匹配的字符（包括会被解释为元字符的字符）。在下面的例子中，我们使用由两个字符组成的集合来匹配包含字符串 bzip 或 gzip 的行：

```
[me@linuxbox ~]$ grep -h '[bg]zip' dirlist*.txt
bzip2
bzip2recover
gzip
```

集合中可以包含任意数量的字符，其中出现的元字符会丢失其特殊含义。但是，有两种特殊情况：脱字符用于表示否定；连字符表示字符范围。

19.6.1 排除

如果方括号表达式中的首个字符是脱字符，剩下的字符则被视为不该在指定字符位置上出现的字符集合。作为演示，我们将前一个例子修改如下：

```
[me@linuxbox ~]$ grep -h '[^bg]zip' dirlist*.txt
bunzip2
gunzip
funzip
gpg-zip
preunzip
prezip
prezip-bin
unzip
unzipsfx
```

利用排除操作，我们得到了一份文件列表，其中的文件名均包含字符串 zip，而该字符串之前是除 b 或 g 之外的任意字符。注意，zip 并不符合搜索条件。排除型字符集合仍需要指定位置上有一个字符存在，只不过这个字符不能是集合中的字符。

仅当脱字符是方括号表达式中的第一个字符的时候才表示排除含义；否则，它只代表一个普通的字符。

19.6.2 传统的字符范围

如果我们想构建一个正则表达式，查找文件列表中所有以大写字母开头的文件，可以这样做：

```
[me@linuxbox ~]$ grep -h '^[ABCDEFGHIJKLMNOPQRSTUVWXZY]' dirlist*.txt
```

这无非就是把 26 个大写字母放进方括号表达式里就能搞定的事。但这种做法实在麻烦，来看另一种做法：

```
[me@linuxbox ~]$ grep -h '^[A-Z]' dirlist*.txt
MAKEDEV
ControlPanel
GET
HEAD
```

```
POST
X
X11
Xorg
MAKEFLOPPIES
NetworkManager
NetworkManagerDispatcher
```

通过使用 3 个字符表示的字符范围，直接实现了 26 个字母的缩写。不管哪种字符范围，都可以用这种方式表达（包括多个字符范围），例如下面的正则表达式可以匹配以字母或数字开头的所有文件名：

```
[me@linuxbox ~]$ grep -h '^[A-Za-z0-9]' dirlist*.txt
```

字符范围表示中出现的连字符会被特殊对待，那我们该如何在方括号表达式中加入一个普通的连字符呢？答案是将其作为第一个字符。考虑下面两个例子：

```
[me@linuxbox ~]$ grep -h '[A-Z]' dirlist*.txt
```

这将匹配包含大写字母的文件名，以下文件将匹配每个包含破折号或大写 A（Z）的文件名。

```
[me@linuxbox ~]$ grep -h '[-AZ]' dirlist*.txt
```

19.7 POSIX 字符类

传统的字符范围易于理解，能够有效地解决快速指定字符集合的问题。遗憾的是，这种方法未必总是管用。尽管到目前为止，我们在使用 grep 时还没出现过什么问题，但很难说不会在其他程序那里遇到问题。

在第 4 章中，我们介绍了通配符是如何执行路径扩展的。当时说过，字符范围的用法几乎与正则表达式中的一致，但有个问题：

```
[me@linuxbox ~]$ ls /usr/sbin/[ABCDEFGHIJKLMNOPQRSTUVWXYZ]*
/usr/sbin/ModemManager
/usr/sbin/NetworkManager
```

取决于 Linux 发行版，得到的文件列表也不尽相同，也有可能是空列表。本例取自 Ubuntu。该命令的结果符合预期——以大写字母开头的文件列表，但下面的命令得到的结果就完全不同了（只显示其中一部分）：

```
[me@linuxbox ~]$ ls /usr/sbin/[A-Z]*
/usr/sbin/biosdecode
/usr/sbin/chat
/usr/sbin/chgpasswd
```

```
/usr/sbin/chpasswd
/usr/sbin/chroot
/usr/sbin/cleanup-info
/usr/sbin/complain
/usr/sbin/console-kit-daemon
```

为什么会这样？说来话长，咱们长话短说。

UNIX 开发之初只识别 ASCII 字符，正是该特性导致了以上差异。在 ASCII 中，前 32 个字符（编码值为 0～31）包含控制字符（如制表符、退格符、回车符），接下来的 32 个字符（编码值为 32～63）包含可输出字符，大多数的标点符号和数字 0～9 在其中，随后的 32 个字符（编码值为 64～95）包含大写字母和一些标点符号，最后的 31 个字符（编码值为 96～127）包含小写字母和其他标点符号。基于这样的安排，使用 ASCII 的系统使用了下列排序规则（collation order）：

```
ABCDEFGHIJKLMNOPQRSTUVWXYZabcdefghijklmnopqrstuvwxyz
```

这与正常的词典序（dictionary order）不同，后者如下：

```
aAbBcCdDeEfFgGhHiIjJkKlLmMnNoOpPqQrRsStTuUvVwWxXyYzZ
```

随着 UNIX 的流行，支持美式英语字符以外的字符的需求也与日俱增。于是，ASCII 长度扩展至 8bit，添加了编码值为 128～255 的字符，适应了更多的语言。为了支持这种功能，POSIX 标准引入了语言环境（locale）的概念，能够通过调整来选择特定区域所需要的字符集。我们可以使用下面的命令查看系统的语言设置：

```
[me@linuxbox ~]$ echo $LANG
en_US.UTF-8
```

有了这项设置，兼容 POSIX 的应用就会使用词典序，而不再是 ASCII 的顺序。这就解释了上述命令结果的不同。在词典序中，字符范围[A-Z]包括除 a 之外的所有字母，这也正是你看到的结果。

为了部分解决这个问题，POSIX 标准包含了许多字符类（character class），提供了各种有用的字符范围，如表 19-2 所示。

表 19-2 POSIX 字符类

字符类	描述
[:alnum:]	字母和数字（alphanumeric）字符。在 ASCII 中，等价于[A-Za-z0-9]
[:word:]	和[:alnum:]一样，另外加入了下画线字符_
[:alpha:]	字母字符。在 ASCII 中，等价于[A-Za-z]
[:blank:]	包括空格符和制表符

续表

字符类	描述
[:cntrl:]	ASCII 控制字符。包括 ASCII 编码值为 0～31 和 127 的字符
[:digit:]	数字 0～9
[:graph:]	可见字符。在 ASCII 中，包括编码值为 33～126 的字符
[:lower:]	小写字母
[:punct:]	标点符号字符。在 ASCII 中，等价于[-!"#$%&'()*+,./:;<=>?@[\\\]_`{|}～]
[:print:]	可输出字符。包括[:graph:]中的所有字符加上空格符
[:space:]	空白字符，包括空格符、制表符、回车符、换行符、垂直制表符、换页符
[:upper:]	大写字母
[:xdigit:]	用于表示十六进制数值的字符。在 ASCII 中，等价于[0-9A-Fa-f]

即便有了 POSIX 字符类，还是没有便利的方法来表示部分范围，例如[A-M]。使用字符类，我们可以重复上一个例子，看一看改善后的结果：

```
[me@linuxbox ~]$ ls /usr/sbin/[[:upper:]]*
/usr/sbin/MAKEFLOPPIES
/usr/sbin/NetworkManagerDispatcher
/usr/sbin/NetworkManager
```

但要记住，这可不是正则表达式的示例，而是 Shell 路径名扩展的示例。我们之所以在此演示，是因为 POSIX 字符类既可用于正则表达式，也可用于 Shell 扩展。

还原传统排序规则

你可以修改语言环境变量 LANG 的值，让系统采用传统的（ASCII）排序规则。LANG 变量包含语言名称和语言环境中使用的字符集。在安装 Linux 系统时，你选择的安装语言决定了该变量的初始值。

可以使用 locale 命令查看语言环境设置：

```
[me@linuxbox ~]$ locale
LANG=en_US.UTF-8
LC_CTYPE="en_US.UTF-8"
LC_NUMERIC="en_US.UTF-8"
LC_TIME="en_US.UTF-8"
LC_COLLATE="en_US.UTF-8"
LC_MONETARY="en_US.UTF-8"
LC_MESSAGES="en_US.UTF-8"
```

```
LC_PAPER="en_US.UTF-8"
LC_NAME="en_US.UTF-8"
LC_ADDRESS="en_US.UTF-8"
LC_TELEPHONE="en_US.UTF-8"
LC_MEASUREMENT="en_US.UTF-8"
LC_IDENTIFICATION="en_US.UTF-8"
LC_ALL=
```

只用把 LANG 变量设置为 POSIX，就可以让系统采用传统的排序规则。

```
[me@linuxbox ~]$ export LANG=POSIX
```

注意，这种做法会使系统使用美式英语（更准确地说，是 ASCII）作为字符集，请三思而后行。

你可以通过将下面这行命令添加到.bashrc 文件中来使此改动永久生效：

```
export LANG=POSIX
```

19.8 POSIX 基本型正则表达式与扩展型正则表达式

正当我们以为已经把事情搞明白的时候，发现 POSIX 又把正则表达式的实现分为了两类：基本型正则表达式（Basic Regular Expression，BRE）与扩展型正则表达式（Extended Regular Expression，ERE）。所有兼容 POSIX 并实现了 BRE 的应用程序都支持目前我们介绍过的这些特性。grep 程序就是这样的程序之一。

BRE 和 ERE 有什么不同？答案是元字符不同。BRE 识别下列元字符：

```
^ $ . [ ] *
```

除此之外的所有字符均被视为文字字符。而 ERE 又加入了下列元字符（及其功能）：

```
( ) { } ? + |
```

但是（有趣的部分来了），如果使用反斜线将(、)、{、}转义的话，BRE 将其视为元字符；而 ERE 会将转义后的这些字符视为文字字符。随之而来的各种怪异现象会在后文中讲到。

因为下面要讨论的特性属于 ERE 的一部分，所以得使用另一种 grep。传统上，这要借助于 egrep 程序，但是 GNU 版本的 grep 程序可以使用-E 选项来支持 ERE。

POSIX

20世纪80年代，UNIX成为一款颇为流行的商业系统，但是到了1988年，UNIX世界陷入一片混乱。许多计算机制造商从UNIX的创造者AT&T那里获得了UNIX源代码授权，连同其产品发行了各种版本的系统。然而，在努力追求产品差异化的同时，每个制造商都加入了自己的专有变更和扩展。这就逐渐限制了软件的兼容性。制造商都在想尽办法“锁定”客户，赢得最后的胜利。如今称UNIX历史上的这段“黑暗时期”为“割据时代”（balkanization）。

电气电子工程师学会（Institute of Electrical and Electronics Engineer，IEEE）出现了。20世纪80年代中期，IEEE开始制定一套规范UNIX（以及类UNIX系统）工作方式的标准。这些标准的官方名称是IEEE 1003，它定义了应用程序接口（Application Programming Interface，API）、Shell以及标准类UNIX系统中的实用工具。POSIX这个名字由理查德·马修·斯托曼提议，结尾增加的X只是为了让名字更响亮，该叫法后被IEEE采纳。

19.9 多选结构

我们要讨论的第一个ERE的特性叫作多选结构（alternation），它允许匹配一组正则表达式中的某一个。就像方括号表达式允许匹配一组指定字符中的单个字符，多选结构可以从一组字符串或正则表达式中寻找匹配。

我们使用grep配合echo来进行演示。首先，尝试匹配普通字符串：

```
[me@linuxbox ~]$ echo "AAA" | grep AAA
AAA
[me@linuxbox ~]$ echo "BBB" | grep AAA
[me@linuxbox ~]$
```

这个例子非常直观，我们将echo的输出结果通过管道传给grep，然后查看结果。如果有匹配，就会出现输出结果；如果没有匹配，就看不到任何输出结果。

现在加入由|表示的多选结构：

```
[me@linuxbox ~]$ echo "AAA" | grep -E 'AAA|BBB'
AAA
[me@linuxbox ~]$ echo "BBB" | grep -E 'AAA|BBB'
BBB
[me@linuxbox ~]$ echo "CCC" | grep -E 'AAA|BBB'
[me@linuxbox ~]$
```

这里的正则表达式'AAA|BBB'的意思是“要么匹配 AAA，要么匹配 BBB”。注意，因为多选结构是 ERE 的特性之一，需要给 grep 添加-E 选项（尽管也可以使用 egrep 程序代替），同时将正则表达式放入引号中，避免 Shell 将其中的|解释为管道。多选结构可不仅能二选一：

```
[me@linuxbox ~]$ echo "AAA" | grep -E 'AAA|BBB|CCC'
AAA
```

要想将多选结构与其他正则表达式元素组合起来，可以使用()来分隔：

```
[me@linuxbox ~]$ grep -Eh '^(bz|gz|zip)' dirlist*.txt
```

该正则表达式可以匹配文件列表中以 bz、gz 或 zip 开头的文件名。如果去掉括号，正则表达式的含义就变成了匹配以 bz 开头，或者包含 gz，或者包含 zip 的文件名：

```
[me@linuxbox ~]$ grep -Eh '^bz|gz|zip' dirlist*.txt
```

19.10 量词

ERE 支持用多种方式指定匹配次数。

19.10.1 ?——匹配 0 次或 1 次

实际上，该量词（quantifier）表示“之前的元素是可选的”。假设我们要检查电话号码的有效性。如果电话号码匹配下列两种形式之一（n 为数字），则认为是有效的。

- (nnn) nnn-nnnn。
- nnn nnn-nnnn。

我们可以据此构建下列正则表达式：

```
^\(?[0-9][0-9][0-9]\)? [0-9][0-9][0-9]-[0-9][0-9][0-9][0-9]$
```

其中，我们在括号后加上了问号，表示匹配括号内的内容 0 次或 1 次。因为括号是元字符（在 ERE 中），所以在其之前加上反斜线，使其成为文字字符：

```
[me@linuxbox ~]$ echo "(555) 123-4567" | grep -E '^\(?[0-9][0-9][0-9]
\)? [0-9][0-9][0-9]-[0-9][0-9][0-9][0-9]$'
(555) 123-4567
[me@linuxbox ~]$ echo "555 123-4567" | grep -E '^\(?[0-9][0-9][0-9]\)
? [0-9][0-9][0-9]-[0-9][0-9][0-9][0-9]$'
555 123-4567
[me@linuxbox ~]$ echo "AAA 123-4567" | grep -E '^\(?[0-9][0-9][0-9]\)
? [0-9][0-9][0-9]-[0-9][0-9][0-9][0-9]$'
[me@linuxbox ~]$
```

可以看到，该正则表达式能够匹配两种形式的电话号码，但如果包含其他非数字字符，则不能匹配。但这并不代表没有问题，因为如果区号两侧的括号缺了一个的话，照样也能够匹配，不过用它来初步验证电话号码，已经足够了。

19.10.2 *——匹配 0 次或多次

和?一样，*也可用于表示可选项；但和?不同的是，*之前的可选项可以出现任意多次，而不仅仅出现一次。假设我们想判断某个字符串是否是一句话；也就是说，该字符串以一个大写字母开头，然后是任意多个大/小写字母和空格符，最后以点号结尾。要想匹配我们粗糙定义的这种句子，可以使用下列正则表达式：

```
[[:upper:]][[:upper:][:lower:] ]*\.
```

这个正则表达式由 3 项组成：包含字符类[:upper:]的方括号表达式，包含字符类[:upper:]、[:lower:]以及空格符的方括号表达式，经过反斜线转义的点号。第二项结尾处是*，所以在句子开头的大写字母之后，不管有多少个大/小写字母和空格符，都能够匹配。

```
[me@linuxbox ~]$ echo "This works." | grep -E '[[:upper:]][[:upper:][:lower:] ]*\.'
This works.
[me@linuxbox ~]$ echo "This Works." | grep -E '[[:upper:]][[:upper:][:lower:] ]*\.'
This Works.
[me@linuxbox ~]$ echo "this does not" | grep -E '[[:upper:]][[:upper:][:lower:] ]*\.'
[me@linuxbox ~]$
```

前两次测试都能通过，但第 3 次就不行了，原因在于缺少必需的开头大写字母和结尾的点号。

19.10.3 +——匹配 1 次或多次

+和*差不多，只不过要求之前的可选项至少匹配一次。下面的正则表达式所匹配的行只能包含由单个空格符分隔的一个或多个字母：

```
^([[:alpha:]]+ ?)+$
```

让我们尝试一下：

```
[me@linuxbox ~]$ echo "This that" | grep -E '^([[:alpha:]]+ ?)+$'
This that
[me@linuxbox ~]$ echo "a b c" | grep -E '^([[:alpha:]]+ ?)+$'
a b c
[me@linuxbox ~]$ echo "a b 9" | grep -E '^([[:alpha:]]+ ?)+$'
[me@linuxbox ~]$ echo "abc d" | grep -E '^([[:alpha:]]+ ?)+$'
[me@linuxbox ~]$
```

这个正则表达式并不能匹配第 3 行（a b 9)，因为该行含有非字母字符；第 4 行（abc d）也不匹配，因为 c 和 d 之间的空格符多于一个。

19.10.4 {}——匹配指定次数

{和}用于指定要求匹配的最小次数和最大次数，共有 4 种指定方式，如表 19-3 所示。

表 19-3 指定匹配次数

指定方式	含义
{n}	匹配之前的元素 *n* 次
{n,m}	匹配之前的元素至少 *n* 次，最多 *m* 次
{n,}	匹配之前的元素至少 *n* 次，最多不限
{,m}	匹配之前的元素不超过 *m* 次

利用前文的电话号码的例子，我们可以使用{}指定匹配次数，将当初的正则表达式：

```
^\(?[0-9][0-9][0-9]\)? [0-9][0-9][0-9]-[0-9][0-9][0-9][0-9]$
```

简化为：

```
^\(?[0-9]{3}\)? [0-9]{3}-[0-9]{4}$
```

让我们尝试一下：

```
[me@linuxbox ~]$ echo "(555) 123-4567" | grep -E '^\(?[0-9]{3}\)? [0-9]{3}-[0-9]{4}$'
(555) 123-4567
[me@linuxbox ~]$ echo "555 123-4567" | grep -E '^\(?[0-9]{3}\)? [0-9]{3}-[0-9]{4}$'
555 123-4567
[me@linuxbox ~]$ echo "5555 123-4567" | grep -E '^\(?[0-9]{3}\)? [0-9]{3}-[0-9]{4}$'
[me@linuxbox ~]$
```

如我们所见，修改后的正则表达式既能成功地验证带括号和不带括号的电话号码，也能拒绝格式有误的电话号码。

19.11 实战演练

回顾几个前文讲过的命令，看一看它们是如何配合正则表达式使用的。

19.11.1 使用 grep 验证电话号码列表

在前面的例子中，我们只验证了单个电话号码的有效性。而检查一系列电话号码才是更现实的场景，因此先来创建一个电话号码列表。为此，我们要在命令行中念一道“神奇的咒语”。之所以“神奇”，是因为其中涉及的大部分命令我们还没介绍过，不过别担心，我们在后文中就会介绍。

```
[me@linuxbox ~]$ for i in {1..10}; do echo "(${RANDOM:0:3}) ${RANDOM:0:3}-$
{RANDOM:0:4}" >> phonelist.txt; done
```

该命令会生成名为 phonelist.txt 的文件，其中包含 10 个电话号码。每重复执行一次命令，就会额外添加 10 个号码。我们可以修改靠近命令开头部分的数值 10，以产生更多或更少的电话号码。但是如果检查文件内容，会发现一个问题：

```
[me@linuxbox ~]$ cat phonelist.txt
(232) 298-2265
(624) 381-1078
(540) 126-1980
(874) 163-2885
(286) 254-2860
(292) 108-518
(129) 44-1379
(458) 273-1642
(686) 299-8268
(198) 307-2440
```

其中部分号码格式有误，不过没关系，这正中下怀，因为我们本就打算用 grep 来验证这些号码。

一种验证方法是扫描文件中的无效号码，然后显示出来：

```
[me@linuxbox ~]$ grep -Ev '^\([0-9]{3}\) [0-9]{3}-[0-9]{4}$' phonelist.txt
(292) 108-518
(129) 44-1379
[me@linuxbox ~]$
```

我们使用-v 选项生成了反向匹配（inverse match），这样就可以只输出号码列表中不匹配指定正则表达式的那些号码。正则表达式的两端都加入了锚点元字符，以确保号码两端没有多余的字符。除此之外，还要求有效号码中必须包含括号，这和之前的例子不同。

19.11.2 使用 find 查找路径名

find 命令支持正则表达式。在 find 和 grep 中使用正则表达式时，要记住一个重要的区别。只要行中含有与正则表达式匹配的字符串，grep 就会将该行输出；而 find 则要求路径名必须严格匹配正则表达式。在下面的例子中，我们使用带有正则表达式的 find 来查找所有不包含下列字符集合成员的路径名：

```
[-_./0-9a-zA-Z]
```

通过正则表达式搜索，找出包含内嵌空格符和其他潜在不规范字符的路径名：

```
[me@linuxbox ~]$ find . -regex '.*[^-_./0-9a-zA-Z].*'
```

因为要求严格匹配整个路径名，所以我们在正则表达式的两端使用了.*，以此匹配可能出现的 0 个或多个字符。在正则表达式中间，用到了排除型方括号表达式，其中包含若干能够接受的路径名字符。

19.11.3 使用 locate 搜索文件

locate 程序既支持 BRE（--regexp 选项），也支持 ERE（--regex 选项）。借助正则表达式，我们能够对 dirlist 文件执行很多先前演示过的操作：

```
[me@linuxbox ~]$ locate --regex 'bin/(bz|gz|zip)'
/bin/bzcat
/bin/bzcmp
/bin/bzdiff
/bin/bzegrep
/bin/bzexe
/bin/bzfgrep
/bin/bzgrep
/bin/bzip2
/bin/bzip2recover
/bin/bzless
/bin/bzmore
/bin/gzexe
/bin/gzip
/usr/bin/zip
/usr/bin/zipcloak
/usr/bin/zipgrep
/usr/bin/zipinfo
/usr/bin/zipnote
/usr/bin/zipsplit
```

利用多选结构，因此可以搜索包含 bin/bz、bin/gz 或/bin/zip 的路径名。

19.11.4 使用 Less 和 Vim 搜索文本

Less 和 Vim 都采用相同的文本搜索方法。按/键，接着输入正则表达式，就可进行搜索。如果使用 Less 查看 phonelist.txt 文件，可以这样：

```
[me@linuxbox ~]$ less phonelist.txt
```

然后输入用于验证电话号码的正则表达式：

```
(232) 298-2265
(624) 381-1078
(540) 126-1980
(874) 163-2885
(286) 254-2860
(292) 108-518
(129) 44-1379
(458) 273-1642
(686) 299-8268
(198) 307-2440
~
~
~
/^\([0-9]{3}\) [0-9]{3}-[0-9]{4}$
```

Less会高亮标出匹配项，这样就很容易分辨出无效号码：

```
(232) 298-2265
(624) 381-1078
(540) 126-1980
(874) 163-2885
(286) 254-2860
(292) 108-518
(129) 44-1379
(458) 273-1642
(686) 299-8268
(198) 307-2440
~
~
~
(END)
```

而Vim只支持BRE，因此用于搜索的正则表达式得改写成这样：

```
/([0-9]\{3\}) [0-9]\{3\}-[0-9]\{4\}
```

可以看出，两种类型的正则表达式基本上一样；但是，很多在ERE中被视为元字符的字符，在BRE中却被视为文字字符。只有使用反斜线转义，这些文字字符才被作为元字符对待。是否高亮显示匹配项，取决于所在系统中Vim的具体配置。如果发现没有高亮显示，可以在命令模式下尝试下列命令，启用文本搜索高亮显示特性：

```
:hlsearch
```

注意　取决于所使用的 Linux 发行版，Vim 未必支持文本搜索高亮显示特性。尤其是 Ubuntu，其默认提供的是一个精简版本的 Vim。对于这种系统，你可以使用软件包管理器来安装一个更完整的 Vim 版本。

19.12 总结

在本章中，我们介绍了正则表达式的很多用法。如果我们使用正则表达式去搜索其他也具备正则表达式功能的应用程序，会有更多发现。为此，可以搜索手册页：

```
[me@linuxbox ~]$ cd /usr/share/man/man1
[me@linuxbox man1]$ zgrep -El 'regex|regular expression' *.gz
```

zgrep 程序作为 grep 的前端，使其能够读取压缩文件。在这个例子中，我们在手册页通常的存放位置中搜索压缩版本的手册页第 1 节（section 1）。该命令的结果是包含字符串 regex 或 regular expression 的文件列表。从中可以看出，在很多程序中都能发现正则表达式的身影。

BRE 中有一个称为“向后引用”（back reference）的特性我们尚未介绍，该特性会在第 20 章讨论。

第20章 文本处理

所有类UNIX系统都严重依赖于文本文件来存储数据，所以存在大量文本操作工具也在情理之中。本章将介绍一些文本“切割”命令。在第21章中，我们会进一步讲解文本处理，把重点放在那些格式化输出上，用于输出其他用户需求的命令。

本章将回顾之前讲过的部分命令，同时学习一些新命令。

- cat：拼接文件。
- sort：排序文本行。
- uniq：报告或忽略重复的行。
- cut：从每行中删除部分内容。
- paste：合并行。
- join：连接两个文件中具有公共字段的行。
- comm：逐行比较两个已排序的文件。
- diff：逐行比较文件。
- patch：对原文件应用diff文件。
- tr：转写或删除字符。
- sed：用于文本过滤和转换的流编辑器。
- aspell：交互式拼写检查器。

20.1 文本的应用

到目前为止，我们学习过两种文本编辑器（Nano 和 Vim），看过多个配置文件，也看过许多命令的输出结果，它们都离不开文本。除此之外，文本还应用到哪些地方呢？事实证明，还有很多地方。

20.1.1 文档

很多人都使用纯文本格式编写文档。虽然不难看出用小文本文件记录些简单的笔记的确实用，但编写文本格式的大型文档也是可行的。有一种流行的方法就是先采用文本格式编写大型文档，然后在其中嵌入标记语言来描述最终文档的格式。许多科技论文就是这样写出来的，因为基于 UNIX 的文本处理系统是较早支持技术学科作者所需要的高级印刷版式的系统之一。

20.1.2 网页

世界上流行的电子文档类型包括网页了。网页是使用超文本标记语言（Hypertext Markup Language，HTML）或可扩展标记语言（Extensible Markup Language，XML）来描述文档可视格式的文本文档。

20.1.3 电子邮件

电子邮件本质上是一种基于文本的媒介。就算是非文本附件，在传输的时候也会被转换为文本格式。我们可以亲自验证：下载一封电子邮件，然后用 Less 查看邮件内容。你会发现邮件消息以标题（header）开头，描述了该邮件的来源及其在传输过程中所进行的处理，然后是邮件消息正文（body）。

20.1.4 打印机输出

在类 UNIX 系统中，输出到打印机的信息是以纯文本格式发送的，如果待打印页面包含图像，则将其转换为称作 PostScript 的文本格式页面描述语言描述的信息，然后发送到负责生成待打印图形点（graphic dots）的程序。

20.1.5 程序源代码

类 UNIX 系统中有不少命令行程序都是为了支持系统管理和软件开发而编写的，文本处理程序也不例外，其中有很多是为解决软件开发问题而设计的。文本处理对软件开发者重要的原因在于所有的软件一开始都是文本。软件开发者实际编写的程序源代码始终都是文本格式。

20.2 温故知新

在第 6 章中，我们学过一些除命令行参数之外还能接受标准输入的命令。不过当时只是“一笔带过”，现在我们将详细了解这些命令如何进行文本处理。

20.2.1 cat——连接文件并打印

cat 命令有许多值得注意的选项，其中不少选项可用于增强文本内容的视觉效果。-A 选项就是一个例子，它能够显示文本中的非输出字符。我们有时想知道可见文本中是否嵌有控制字符。常见的控制字符就是制表符和回车符，后者多见于 MS-DOS 风格的文本文件的行尾。另一种常见情况是文件中包含末尾带有空格的文本行。

我们创建一个测试文件，将 cat 命令作为一个简单的文字处理器。为此，只需要输入 cat（以及指定用于重定向输出的文件），再输入文本内容，按 Enter 键结束文本行输入，最后按 Ctrl-D 组合键告知 cat 已到达文件末尾。在本例中，我们输入了一个以制表符开头、若干空格结尾的文本行：

```
[me@linuxbox ~]$ cat > foo.txt
    The quick brown fox jumped over the lazy dog.
[me@linuxbox ~]$
```

接下来，使用带有-A 选项的 cat 显示文本：

```
[me@linuxbox ~]$ cat -A foo.txt
^IThe quick brown fox jumped over the lazy dog. $
[me@linuxbox ~]$
```

从输出结果中可以看到，文本中的制表符由^I 表示。这是一种常见表示法，代表 Ctrl-I。我们还看到了$出现在真正的行尾，这说明文本中包含结尾空格。

MS-DOS 文本与 UNIX 文本的比较

我们使用 cat 查找文本中的非输出字符，原因之一在于发现隐藏的回车符。这些回车符是从哪来的？来自 DOS 和 Windows！UNIX 和 DOS 对文本文件行尾的概念定义并不相同。UNIX 使用换行符（ASCII 编码值为 10）作为行尾，而 MS-DOS 及其衍生系统则使用回车符（ASCII 编码值为 13）和换行符序列作为行尾。

有几种方法可以将文件从 DOS 格式转换为 UNIX 格式。在很多 Linux 系统中，有两个命令分别叫作 dos2unix 和 unix2dos，可用于 DOS 格式和 UNIX 格式之间的相互转换。不过就算系统中没有 dos2unix 也没关系，DOS 格式转换为 UNIX 格式的过程非常简单，删除多余的回车符即可。后文要讲到的几个命令可以轻松实现删除多余的回车符。

有些 cat 选项还可用于修改文本，其中较突出的两个分别是-n 和-s，前者能够为文本行加上行号，后者能够禁止输出连续的空白行。来看下面的例子：

```
[me@linuxbox ~]$ cat > foo.txt
The quick brown fox


jumped over the lazy dog.
[me@linuxbox ~]$ cat -ns foo.txt
     1	The quick brown fox
     2
     3	jumped over the lazy dog.
[me@linuxbox ~]$
```

在这个例子中，我们创建了一个新版本的 foo.txt 测试文件，其中包含被两个空白行分隔的两行文本。经 cat 的-ns 选项处理之后，多余的空白行被删除了，剩下的文本行也被加上了行号。虽然这算不上复杂的文本处理过程，但文本的确经过了处理。

20.2.2 sort——排序

sort 对标准输入内容或命令行上指定的文件进行排序，并将结果发送至标准输出。与 cat 用法类似，我们直接使用键盘输入作为标准输入内容来演示：

```
[me@linuxbox ~]$ sort > foo.txt
c
b
a
[me@linuxbox ~]$ cat foo.txt
a
b
c
```

输入命令后，再输入字母 c、b、a，然后按 Ctrl-D 组合键结束输入。查看结果文件，我们会发现其中的各行都已经排好序了。

因为 sort 可以接受命令行上指定的多个文件作为参数，所以能将多个文件合并成单个有序文件。例如，假设有3个文本文件，我们想将其合并成一个有序文件，可以这样做：

```
sort file1.txt file2.txt file3.txt > final_sorted_list.txt
```

sort有很多值得注意的选项。表20-1列出了其中的常用选项。

表20-1 常用的sort选项

选项	描述
-b, --ignore-leading-blanks	在默认情况下，对整行进行排序，从行内的第一个字符开始。该选项使sort忽略每行开头的空白字符，从第一个非空白字符串开始排序
-f, --ignore-case	排序时不区分大小写
-n, --numeric-sort	根据字符串的数值（numberic evaluation）排序。该选项使排序按照数值顺序，而不按照字母表顺序进行
-r, --reverse	降序排序。输出结果按照降序排列
-k, --key=field1[,field2]	不再按照整行，而是按照由区间范围[field1,field2]指定的关键字字段进行排序。参见后文讨论
-m, --merge	每个参数被视为预排序过的文件的名称。将多个文件合并成单个有序结果，不再执行额外的排序
-o, --output=file	将排序后的输出发送至file，而非标准输出
-t, --field-separator=char	定义字段分隔符。在默认情况下，字段由空格符或制表符分隔

其中大多数选项的作用非常直观易懂，有些则不然。让我们来看一看用于数值排序的-n选项。使用此选项，可以按照数值顺序而不按照字母顺序排序。作为演示，我们对du命令的结果进行排序，以确定哪个文件占用磁盘空间最多。du命令通常按照路径名顺序列出汇总结果：

```
[me@linuxbox ~]$ du -s /usr/share/* | head
252             /usr/share/aclocal
96              /usr/share/acpi-support
8               /usr/share/adduser
196             /usr/share/alacarte
344             /usr/share/alsa
8               /usr/share/alsa-base
12488           /usr/share/anthy
8               /usr/share/apmdq
21440           /usr/share/app-install
48              /usr/share/application-registry
```

在这个例子中，du的输出结果通过管道传给head，并限制只显示前10行。我们可以生成按照数值排序的列表，显示占用磁盘空间较多的前10个文件：

```
[me@linuxbox ~]$ du -s /usr/share/* | sort -nr | head
509940      /usr/share/locale-langpack
242660      /usr/share/doc
197560      /usr/share/fonts
179144      /usr/share/gnome
146764      /usr/share/myspell
144304      /usr/share/gimp
135880      /usr/share/dict
76508       /usr/share/icons
68072       /usr/share/apps
62844       /usr/share/foomatic
```

通过-n 和-r 选项，我们按照数值进行了降序排序，使最大值出现在了结果最前面。之所以可行的原因在于数值位于每行的开头位置。但如果想根据行内的某个值来排序，那该怎么办呢？下面是 ls -l 的输出结果：

```
[me@linuxbox ~]$ ls -l /usr/bin | head
total 152948
-rwxr-xr-x 1 root   root      34824 2016-04-04 02:42 [
-rwxr-xr-x 1 root   root     101556 2007-11-27 06:08 a2p
-rwxr-xr-x 1 root   root      13036 2016-02-27 08:22 aconnect
-rwxr-xr-x 1 root   root      10552 2007-08-15 10:34 acpi
-rwxr-xr-x 1 root   root       3800 2016-04-14 03:51 acpi_fakekey
-rwxr-xr-x 1 root   root       7536 2016-04-19 00:19 acpi_listen
-rwxr-xr-x 1 root   root       3576 2016-04-29 07:57 addpart
-rwxr-xr-x 1 root   root      20808 2016-01-03 18:02 addr2line
-rwxr-xr-x 1 root   root     489704 2016-10-09 17:02 adept_batch
```

暂时先忘记 ls 也能按照文件大小排序输出结果，我们使用 sort 实现相同的效果：

```
[me@linuxbox ~]$ ls -l /usr/bin | sort -nrk 5 | head
-rwxr-xr-x 1 root   root    8234216 2016-04-07 17:42 inkscape
-rwxr-xr-x 1 root   root    8222692 2016-04-07 17:42 inkview
-rwxr-xr-x 1 root   root    3746508 2016-03-07 23:45 gimp-2.4
-rwxr-xr-x 1 root   root    3654020 2016-08-26 16:16 quanta
-rwxr-xr-x 1 root   root    2928760 2016-09-10 14:31 gdbtui
-rwxr-xr-x 1 root   root    2928756 2016-09-10 14:31 gdb
-rwxr-xr-x 1 root   root    2602236 2016-10-10 12:56 net
-rwxr-xr-x 1 root   root    2304684 2016-10-10 12:56 rpcclient
-rwxr-xr-x 1 root   root    2241832 2016-04-04 05:56 aptitude
-rwxr-xr-x 1 root   root    2202476 2016-10-10 12:56 smbcacls
```

sort 的许多用法都涉及表格型数据（tabular data）处理，例如上述 ls 命令的输出结果。如果我们套用数据库术语，可以称每行是一条记录，每条记录包含若干字段，诸如文件属性、链接数、文件名、文件大小等。sort 能够处理单独的字段，用数据库的术语来说，可以指定一个或多个关键字段（key fields）作为排序关键字（sort keys）。在之前的例子中，我们指定了-n 和-r 选项，按照数值进行降序排序，同时还指定了-k 5，使 sort 用第 5 个字段作为排序关键字。

-k 选项具备不少特性，这些特性值得注意，不过我们先介绍 sort 是如何定义字段的。考虑一个简单的文本文件，其中只有一行内容，包含作者的姓名：

```
William Shotts
```

在默认情况下，sort 将该行视为两个字段。第一个字段包含字符串 William，第二个字段包含字符串 Shotts。

这意味着空白字符（空格符和制表符）被用作字段之间的分隔符，在进行排序时，分隔符包括在字段中。

再来看一下 ls 输出结果中的一行，可以看到该行包含 8 个字段，其中第 5 个字段是文件大小：

```
-rwxr-xr-x 1 root   root   8234216 2016-04-07 17:42 inkscape
```

对于接下来的一系列实验，考虑下列文件。该文件包含 2006—2008 年发行的 3 款流行的 Linux 发行版的发行历史。文件的每行由 3 个字段组成：发行版名称、版本号及发行日期：

```
SUSE      10.2      12/07/2006
Fedora    10        11/25/2008
SUSE      11.0      06/19/2008
Ubuntu    8.04      04/24/2008
Fedora    8         11/08/2007
SUSE      10.3      10/04/2007
Ubuntu    6.10      10/26/2006
Fedora    7         05/31/2007
Ubuntu    7.10      10/18/2007
Ubuntu    7.04      04/19/2007
SUSE      10.1      05/11/2006
Fedora    6         10/24/2006
Fedora    9         05/13/2008
Ubuntu    6.06      06/01/2006
Ubuntu    8.10      10/30/2008
Fedora    5         03/20/2006
```

使用文本编辑器（如 Vim）输入这些数据并将文件命名为 distros.txt。

接下来，对该文件进行排序，观察排序结果：

```
[me@linuxbox ~]$ sort distros.txt
Fedora      10      11/25/2008
Fedora      5       03/20/2006
Fedora      6       10/24/2006
Fedora      7       05/31/2007
Fedora      8       11/08/2007
Fedora      9       05/13/2008
SUSE        10.1    05/11/2006
SUSE        10.2    12/07/2006
SUSE        10.3    10/04/2007
SUSE        11.0    06/19/2008
Ubuntu      6.06    06/01/2006
Ubuntu      6.10    10/26/2006
Ubuntu      7.04    04/19/2007
Ubuntu      7.10    10/18/2007
Ubuntu      8.04    04/24/2008
Ubuntu      8.10    10/30/2008
```

基本可以正确排序，问题出现在排序 Fedora 版本号的时候。因为在 ASCII 字符集中，1 位于 5 之前，因此版本 10 就出现在了最前面，而版本 9 则落到了最后。

要解决这个问题，得针对多个关键字排序。我们需要对第一个字段按照字母表顺序排序，对第二个字段按照数值排序。sort 允许出现多个-k 选项，这样就能指定多个排序关键字。事实上，关键字可以是字段范围。如果没指定范围（就像之前的示例中那样），sort 使用的关键字则从指定字段开头，一直延续到行尾。多关键字排序的用法如下：

```
[me@linuxbox ~]$ sort --key=1,1 --key=2n distros.txt
Fedora      5       03/20/2006
Fedora      6       10/24/2006
Fedora      7       05/31/2007
Fedora      8       11/08/2007
Fedora      9       05/13/2008
Fedora      10      11/25/2008
SUSE        10.1    05/11/2006
SUSE        10.2    12/07/2006
SUSE        10.3    10/04/2007
SUSE        11.0    06/19/2008
Ubuntu      6.06    06/01/2006
Ubuntu      6.10    10/26/2006
Ubuntu      7.04    04/19/2007
Ubuntu      7.10    10/18/2007
Ubuntu      8.04    04/24/2008
Ubuntu      8.10    10/30/2008
```

出于清晰性考虑，我们使用了长格式选项，不过短选项-k 1,1 -k 2n 的效果也是一样的。第一个--key 选项中指定了首个关键字的字段范围。因为我们想将排序限制在第一个字段中，所以指定 1,1，意思是“从字段 1 开始，至字段 1 结束”。第二个--key 选项中指定了 2n，意思是字段 2 作为排序关键字且按照数值进行排序。选项字母可以放在关键字说明符的末尾，指明要执行的排序类型。这些选项字母和 sort 的全局选项一样：b（忽略开头的空白字符）、n（数值排序）、r（降序排序）等。

列表中第 3 个字段包含的日期格式不适合排序。在计算机中，日期通常采用年-月-日的形式，以便按时间顺序进行排序，但这里的文本中采用的则是月/日/年格式。该如何按照时间排序呢？

幸好 sort 提供了应对之道。-k 选项（--key）允许指定字段偏移，这样就可以在字段中定义关键字了：

```
[me@linuxbox ~]$ sort -k 3.7nbr -k 3.1nbr -k 3.4nbr distros.txt
Fedora      10          11/25/2008
Ubuntu      8.10        10/30/2008
SUSE        11.0        06/19/2008
Fedora      9           05/13/2008
Ubuntu      8.04        04/24/2008
Fedora      8           11/08/2007
Ubuntu      7.10        10/18/2007
SUSE        10.3        10/04/2007
Fedora      7           05/31/2007
Ubuntu      7.04        04/19/2007
SUSE        10.2        12/07/2006
Ubuntu      6.10        10/26/2006
Fedora      6           10/24/2006
Ubuntu      6.06        06/01/2006
SUSE        10.1        05/11/2006
Fedora      5           03/20/2006
```

通过指定-k 3.7，告知 sort 排序关键字从第 3 个字段的第 7 个字符开始（对应于年份）。与此类似，分别指定-k 3.1 和-k 3.4，划分出日期中的月和日，另外，还加入了-n 和-r 选项来实现数值降序排序。-b 选项用于禁止日期字段开头的空格（不同的行，空格数量也不同，因此会影响排序结果）。

有些文件不适用制表符和空格符作为字段分隔符，例如下面的/etc/passwd 文件：

```
[me@linuxbox ~]$ head /etc/passwd
root:x:0:0:root:/root:/bin/bash
daemon:x:1:1:daemon:/usr/sbin:/bin/sh
bin:x:2:2:bin:/bin:/bin/sh
sys:x:3:3:sys:/dev:/bin/sh
```

```
sync:x:4:65534:sync:/bin:/bin/sync
games:x:5:60:games:/usr/games:/bin/sh
man:x:6:12:man:/var/cache/man:/bin/sh
lp:x:7:7:lp:/var/spool/lpd:/bin/sh
mail:x:8:8:mail:/var/mail:/bin/sh
news:x:9:9:news:/var/spool/news:/bin/sh
```

文件中的字段是以冒号:分隔的，那该如何使用关键字字段对该文件排序呢？sort 提供了-t 选项来定义字符分隔符。要想按照第 7 个字段（用户的默认 Shell）排序 passwd 文件，可以这样做：

```
[me@linuxbox ~]$ sort -t ':' -k 7 /etc/passwd | head
me:x:1001:1001:Myself,,,:/home/me:/bin/bash
root:x:0:0:root:/root:/bin/bash
dhcp:x:101:102::/nonexistent:/bin/false
gdm:x:106:114:Gnome Display Manager:/var/lib/gdm:/bin/false
hplip:x:104:7:HPLIP system user,,,:/var/run/hplip:/bin/false
klog:x:103:104::/home/klog:/bin/false
messagebus:x:108:119::/var/run/dbus:/bin/false
polkituser:x:110:122:PolicyKit,,,:/var/run/PolicyKit:/bin/false
pulse:x:107:116:PulseAudio daemon,,,:/var/run/pulse:/bin/false
```

将冒号指定为字段分隔符，我们就可以按照第 7 个字段排序了。

20.2.3 uniq——删除重复行

相较于 sort，uniq 就属于轻量级程序了。uniq 执行的任务较简单，即指定一个排序过的文件（或标准输出），它会删除其中所有的重复行并将结果发送至标准输出。uniq 经常配合 sort 来清除重复输出。

窍门 尽管 uniq 属于传统的 UNIX 工具，多与 sort 配合使用，而 GNU 版本的 sort 支持-u 选项，同样能够删除有序输出中的重复行。

让我们生成一个文本文件试验一下：

```
[me@linuxbox ~]$ cat > foo.txt
a
b
c
a
b
c
```

别忘了按 Ctrl-D 组合键可以终止标准输入。如果我们现在对该文本文件执行

uniq，会得到下列结果：

```
[me@linuxbox ~]$ uniq foo.txt
a
b
c
a
b
c
```

对比发现，这和原文件没什么两样，重复行并没有被删除。要想让 uniq 完成自己的工作，必须先将输入 sort。

```
[me@linuxbox ~]$ sort foo.txt | uniq
a
b
c
```

原因在于 uniq 只能删除连续的重复行。

uniq 有多种选项。表 20-2 列出了其中的常用选项。

表 20-2 常用的 uniq 选项

选项	描述
-c, --count	输出重复行，在其之前加上该行重复出现的次数
-d, --repeated	只输出重复行，不包括非重复行
-f n, --skip-fields=n	忽略每行前 n 个字段。和 sort 一样，字段以空白字符分隔；但不同于 sort，uniq 没有能够设置其他字段分隔符的选项
-i, --ignore-case	在对比行内容的时候忽略大小写
-s n, --skip-chars=n	跳过（忽略）每行开始的前 n 个字符
-u, --unique	只输出不重复的行。忽略重复行

下面使用 uniq 的-c 选项报告文本文件中重复行的数量：

```
[me@linuxbox ~]$ sort foo.txt | uniq -c
      2 a
      2 b
      2 c
```

20.3 切片和切块

接下来我们将讨论的 3 个命令可用于从文件中提取文本列，再将其以别的方式重新组合。

20.3.1 cut——从每行中删除部分内容

cut 可用于从每行提取部分文本并将其输出至标准输出。它能够接受多个文件参数或从标准输入中获取输入。

指定要提取的部分行比较麻烦，可以使用表 20-3 列出的常用选项来指定。

表 20-3 常用的 cut 选项

选项	描述
-c list, --characters=list	提取由 list 定义的部分行。list 可以是一个或多个逗号分隔的数值范围
-f list, --fields=list	从行中提取由 list 定义的一个或多个字段。list 可以包含一个或多个字段，抑或是逗号分隔的字段范围
-d delim. --delimiter=delim	如果指定了-f，则使用 delim 作为字段分隔符。在默认情况下，字段必须由单个制表符分隔
--complement	提取除-c 或-f 指定部分之外的整个文本行

我们也看到了，cut 提取文本的方式"相当死板"。cut 适合从其他程序产生的文件中提取文本，而不是从用户的输入中直接提取。来看一看我们的 distros.txt 文件是否"干净"到足以作为 cat 示例的良好样本。将 cat 与-A 选项一起使用，就能看出该文件是否符合以制表符作为字段分隔符的要求：

```
[me@linuxbox ~]$ cat -A distros.txt
SUSE^I10.2^I12/07/2006$
Fedora^I10^I11/25/2008$
SUSE^I11.0^I06/19/2008$
Ubuntu^I8.04^I04/24/2008$
Fedora^I8^I11/08/2007$
SUSE^I10.3^I10/04/2007$
Ubuntu^I6.10^I10/26/2006$
Fedora^I7^I05/31/2007$
Ubuntu^I7.10^I10/18/2007$
Ubuntu^I7.04^I04/19/2007$
SUSE^I10.1^I05/11/2006$
Fedora^I6^I10/24/2006$
Fedora^I9^I05/13/2008$
Ubuntu^I6.06^I06/01/2006$
Ubuntu^I8.10^I10/30/2008$
Fedora^I5^I03/20/2006$
```

看起来还不错，没有发现内嵌空格，字段之间只有单个制表符。因为文件没用空格符，而是用了制表符，所以我们将使用-f 选项来提取字段：

```
[me@linuxbox ~]$ cut -f 3 distros.txt
12/07/2006
11/25/2008
06/19/2008
04/24/2008
11/08/2007
10/04/2007
10/26/2006
05/31/2007
10/18/2007
04/19/2007
05/11/2006
10/24/2006
05/13/2008
06/01/2006
10/30/2008
03/20/2006
```

由于 distros.txt 文件采用制表符作为分隔符，因此最好使用 cut 提取字段而不是字符。这是因为对于制表符分隔的文件，每行不大可能包含相同数量的字符，这就很难（或者根本不可能）计算行内的字符位置。但在上一个例子中，我们提取的字段很幸运地包含相同长度的数据，因此可以通过提取每行中的年份来说明如何提取字符：

```
[me@linuxbox ~]$ cut -f 3 distros.txt | cut -c 7-10
2006
2008
2008
2008
2007
2007
2006
2007
2007
2007
2006
2006
2008
2006
2008
2006
```

再次对 distros.txt 执行 cut，就可以提取出位置 7～10 的字符，对应于日期字段中的年份。7-10 这种表示法就是字符区间一个示例。cut 的手册页中包含了区间表示法的完整描述。

在处理字段时，也可以指定不同的字段分隔符，不是只能用制表符。下面演示了从/etc/passwd 文件中提取第一个字段：

```
[me@linuxbox ~]$ cut -d ':' -f 1 /etc/passwd | head
root
daemon
bin
sys
sync
games
man
lp
mail
news
```

使用-d 选项，我们可以指定冒号作为字段分隔符。

扩展制表符

distros.txt 文件采用了适合于 cut 提取字段的理想格式。但如果我们希望文件完全能由 cut 按照字符（而非字段）操作，该怎么办？这需要使用相应数量的空格符替换掉文件中的制表符。幸运的是，GNU Coreutils 软件包中就有这么一件工具：expand。该命令接受一个或多个文件参数，也可以接受标准输入，修改后的文本被输出至标准输出。

如果事先通过 expand 处理过 distros.txt 文件，就能直接使用 cut -c 从文件中提取任意范围的字符。例如，我们可以先使用 expand 扩展该文件，再使用 cut 提取每行第 23 个字符到行尾的所有内容，这样就得到了发行年份：

```
[me@linuxbox ~]$ expand distros.txt | cut -c 23-
```

Coreutils 还提供了 unexpand 命令，可以用制表符替换空格符。

20.3.2 paste——合并行

paste 执行的操作和 cut 相反。后者从文件中提取文本列，前者则是将文本列添加到文件中。这是通过读取多个文件，然后将每个文件中的字段合并来实现的。和 cut 一样，paste 也可以接受多个文件参数或标准输入。为了演示 paste 的操作，我们要对 distros.txt 动动“手脚”，从中生成按时间顺序排列的发行清单。

我们先使用 sort 按照日期生成发行版列表并将结果保存在文件 distros-by- date.txt 中：

```
[me@linuxbox ~]$ sort -k 3.7nbr -k 3.1nbr -k 3.4nbr distros.txt > distros-by-date.txt
```

接下来，使用 cut 从文件中提取前两个字段（发行版名称和版本号）并将结果保存在文件 distros-versions.txt 中：

```
[me@linuxbox ~]$ cut -f 1,2 distros-by-date.txt > distros-versions.txt
[me@linuxbox ~]$ head distros-versions.txt
Fedora    10
Ubuntu    8.10
SUSE      11.0
Fedora    9
Ubuntu    8.04
Fedora    8
Ubuntu    7.10
SUSE      10.3
Fedora    7
Ubuntu    7.04
```

最后一步准备工作就是提取发行日期并将结果保存在文件 distro-dates.txt 中：

```
[me@linuxbox ~]$ cut -f 3 distros-by-date.txt > distros-dates.txt
[me@linuxbox ~]$ head distros-dates.txt
11/25/2008
10/30/2008
06/19/2008
05/13/2008
04/24/2008
11/08/2007
10/18/2007
10/04/2007
05/31/2007
04/19/2007
```

万事俱备，只欠东风。收尾工作就是使用 paste 将发行日期列放在发行版名称之前，形成按时间顺序排列的发行清单。实现方法很简单，按照需要的排列位置，调整 paste 的参数顺序即可：

```
[me@linuxbox ~]$ paste distros-dates.txt distros-versions.txt
11/25/2008    Fedora    10
10/30/2008    Ubuntu    8.10
06/19/2008    SUSE      11.0
05/13/2008    Fedora    9
04/24/2008    Ubuntu    8.04
11/08/2007    Fedora    8
10/18/2007    Ubuntu    7.10
10/04/2007    SUSE      10.3
05/31/2007    Fedora    7
```

```
04/19/2007    Ubuntu    7.04
12/07/2006    SUSE      10.2
10/26/2006    Ubuntu    6.10
10/24/2006    Fedora    6
06/01/2006    Ubuntu    6.06
05/11/2006    SUSE      10.1
03/20/2006    Fedora    5
```

20.3.3 join——连接两个文件中具有公共字段的行

在某些方面，join 和 paste 一样，都可以将文本列添加到文件中，只不过前者采用了一种独特的方式来实现。连接（join）操作常见于关系数据库，用于将多个数据表中具有共享关键字字段（shared key field）的数据合并在一起，形成所需的结果。join 命令做的正是这件事。它根据共享关键字字段连接多个文件的数据。

要想知道如何在关系数据库中执行连接操作，让我们来假设有一个包含两个表的数据库，每个表只有一条记录。第一个表 CUSTOMERS 有 3 个字段——客户编号（CUSTNUM）、客户的名（FNAME）、客户的姓（LNAME）：

```
CUSTNUM  FNAME LNAME
======== ===== ======
4681934  John  Smith
```

第二个表 ORDERS 有 4 个字段——订单编号（ORDERNUM）、客户编号（CUSTNUM）、数量（QUAN）、订购商品（ITEM）：

```
ORDERNUM      CUSTNUM   QUAN  ITEM
========      =======   ====  ====
3014953305    4681934   1     Blue Widget
```

注意，两个表共享 CUSTNUM 字段。这一点很重要，因为该字段建立起了这两个表之间的联系。

连接操作允许我们组合两个表中的字段以实现有用的功能，例如准备发票。使用两个表的 CUSTNUM 字段中的匹配值，连接操作会产生下列结果：

```
FNAME  LNAME  QUAN  ITEM
=====  =====  ====  ====
John   Smith  1     Blue Widget
```

为了演示 join 命令，需要生成几个具有共享关键字的文件。为此，要用到 distros-by-date.txt 文件。根据该文件，再构造出另外两个文件。其中一个包含发行日期（作为此次演示的共享关键字）和发行版名称：

```
[me@linuxbox ~]$ cut -f 1,1 distros-by-date.txt > distros-names.txt
[me@linuxbox ~]$ paste distros-dates.txt distros-names.txt > distros-key-names.txt
[me@linuxbox ~]$ head distros-key-names.txt
11/25/2008      Fedora
10/30/2008      Ubuntu
06/19/2008      SUSE
05/13/2008      Fedora
04/24/2008      Ubuntu
11/08/2007      Fedora
10/18/2007      Ubuntu
10/04/2007      SUSE
05/31/2007      Fedora
04/19/2007      Ubuntu
```

第二个文件包含发行日期和版本号：

```
[me@linuxbox ~]$ cut -f 2,2 distros-by-date.txt > distros-vernums.txt
[me@linuxbox ~]$ paste distros-dates.txt distros-vernums.txt > distros-key-vernums.txt
[me@linuxbox ~]$ head distros-key-vernums.txt
11/25/2008      10
10/30/2008      8.10
06/19/2008      11.0
05/13/2008      9
04/24/2008      8.04
11/08/2007      8
10/18/2007      7.10
10/04/2007      10.3
05/31/2007      7
04/19/2007      7.04
```

我们现在有了两个具有共享关键字的文件（“发行日期”字段）。要指出的重要一点是，文件必须依据关键字字段排序，这样 join 才能正常工作：

```
[me@linuxbox ~]$ join distros-key-names.txt distros-key-vernums.txt | head
11/25/2008 Fedora 10
10/30/2008 Ubuntu 8.10
06/19/2008 SUSE 11.0
05/13/2008 Fedora 9
04/24/2008 Ubuntu 8.04
11/08/2007 Fedora 8
10/18/2007 Ubuntu 7.10
10/04/2007 SUSE 10.3
05/31/2007 Fedora 7
04/19/2007 Ubuntu 7.04
```

另外还要注意，在默认情况下，join 使用空白字符作为输入字段分隔符，单个空格符作为输出字段分隔符。可以指定相关选项来修改这种规则，详见 join 手册页。

20.4 比较文本

经常会需要比较文本文件的不同版本。对系统管理者和软件开发者而言，这尤为重要。例如，系统管理者可能要比较配置文件的现有版本和先前版本，从而诊断系统故障。与此类似，软件开发者往往需要查看程序代码都发生了哪些变化。

20.4.1 comm——逐行比较两个已排序的文件

comm 命令比较两个文本文件，显示各自独有的行和共有的行。作为演示，我们使用 cat 创建两个几乎一模一样的文本文件：

```
[me@linuxbox ~]$ cat > file1.txt
a
b
c
d
[me@linuxbox ~]$ cat > file2.txt
b
c
d
e
```

接下来，使用 comm 比较这两个文件：

```
[me@linuxbox ~]$ comm file1.txt file2.txt
a
                b
                c
                d
        e
```

从中可以看到，comm 生成了 3 列输出结果。第一列显示的是第一个文件独有的行，第二列显示的是第二个文件独有的行，第三列显示的则是两个文件所共有的行。comm 还支持-n 选项，其中，n 可以是 1、2 或者 3。在使用时，该选项指定了要禁止显示哪些列。例如，如果只想显示两个文件共有的行，可以禁止输出第一列和第二列。

```
[me@linuxbox ~]$ comm -12 file1.txt file2.txt
b
c
d
```

20.4.2 diff——逐行比较文件

类似于 comm，diff 可用于检测文件之间的差异。然而，diff 要复杂得多，支持多种输出形式，能够一次性处理大量文本文件。软件开发人员经常使用 diff 检查不同版本的源代码之间的差异，进而递归检查整个源代码目录（通常称为源代码树）。diff 的常见用法是创建 diff 文件或补丁，供 patch（后文会讲到）等其他程序使用，或将某个版本的文件转换为另一个版本。

如果我们使用 diff 查看上一个例子中的文件：

```
[me@linuxbox ~]$ diff file1.txt file2.txt
1d0
< a
4a4
> e
```

可以看到，其默认输出格式只简要描述了两个文件之间的差异。在默认格式中，每组变动之前都会有一个形如"范围 操作 范围"（range operation range）的变动命令（change command），它用于描述将第一个文件转换为第二个文件所需的位置和变动类型，如表 20-4 所示。

表 20-4 diff 的变动命令

命令	描述
r1ar2	将第二个文件中位于 r2 处的行追加到第一个文件中的 r1 处
r1cr2	将第一个文件中位于 r1 处的行修改（替换）为第二个文件中位于 r2 处的行
r1dr2	删除第一个文件中位于 r1 处的行，该行也出现在第二个文件中 r2 处

在这种格式中，范围是由逗号分隔的开头行和终止行组成的。作为默认格式（主要是为了 POSIX 合规性以及向后兼容传统的 UNIX 版本的 diff），它并没有另外几种可选格式应用得那么广泛。上下文格式（context format）和合并格式（unified format）是两种更为流行的格式。

上下文格式（-c 选项）如下列所示：

```
[me@linuxbox ~]$ diff -c file1.txt file2.txt
*** file1.txt    2008-12-23 06:40:13.000000000 -0500
--- file2.txt    2008-12-23 06:40:34.000000000 -0500
***************
*** 1,4 ****
- a
  b
  c
  d
```

```
--- 1,4 ----
  b
  c
  d
+ e
```

输出结果以两个文件的名称及其时间戳作为开头。第一个文件用星号标记，第二个文件用连字符标记。在剩下的输出结果中，这两种标记分别代表对应的文件。接下来，我们会看到若干组变动，其中包括上下文行号。在第一组中：

```
*** 1,4 ***
```

这表明第一个文件中的第 1 行～第 4 行。随后还会看到：

```
--- 1,4 ---
```

这表明第二个文件中的第 1 行～第 4 行。表 20-5 描述的 4 种变动指示符中的某一种可以作为变动组内的行开头符。

表 20-5 diff 上下文格式的变动指示符

指示符	含义
无	上下文行。并不表示两个文件之间的差异
-	要删除的行。该行出现在第一个文件中，但不出现在第二个文件中
+	要添加的行。该行出现在第二个文件中，但不出现在第一个文件中
!	要改动的行。该行的两个版本都会显示，各自出现在变动组相应的区域中

合并格式和上下文格式类似，但更简明。该格式由-u 选项指定。

```
[me@linuxbox ~]$ diff -u file1.txt file2.txt
--- file1.txt     2008-12-23 06:40:13.000000000 -0500
+++ file2.txt     2008-12-23 06:40:34.000000000 -0500
@@ -1,4 +1,4 @@
-a
 b
 c
 d
+e
```

上下文格式和合并格式之间较明显的区别在于后者去除了重复的上下文行，使合并格式的输出结果比上下文格式的输出结果更为精简。在上例中，我们看到了和上下文中一样的文件时间戳，后面紧跟着字符串@@ -1,4 +1,4 @@。这指明了变动组内第一个文件中的行和第二个文件中的行。接下来便是各行本身以及默认的 3 行上下文。每一行都以表 20-6 所示的变动指示符开头。

表 20-6 diff 合并格式的变动指示符

指示符	含义
无	该行为两个文件所共有
-	该行要从第一个文件中删除
+	该行要加入第一个文件

20.4.3 patch——对原文件应用 diff 文件

patch 命令能够对文本文件应用改动。它接受 diff 的输出，一般用于将旧版本的文件转换为新版本。举一个众所周知的例子。Linux 内核是由一支规模庞大、组织松散的贡献者团队开发的，他们持续不断地向源代码提交细小的改动。Linux 内核包含数百万行代码，相较而言，一位开发人员的一次改动微乎其微。如果开发人员每做一次小改动，就要向每位开发人员发送整个内核源代码树，这种做法并不实际。实际上，只要发送 diff 文件就够了。diff 文件包含了内核新、旧版本之间的改动内容。接收者只需使用 patch 命令将这些改动应用于自己的内核源代码树即可。diff/patch 提供了两个重要优势。

- 相较于整个源代码树，diff 文件要小得多。
- diff 文件简洁地描述了所做的改动，便于审阅人员快速地对该文件做出评估。

diff/patch 能够处理任何文本文件，并不局限于源代码。二者同样适用于配置文件或其他文本。

为了生成可供 patch 使用的 diff 文件，GNU 文档建议按照下列方式使用 diff:

```
diff -Naur old_file new_file > diff_file
```

其中，old_file 和 new_file 可以是单个文件，也可以是包含多个文件的目录。-r 选项能够对目录树执行递归操作。

只要生成了 diff 文件，就可以将 diff 应用于旧文件，使其成为新版本的文件:

```
patch < diff_file
```

下面用我们的测试文件做演示:

```
[me@linuxbox ~]$ diff -Naur file1.txt file2.txt > patchfile.txt
[me@linuxbox ~]$ patch < patchfile.txt
patching file file1.txt
[me@linuxbox ~]$ cat file1.txt
b
c
d
e
```

在这个例子中，我们创建了名为 patchfile.txt 的 diff 文件，然后使用 patch 应用它。注意，我们不用指定 patch 的目标文件，因为 diff 文件（采用合并格式）已经在文件头部中包含了目标文件名。应用过 diff 文件之后，就可以看到 file1.txt 已经和 file2.txt 一样了。

patch 有很多选项，另外还有一些实用工具可用于分析和编辑 diff 文件。

20.5 即时编辑

我们用过的文本编辑器大多是交互式的，也就是说我们需要手动移动光标，然后输入内容，不过，还有非交互式的文本编辑方式。例如，可以只用一个命令对数个文件应用多处改动。

20.5.1 tr——转写或删除字符

tr 命令可用于转写（transliterate）字符。我们可以将其视为某种基于字符的"搜索—替换"操作。转写是将字母表中的一个字母更改为另一个字母的过程。例如，把小写字母更改为大写字母，这就是转写。我们可以使用 tr 来实现：

```
[me@linuxbox ~]$ echo "lowercase letters" | tr a-z A-Z
LOWERCASE LETTERS
```

如我们所见，tr 对标准输入进行操作，将结果输出至标准输出。tr 接受两个参数：源字符集合和目标字符集合。可以使用下面的 3 种方法来表示字符集合。

- 枚举列表，例如 ABCDEFGHIJKLMNOPQRSTUVWXYZ。
- 字符范围，例如 A-Z。
- POSIX 字符类，例如[:upper:]。

在大多数情况下，两个字符集合的长度应该相同。但是，第一个集合的长度是可以大于第二个集合的，尤其是当我们想将多个字符转换为单个字符的时候：

```
[me@linuxbox ~]$ echo "lowercase letters" | tr [:lower:] A
AAAAAAAAA AAAAAAA
```

除了转写，tr 也可以从输入流中删除字符。在前文中，我们讨论过将 MS-DOS 文本转换为 UNIX 文本的问题，这需要删除每行行尾的回车符。可以通过下列 tr 命令实现：

```
tr -d '\r' < dos_file > unix_file
```

其中，dos_file 是要被转换的文件，unix_file 是转换后的结果。这种命令形式使用了转义字符\r 来表示回车符。下列命令可以查看 tr 支持的转义字符和字符类的完整清单：

```
[me@linuxbox ~]$ tr --help
```

tr还有另一个技巧。使用-s选项，tr能够“挤压”（删除）重复出现的字符：

```
[me@linuxbox ~]$ echo "aaabbbccc" | tr -s ab
abccc
```

现在有一个包含重复字符的字符串。通过制定字符集合ab，我们就可以消除重复出现的字符，对于集合中没有的字符 c，则保持不变。注意，重复字符必须是连续的。如果不是连续的，则不会有挤压效果：

```
[me@linuxbox ~]$ echo "abcabcabc" | tr -s ab
abcabcabc
```

ROT13：不怎么保密的解码器环（decoder ring）

tr的一种有趣用法是对文本执行ROT13编码。ROT13是一种基于简单替换密码的加密方式。把ROT13称为加密（encryption）不太适合，文本混淆（text obfuscation）会更准确些。ROT13有时候用来掩盖文本中令人不适的内容。该方法简单地将每个字母在字母表中向前移动了13个位置。由于移动的位置占了26个字母的一半，所以对文本再执行一次该算法，就可以将文本恢复原样。使用tr，按照下面的方法进行编码：

```
echo "secret text" | tr a-zA-Z n-za-mN-ZA-M
frperg grkg
```

对结果再执行相同的操作：

```
echo "frperg grkg" | tr a-zA-Z n-za-mN-ZA-M
secret text
```

有很多email程序和Usenet新闻阅读器都支持ROT13编码。

20.5.2 sed——用于文本过滤和转换的流编辑器

sed是流编辑器（stream editor）的简称。它可以对文本流（一组指定的文件或标准输入）进行编辑。sed功能强大且比较复杂，所以我们在此不会面面俱到地讲解。

一般而言，sed 的工作方式是这样的：为其指定单个编辑命令（在命令行中）

或者包含多个命令的脚本文件名，然后对文本流中的每行文本执行这些命令。下面是一个简单的 sed 用法示例：

```
[me@linuxbox ~]$ echo "front" | sed 's/front/back/'
back
```

在这个示例中，我们使用 echo 生成了只包含一个单词的文本流，然后将其通过管道传给 sed。由 sed 对流中的文本执行命令 s/front/back/，产生最终输出 back。我们会发现，该命令类似于 Vim 中的“替换（查找—替代）”命令。

sed 中的命令以单字母开头。在上一个例子中，替换命令由字母 s 代表，后面紧跟着“查找—替代”字符串，彼此之间以正斜线作为分隔符。使用什么样的分隔符并不是强制性的。根据惯例，会使用正斜线，但 sed 能够将出现在命令之后的任意字符作为分隔符。我们可以用下面的方式执行同样的命令：

```
[me@linuxbox ~]$ echo "front" | sed 's_front_back_'
back
```

由于下画线紧随命令之后，因此就成为分隔符。能够自由设置分隔符增强了命令的可读性，在后文中我们就会看到这方面的例子。

大多数 sed 命令之前可以添加一个地址，用于指定要编辑输入流中的哪些行。如果省略了该地址，则对输入流中的所有行执行编辑命令。简单的地址形式就是一个行号。我们可以给上例中添加为 1 的地址：

```
[me@linuxbox ~]$ echo "front" | sed '1s/front/back/'
back
```

将地址 1 加入命令使仅对单行输入流中的第一行执行替换操作。如果指定了其他地址，则不执行任何编辑，因为我们的输入流只有一行：

```
[me@linuxbox ~]$ echo "front" | sed '2s/front/back/'
front
```

地址有很多种表示方式，表 20-7 列举了其中常用的一些。

表 20-7 sed 地址方式表示

地址	描述
n	行号，其中 n 为正整数
$	最后一行
/regexp/	匹配 POSIX BRE 的行。注意，正则表达式由正斜线分隔。正则表达式也可以选择使用其他字符分隔，这需要使用\cregexpc 来指定正则表达式，其中的 c 就是分隔符
addr1,addr2	从 addr1 至 addr2 的行范围（包括 addr1 和 addr2）。地址可以是前面所述的任何一种地址形式

续表

地址	描述
first~step	匹配从行号 first 开始，然后间隔依次为 step 的那些行。例如，1~2 指代所有的奇数行，5~5 指代第 5 行和之后所有是 5 倍数的行
addr1,+n	匹配 addr1 和接下来的 n 行
addr!	匹配除 addr 之外的所有行，addr 可以是前面所述的任何一种地址形式

我们将使用本章的 distros.txt 文件演示各种地址表示方式。首先，来看地址范围：

```
[me@linuxbox ~]$ sed -n '1,5p' distros.txt
SUSE           10.2     12/07/2006
Fedora         10       11/25/2008
SUSE           11.0     06/19/2008
Ubuntu         8.04     04/24/2008
Fedora         8        11/08/2007
```

在这个例子中，输出的行范围从第 1 行一直到第 5 行。因此，我们用到了 p 命令，该命令只是简单的输出匹配行。但要想奏效，还必须加入-n 选项（no auto-print 选项），使 sed 不默认输出所有行。

接下来，我们来试一试正则表达式：

```
[me@linuxbox ~]$ sed -n '/SUSE/p' distros.txt
SUSE           10.2     12/07/2006
SUSE           11.0     06/19/2008
SUSE           10.3     10/04/2007
SUSE           10.1     05/11/2006
```

通过加入正斜线分隔的正则表达式/SUSE/，我们就能用类似于 grep 那样的方法提取出匹配的行。

最后，我们在地址后加入!，尝试排除操作：

```
[me@linuxbox ~]$ sed -n '/SUSE/!p' distros.txt
Fedora         10       11/25/2008
Ubuntu         8.04     04/24/2008
Fedora         8        11/08/2007
Ubuntu         6.10     10/26/2006
Fedora         7        05/31/2007
Ubuntu         7.10     10/18/2007
Ubuntu         7.04     04/19/2007
Fedora         6        10/24/2006
Fedora         9        05/13/2008
Ubuntu         6.06     06/01/2006
```

```
Ubuntu          8.10      10/30/2008
Fedora          5         03/20/2006
```

结果和预想的一样：所有不匹配该正则表达式的行都在。

至此，我们介绍了两个 sed 编辑命令：s 和 p。表 20-8 给出了更为完整的 sed 基本编辑命令。

表 20-8 sed 基本编辑命令

命令	描述
=	输出当前行行号
a	将文本追加到当前行之后
d	删除当前行
i	将文本插入当前行之前
p	输出当前行。在默认情况下，sed 会输出所有行，只编辑文件中匹配指定地址的那些行。通过指定-n 选项，可以拒绝该默认行为
q	退出 sed，不再处理剩余的行。如果未指定-n 选项，会输出当前行
Q	退出 sed，不再处理剩余的行
s/regexp/replacement/	将 regexp 匹配的地方替换成 replacement。replacement 可以包含特殊字符&，其代表 regexp 所匹配到的文本。除此之外，replacement 也可以包含序列\1～\9，其代表 regexp 中对应的子表达式所匹配到的文本。在后文讨论向后引用的时候，会更详细地说明。在 replacement 之后的结尾正斜线处，可以指定一些能够改变 s 命令行为的可选标志
y/set1/set2	通过将 set1 中的字符更换成 set2 中对应的字符来执行转写。注意，和 tr 不同的是，sed 要求 set1 和 set2 这两个字符集合的长度必须相同

s 命令是到目前为止常用的编辑命令之一。接下来，我们通过编辑 distros.txt 文件来展示该命令的功能。先前讨论过 distros.txt 中的日期字段没有采用“计算机友好”格式。尽管日期经过了格式化，但如果采用年-月-日的格式会更好（便于排序）。要是手动修改文件的话，那就太费时费力了，而且还容易出错，现在有了 sed，一步就能搞定：

```
[me@linuxbox ~]$ sed 's/\([0-9]\{2\}\)\/\([0-9]\{2\}\)\/\([0-9]\{4\}\
)$/\3-\1-\2/' distros.txt
SUSE            10.2      2006-12-07
Fedora          10        2008-11-25
SUSE            11.0      2008-06-19
Ubuntu          8.04      2008-04-24
Fedora          8         2007-11-08
SUSE            10.3      2007-10-04
Ubuntu          6.10      2006-10-26
Fedora          7         2007-05-31
```

```
Ubuntu         7.10         2007-10-18
Ubuntu         7.04         2007-04-19
SUSE           10.1         2006-05-11
Fedora         6            2006-10-24
Fedora         9            2008-05-13
Ubuntu         6.06         2006-06-01
Ubuntu         8.10         2008-10-30
Fedora         5            2006-03-20
```

只用了一步，就修改了文件中的日期格式。另外也较好地诠释了为什么有时候开玩笑地说正则表达式“只能写，没法看”。书写正则表达式没问题，但有时候却实在看不懂它是什么意思。让我们来看一看这个命令是如何构建起来的。首先，我们知道 sed 命令的基本结构如下：

```
sed 's/regexp/replacement/' distros.txt
```

下一步是要想出一个能够匹配日期的正则表达式。因为日期采用的格式为月/日/年且出现在行尾，所以可以这样写：

```
[0-9]{2}/[0-9]{2}/[0-9]{4}$
```

该正则表达式匹配 2 个数位、1 个正斜线、2 个数位、1 个正斜线、4 个数位以及行尾。好了，regexp 部分搞定了，replacement 部分呢？为此，我们要介绍一个新的正则表达式特性，在一些使用 BRE 的应用中能够找到它的身影。该特性叫作“向后引用”，工作方式是这样的：如果序列\n 出现在 replacement 中，这里的 n 是 1～9 中的一个数字，则此序列指代的是之前的正则表达式中对应的子表达式匹配到的内容。要想创建子表达式，只用将需要的部分放入括号中即可：

```
([0-9]{2})/([0-9]{2})/([0-9]{4})$
```

现在得到了 3 个子表达式。第 1 个包含月份，第 2 个包含月份中的天数，第 3 个包含年份。据此，可以构建出下列 replacement：

```
\3-\1-\2
```

这样就得到了年份、连字符、月份、连字符、天数。

于是，整个命令行如下：

```
sed 's/([0-9]{2})/([0-9]{2})/([0-9]{4})$/\3-\1-\2/' distros.txt
```

这时还存在两个问题。首先，在 sed 执行 s 命令时，正则表达式中多余的正斜线会造成混淆。其次，由于 sed 默认只接受 BRE，因此正则表达式中一些本作为元字符的字符会被当作文字字符。这两个问题的解决方法是使用反斜线转义会出问题的字符：

```
sed 's/\([0-9]\{2\}\)\/\([0-9]\{2\}\)\/\([0-9]\{4\}\)$/\3-\1-\2/' distros.txt
```

大功告成！

s 命令的另一个特性是可以在 replacement 部分之后使用一些可选的标志。其中重要的就是 g 标志，可用于告知 sed 要对文本行进行全局查找和替换，而不再是默认只针对首个匹配项。来看一个例子：

```
[me@linuxbox ~]$ echo "aaabbbccc" | sed 's/b/B/'
aaaBbbccc
```

可以看到，sed 仅对第一个字符 b 进行了替换，剩下的字符 b 原封未动。加入 g 标志之后，我们就可以修改所有的匹配项了：

```
[me@linuxbox ~]$ echo "aaabbbccc" | sed 's/b/B/g'
aaaBBBccc
```

到目前为止，我们只通过命令行为 sed 指定了单个命令。其实也可以在脚本文件中构造更为复杂的命令，然后用-f 选项指定。作为演示，我们使用 sed 来处理 distros.txt 文件，生成一份报告。报告中包含顶部的标题、修改日期以及被转换为大写字母的所有发行版名称。为此，我们需要编写一个脚本，启动文本编辑器并输入如下内容：

```
# sed 脚本生成 Linux 发行版报告

1 i\
\
Linux Distributions Report\

s/\([0-9]\{2\}\)\/\([0-9]\{2\}\)\/\([0-9]\{4\}\)$/\3-\1-\2/
y/abcdefghijklmnopqrstuvwxyz/ABCDEFGHIJKLMNOPQRSTUVWXYZ/
```

将这个 sed 脚本保存为 distros.sed 并执行：

```
[me@linuxbox ~]$ sed -f distros.sed distros.txt

Linux Distributions Report

SUSE            10.2        2006-12-07
FEDORA          10          2008-11-25
SUSE            11.0        2008-06-19
UBUNTU          8.04        2008-04-24
```

```
FEDORA          8          2007-11-08
SUSE            10.3       2007-10-04
UBUNTU          6.10       2006-10-26
FEDORA          7          2007-05-31
UBUNTU          7.10       2007-10-18
UBUNTU          7.04       2007-04-19
SUSE            10.1       2006-05-11
FEDORA          6          2006-10-24
FEDORA          9          2008-05-13
UBUNTU          6.06       2006-06-01
UBUNTU          8.10       2008-10-30
FEDORA          5          2006-03-20
```

可以看到，脚本生成了我们想要的结果，但这是怎么做到的？来看一看这个脚本。我们使用 cat 标记行号：

```
[me@linuxbox ~]$ cat -n distros.sed
    1 sed 脚本生成 Linux 发行版报告
    2
    3 1 i\
    4 \
    5 Linux Distributions Report\
    6
    7 s/\([0-9]\{2\}\)\/\([0-9]\{2\}\)\/\([0-9]\{4\}\)$/\3-\1-\2/
    8 y/abcdefghijklmnopqrstuvwxyz/ABCDEFGHIJKLMNOPQRSTUVWXYZ/
```

第 1 行是注释。与 Linux 系统使用的许多配置文件和编程语言一样，以#字符开头，然后是人类可读的文本。注释可以出现在脚本中的任何位置（但不能在命令之内），有助于用户阅读或维护脚本。

第 2 行是空行。和注释一样，加入空行也是为了增强可读性。

很多 sed 命令都支持行地址，这些行地址用于指定哪些输入行要接受指定操作。行地址的表达方式可以是单个行号，也可以是行号范围和$（表示最后一行输入）。

第 3～6 行包含要被插入地址 1 处（第一行输入）的文本。i 命令之后的反斜线和回车符序列形成了转义回车符，或者叫作续行符（line-continuation character）。这种序列也可用于包括 Shell 脚本在内的许多文件，它允许在文本流中嵌入回车符，告知解释器（在本例中为 sed）此处并非行尾。i 命令、a 命令（追加文本）以及 c 命令（替换文本）能够处理多个文本行，只要除最后一行以外，其余各行均以续行符结尾。脚本中的第 6 行就是插入文本的末尾，以普通的回车符（而非续行符）作为结尾，表明 i 命令结束。

注意 续行符由反斜线和紧随其后的回车符组成，中间不能有空格。

第 7 行是替换命令。因为没有地址前缀，所以会对输入流中的每一行都执行操作。

第 8 行将小写字母转写为大写字母。注意，和 tr 命令不同，sed 的 y 命令不支持字符范围（如[a-z]），也不支持 POSIX。又因为 y 命令之前没有指定地址，所以它将应用于输入流中的每一行。

喜欢 sed 的人可能也喜欢其他工具

sed 能力不凡，可以对文本流执行颇为复杂的编辑任务。它多用于那些简单的、一行命令就能搞定的任务，较少用于长脚本。对于较大型的任务，很多用户则偏向于其他工具，其中较受欢迎的就是 awk 和 perl。这两者超出了本书谈论的工具程序范畴，已经延伸到了完备的编程语言领域。尤其是 perl，它经常取代 Shell 脚本用于大量系统管理任务，同时它也是流行的 Web 开发语言。awk 则更专业一些，尤其擅长处理表格型数据。它与 sed 的相似之处在于，awk 通常也逐行处理文本文件，采用的方案与 sed 的地址加操作类似。虽然 awk 和 perl 都不在我们的讨论范围中，但对于 Linux 命令行用户来说，它们值得学习。

20.5.3 aspell——交互式拼写检查器

要介绍的最后一个工具是交互式拼写检查器 aspell。aspell 接替了早期的 ispell，在多数情况下，前者可以直接取代后者。尽管 aspell 多为需要拼写检查功能的程序所用，但也可以作为独立的命令行工具发挥效用。它能够智能地检查各种文本文件，其中包括 HTML 文档、C/C++程序、电子邮件等。

要对一篇简单的散文进行拼写检查，可以这样做：

```
aspell check textfile
```

其中，textfile 是待检测文件的名称。作为示例，我们先创建一个名为 foo.txt 的简单文本文件，其中包含一些故意的拼写错误：

```
[me@linuxbox ~]$ cat > foo.txt
The quick brown fox jimped over the laxy dog.
```

接下来，我们使用 aspell 来检查：

```
[me@linuxbox ~]$ aspell check foo.txt
```

aspell 在检查模式下是交互式的，我们会看到如下内容：

```
The quick brown fox jimped over the laxy dog.

1) jumped                          6) wimped
2) gimped                          7) camped
3) comped                          8) humped
4) limped                          9) impede
5) pimped                          0) umped
i) Ignore                          I) Ignore all
r) Replace                         R) Replace all
a) Add                             l) Add Lower
b) Abort                           x) Exit

?
```

在屏幕顶部，疑似有拼写错误的单词会被高亮显示。在中间，可以看到 10 个拼写建议，编号为 0～9，接着是能够执行的操作清单。在底部，有一个随时准备接受用户选择的提示符。

如果我们输入 1，aspell 会使用单词 jumped 替换错误的单词并移动到下一个拼写错误的单词 laxy 处。如果选择用 lazy 替换，aspell 则执行该操作，然后终止。结束检查之后，再次查看文件，会发现那些拼写错误的单词都已经纠正过来了：

```
[me@linuxbox ~]$ cat foo.txt
The quick brown fox jumped over the lazy dog.
```

除非通过命令行选项--dont-backup 事先告知，否则 aspell 将会创建一个包含原始文本的备份文件，其名称是在原文件名加上扩展名.bak。

为了展示 sed 的编辑能力，我们恢复先前的拼写错误，以便重新使用原文件：

```
[me@linuxbox ~]$ sed -i 's/lazy/laxy/; s/jumped/jimped/' foo.txt
```

选项-i 告知 sed“就地（in-place）”编辑指定文件，这意味着 sed 不再把编辑过的输出结果发送至标准输出，而是直接将其写入文件。我们另外还可以在一行中写入多个编辑命令，彼此之间使用分号分隔。

接下来，我们来看一看 aspell 如何处理不同种类的文本文件。使用文本编辑器（如 Vim，也可能会想试一试 sed）在文件中添加一些 HTML 标签：

```
<html>
        <head>
                <title>Mispelled HTML file</title>
```

```
    </head>
    <body>
        <p>The quick brown fox jimped over the laxy dog.</p>
    </body>
</html>
```

如果我们现在尝试对改动后的文件进行拼写检查，就会碰到问题。输入下列命令：

```
[me@linuxbox ~]$ aspell check foo.txt
```

得到的结果如下：

```
<html>
    <head>
        <title>Mispelled HTML file</title>
    </head>
    <body>
        <p>The quick brown fox jimped over the laxy dog.</p>
    </body>
</html>

1) HTML                         4) Hamel
2) ht ml                        5) Hamil
3) ht-ml                        6) hotel
i) Ignore                       I) Ignore all
r) Replace                      R) Replace all
a) Add                          l) Add Lower
b) Abort                        x) Exit

?
```

aspell 发现 HTML 标签内容拼写有误，加入检查模式选项-H（HTML）就能解决这个问题：

```
[me@linuxbox ~]$ aspell -H check foo.txt
```

这次得到如下结果：

```
<html>
    <head>
        <title> Mispelled HTML file</title>
    </head>
    <body>
        <p>The quick brown fox jimped over the laxy dog.</p>
    </body>
```

```
</html>

1) Mi spelled                    6) Misapplied
2) Mi-spelled                    7) Miscalled
3) Misspelled                    8) Respelled
4) Dispelled                     9) Misspell
5) Spelled                       0) Misled
i) Ignore                        I) Ignore all
r) Replace                       R) Replace all
a) Add                           l) Add Lower
b) Abort                         x) Exit

?
```

文本中的 HTML 标签被忽略，只检查非标签部分内容。在该模式中，忽略 HTML 标签，不检查其拼写。然而，ALT 标签的内容（受益于拼写检查）仍需要接受检查。

注意 在默认情况下，aspell 会忽略文本中的 URL 和电子邮件地址。可以通过命令行选项禁止这种行为；也可以指定哪些标签需要被检查，哪些不用检查，详见 aspell 的手册页。

20.6 总结

在本章中，我们介绍了一些可用于文本编辑的命令行工具。其实还有很多有意思的文本操作命令值得一探究竟，包括 split（分割文件）、csplit（基于上下文分割文件）以及 sdiff（并排显示文件差异）。

第 21 章还会接着介绍更多工具。不得不承认，虽然我们努力展示了一些实践用法，但对于日常生活中如何使用或者为什么要使用这些工具的问题，答案似乎并不是那么显而易见。在后文中，我们会发现用于解决各种实际问题的工具集的基础正是这些工具。这一点在接触 Shell 脚本编程的时候体现得淋漓尽致，它们届时才会真正展现出其价值。

第21章

格式化输出

在本章中，我们将继续研究与文本相关的工具，重点放在格式化文本输出而非更改文本本身的程序上。这些工具多用于准备最终打印的文本，我们将在第22章中介绍打印。本章将学习下列命令。

- nl：对行进行编号。
- fold：在指定长度处折行。
- fmt：一个简单的文本格式化工具。
- pr：格式化要输出的文本。
- printf：格式化并输出数据。
- groff：文档格式化系统。

21.1 简单的格式化工具

我们先来看几个简单的格式化工具。这些工具大多是单一用途的程序，其工作方式并不复杂，但是可以用于小型任务或作为管道和脚本的一部分。

21.1.1 nl——对行进行编号

nl 命令颇为神秘，它执行的任务非常简单：对行进行编号。其简单用法类似于 cat–n：

```
[me@linuxbox ~]$ nl distros.txt | head
     1	SUSE	10.2	12/07/2006
     2	Fedora	10	11/25/2008
     3	SUSE	11.0	06/19/2008
     4	Ubuntu	8.04	04/24/2008
     5	Fedora	8	11/08/2007
     6	SUSE	10.3	10/04/2007
     7	Ubuntu	6.10	10/26/2006
     8	Fedora	7	05/31/2007
     9	Ubuntu	7.10	10/18/2007
    10	Ubuntu	7.04	04/19/2007
```

和 cat 一样，nl 可以接受多个文件参数或标准输入。但是，nl 具有很多选项，支持原始形式的标记，能够实现更为复杂的编号。

nl 支持一个叫作“逻辑页”（logical pages）的特性，这使其在进行编号时能够重置（重新开始）数值序列。利用该特性，nl 可以指定特定的开头编号并在一定程度上设置编号格式。逻辑页又被进一步划分为页眉、正文及页脚。在每一个部分中，行号都可以重置或设置不同的样式。如果指定了多个文件参数，nl 会将这些文件视为单个文本流。文本流中的各个部分由文本中所加入的一些标记来指示，如表 21-1 所示。

表 21-1 nl 标记

标记	含义
\:\:\:	逻辑页页眉的开始
\:\:	逻辑页正文的开始
\:	逻辑页页脚的开始

表 21-1 所示的每个标记都必须出现在单独一行中。处理完标记之后，nl 会将其从文本流中删除。

表 21-2 列举了常用的 nl 选项。

表 21-2 常用的 nl 选项

选项	含义
-b sytle	将正文编号设置为 style，其中的 style 可以是下列取值之一： a 表示编号所有行； t 表示仅编号非空行，这是默认值； n 表示不编号； pregexp 表示仅编号匹配 BRE regexp 的行

续表

选项	含义
-f style	将页脚编号设置为 style。默认值为 n（无）
-h style	将页眉编号设置为 style。默认值为 n（无）
-i number	将页面编号增量设置为 number。默认值为 1
-n format	将页面编号格式设置为 format，其中的 format 可以是下列取值之一： ln 表示左对齐，不进行 0 填充（without leading zeros）； rn 表示右对齐，不进行 0 填充，这是默认值； rz 表示右对齐，进行 0 填充
-p	不在每个逻辑页开头处重置页面编号
-s string	在每行行号之后添加 string 作为分隔符。默认值是单个制表符
-v number	将每个逻辑页中第一行的编号设置为 number。默认值是 1
-w width	将行号字段的宽度设置为 width。默认值是 6

必须承认，我们可能不会频繁地对行进行编号，但是可以了解如何使用 nl 配合其他工具执行更复杂的任务。我们将在第 20 章的工作基础上来生成 Linux 发行版报告。因为要用到 nl，所以在报告中加入页眉/正文/页脚标记会更实用。我们可以用第 20 章的 sed 脚本来添加这些标记。使用文本编辑器，对 sed 脚本文件做如下改动，并将其保存为 distros-nl.sed：

```
# sed 脚本生成 Linux 发行版报告

1 i\
\\:\\:\\:\
\
Linux Distributions Report\
\
Name         Ver.   Released\
----         ----   --------\
\\:\\:
s/\([0-9]\{2\}\)\/\([0-9]\{2\}\)\/\([0-9]\{4\}\)$/\3-\1-\2/
$ a\
\\:\
\
End Of Report
```

该脚本完成了插入 nl 逻辑页标记以及在报告末尾添加页脚的任务。注意，输入标记时必须使用双反斜线，否则会被 sed 理解为转义字符。

接下来，配合使用 sort、sed、nl，生成我们的增强版报告：

```
[me@linuxbox ~]$ sort -k 1,1 -k 2n distros.txt | sed -f distros-nl.sed | nl

         Linux Distributions Report

         Name     Ver.     Released
         ----     ----     --------

     1   Fedora   5        2006-03-20
     2   Fedora   6        2006-10-24
     3   Fedora   7        2007-05-31
     4   Fedora   8        2007-11-08
     5   Fedora   9        2008-05-13
     6   Fedora   10       2008-11-25
     7   SUSE     10.1     2006-05-11
     8   SUSE     10.2     2006-12-07
     9   SUSE     10.3     2007-10-04
    10   SUSE     11.0     2008-06-19
    11   Ubuntu   6.06     2006-06-01
    12   Ubuntu   6.10     2006-10-26
    13   Ubuntu   7.04     2007-04-19
    14   Ubuntu   7.10     2007-10-18
    15   Ubuntu   8.04     2008-04-24
    16   Ubuntu   8.10     2008-10-30



         End Of Report
```

通过命令管道，我们生成了最终的报告。首先，根据发行版名称和版本号（字段 1 和字段 2）进行排序；然后，使用 sed 处理排序结果，添加报告的页眉（包括 nl 的逻辑页标记）和页脚；最后，使用 nl 处理 sed 的输出结果。在默认情况下，nl 只对属于逻辑页正文部分的文本流进行行编号。

我们可以重复执行 nl，尝试不同的选项。一些值得注意的选项如下：

```
nl -n rz
```

以及：

```
nl -w 3 -s ' '
```

21.1.2 fold——在指定长度处折行

折行（folding）是将文本行在指定宽度处断开的过程。和其他命令一样，fold

可以接受一个或多个文件参数，也可以接受标准输入。如果我们向 fold 发送一个简单的文本流，就能看出它是如何工作的：

```
[me@linuxbox ~]$ echo "The quick brown fox jumped over the lazy dog." | fold -w 12
The quick br
own fox jump
ed over the
lazy dog.
```

echo 命令输出的文本被按照-w 选项指定的值拆成了多个片段。在本例中，我们将行宽指定为 12 个字符。如果未指定行宽，则默认为 80 个字符。注意，折行的时候并不考虑单词边界。如果加入-s 选项，fold 会在指定行宽之前的最后一个可用空格处将文本断开：

```
[me@linuxbox ~]$ echo "The quick brown fox jumped over the lazy dog." | fold -w 12 -s
The quick
brown fox
jumped over
the lazy
dog.
```

21.1.3 fmt——一个简单的文本格式化工具

fmt 命令也可以将文本折行，不过它能做的可远不止这些。该命令接受文件参数或标准输入，对文本流执行段落格式化操作。基本上，fmt 会在保留空行和缩进的同时对文本进行填充和连接。

作为演示，我们需要一些文本，就从 fmt 的 info 页中提取文本：

```
   'fmt' reads from the specified FILE arguments (or standard input if none
are given), and writes to standard output.

   By default, blank lines, spaces between words, and indentation are
preserved in the output; successive input lines with different
indentation are not joined; tabs are expanded on input and introduced on
output.

   'fmt' prefers breaking lines at the end of a sentence, and tries to avoid
line breaks after the first word of a sentence or before the last word of a
sentence. A "sentence break" is defined as either the end of a paragraph
or a word ending in any of '.?!', followed by two spaces or end of line,
ignoring any intervening parentheses or quotes. Like TeX, 'fmt' reads entire
"paragraphs" before choosing line breaks; the algorithm is a variant of that
given by Donald E. Knuth and Michael F. Plass in "Breaking Paragraphs Into
Lines", 'Software--Practice & Experience' 11, 11 (November 1981), 1119-1184.
```

将这段文字复制到文本编辑器中，并将其保存为 fmt-info.txt。假设我们现在想重新格式化该文本，使其能够适应 50 字符的列宽。这可以通过 fmt 的-w 选项来实现：

```
[me@linuxbox ~]$ fmt -w 50 fmt-info.txt | head
   'fmt' reads from the specified FILE arguments
   (or standard input if
none are given), and writes to standard output.

   By default, blank lines, spaces between words,
   and indentation are
preserved in the output; successive input lines
with different indentation are not joined; tabs
are expanded on input and introduced on output.
```

好吧，输出结果是够难看的了。可能我们读过下面这段话就能明白这个输出结果是怎么回事了。

在默认情况下，空行、单词之间的空格、缩进都会在输出结果中保留；具有不同缩进的连续输入行不会被连接在一起；制表符会在输入中扩展并出现在输出结果中。

因此，fmt 保留了第一行的缩进。好在 fmt 提供了一个选项，可以纠正这种行为：

```
[me@linuxbox ~]$ fmt -cw 50 fmt-info.txt
   'fmt' reads from the specified FILE arguments
(or standard input if none are given), and writes
to standard output.

   By default, blank lines, spaces between words,
and indentation are preserved in the output;
successive input lines with different indentation
are not joined; tabs are expanded on input and
introduced on output.

   'fmt' prefers breaking lines at the end of a
sentence, and tries to avoid line breaks after
the first word of a sentence or before the
last word of a sentence. A "sentence break"
is defined as either the end of a paragraph
or a word ending in any of '.?!', followed
by two spaces or end of line, ignoring any
intervening parentheses or quotes. Like TeX,
'fmt' reads entire "paragraphs" before choosing
line breaks; the algorithm is a variant of
that given by Donald E. Knuth and Michael F.
Plass in "Breaking Paragraphs Into Lines",
'Software--Practice & Experience' 11, 11
(November 1981), 1119-1184.
```

看起来好多了。加入-c 选项后，我们得到了想要的结果。

fmt 还有一些值得注意的选项，如表 21-3 所示。

表 21-3 fmt 选项

选项	描述
-c	在冠边距（crown margin）模式下操作。该模式保留段落前两行缩进、后续行对第二行的缩进
-p string	仅格式化以 string 开头的行。经过格式化之后，string 被作为重新格式化后的各行的开头。该选项可用于格式化源代码注释中的文本。例如，只要是使用#标识注释的编程语言或配置文件，都可以通过指定 p '# '只格式化注释部分。参见后文示例
-s	纯分割（split only）模式。在此模式中，仅分割行以适应指定列宽，不会连接短行进行填充。在格式化不适合连接的文本时（例如源代码），该选项就能派上用场了
-u	均匀间隔（uniform spacing）。对文本应用传统的“打字机样式”（typewriter style）格式。这意味着单词之间间隔一个空格符，句子之间间隔两个空格符。该模式有助于删除对齐，也就是说，用空格符填充文本，将左右两边的空白处强制对齐
-w width	格式化文本以适应 width 个字符的列宽，默认值是 75 个字符。注意，为了实现行平衡（line balancing），fmt 实际格式化的行的长度会比指定的列宽略微小一点

-p 选项尤为值得注意。利用该选项，我们就可以选择性地格式化文件中的特定部分，前提是待格式化的行均以相同的字符序列开头。很多编程语言都使用#作为注释的开头，因此可以用-p 选项格式化注释文本。让我们仿照使用注释的程序来创建一个文件：

```
[me@linuxbox ~]$ cat > fmt-code.txt
# 该文件包含带有注释的代码

# 这一行是注释
# 后面是另一个注释行
# 另一个注释

This, on the other hand, is a line of code.
And another line of code.
And another.
```

这个简单的文件中包含以字符串# （#后面紧随一个空格符）开头的注释和不以此开头的“代码”行。我们现在使用 fmt 格式化注释，代码部分不改动：

```
[me@linuxbox ~]$ fmt -w 50 -p '# ' fmt-code.txt
# 该文件包含带有注释的代码

# 这一行是注释
# 后面是另一个注释行
# 另一个注释
```

```
This, on the other hand, is a line of code.
And another line of code.
And another.
```

注意，相邻的注释行会被连接，而空行和不以指定内容开头的行则保留。

21.1.4 pr——格式化要输出的文本

pr 命令用于对文本进行分页。在输出文本时，通常会用几行空白分隔输出页面，以便为各页提供上边距和下边距。此外，这部分空白还可用于在每个页面内插入页眉和页脚。

我们通过将 distros.txt 文件格式化为一系列小号页面（只显示前两页）来演示 pr 的用法：

```
[me@linuxbox ~]$ pr -l 15 -w 65 distros.txt


2016-12-11 18:27            distros.txt              Page 1


SUSE        10.2    12/07/2006
Fedora      10      11/25/2008
SUSE        11.0    06/19/2008
Ubuntu      8.04    04/24/2008
Fedora      8       11/08/2007




2016-12-11 18:27            distros.txt              Page 2


SUSE        10.3    10/04/2007
Ubuntu      6.10    10/26/2006
Fedora      7       05/31/2007
Ubuntu      7.10    10/18/2007
Ubuntu      7.04    04/19/2007
```

在这个例子中，我们指定了-l 选项（页面长度）和-w 选项（页面宽度），将页面定义为长 15 行、宽 65 列。pr 对 distros.txt 文件进行分页，使用若干空白行分隔每个页面，同时生成了包括文件修改时间、文件名、页码在内的默认页眉。pr 提供了众多可用于控制页码布局的选项，在第 22 章中我们还会讲到。

21.1.5 printf——格式化并输出数据

不同于本章中的其他命令，printf 命令不适用于管道（不接受标准输入），也较少直接在命令行上使用（多用于脚本）。那它的重要性在哪里？因为其应用范围很广。

printf（打印格式，print formatted 的缩写）最初是为 C 语言开发的，如今已被包括 Shell 语言在内的大量编程语言所使用。事实上，printf 是 Bash 的内建命令。

printf 的用法如下：

```
printf "format" arguments
```

可以为该命令指定一个包含格式描述的字符串，这个字符串随后会被应用于参数列表。格式化后的结果输出至标准输出。下面是一个简单的例子：

```
[me@linuxbox ~]$ printf "I formatted the string: %s\n" foo
I formatted the string: foo
```

格式化字符串可以包含普通文本（如 I formatted the string:）、转义序列（如\n）以及称为“转换说明”（conversion specifications）的以%开头的序列。在上面的例子中，转换说明%s 被用于格式化字符串 foo 并将其置入命令输出。再来看一个例子：

```
[me@linuxbox ~]$ printf "I formatted '%s' as a string.\n" foo
I formatted 'foo' as a string.
```

我们可以看到，转换说明%s 被命名输出中的字符串 foo 替换。s 转换用于格式化字符串。其他类型的数据也有对应的说明符（specifier）。表 21-4 列举了常用的 printf 数据类型说明符。

表 21-4 常用的 printf 数据类型说明符

说明符	描述
d	将数字格式化为有符号十进制整数
f	格式化并输出浮点数
o	将整数格式化为八进制数
s	格式化字符串
x	将整数格式化为十六进制数，根据需要使用小写字母 a～f
X	和 x 功能一样，只不过使用的是大写字母 A～F
%	输出普通的%（指定%%）

我们将使用字符串 380 演示各种说明符的效果：

```
[me@linuxbox ~]$ printf "%d, %f, %o, %s, %x, %X\n" 380 380 380 380 380 380
380, 380.000000, 574, 380, 17c, 17C
```

因为我们指定了 6 个说明符，所以也必须提供 6 个参数以供 printf 处理，最后得到的 6 个结果展示了各个说明符的效果。

说明符还可以添加一些可选组件以调整输出。一个完整的转换说明包括：

```
%[flags][width][.precision]conversion_specification
```

如果用到了多个可选组件，那么它们必须按照上述顺序出现，只有这样该命令才能被正确解释。表 21-5 描述了 printf 转换说明的组件。

表 21-5 printf 转换说明的组件

组件	描述
flags	共有如下 5 种不同的标志。 #：使用替代格式输出。替代格式取决于数据类型。对于 o（八进制）转换，输出结果加上前缀 0。对于 x 和 X（十六进制）转换，输出结果分别加上前缀 0x 和 0X 0（数字 0）：使用 0 填充输出结果。这意味着会在字段前添加 0，例如 000380 -（连字符）：左对齐输出。默认情况下，printf 右对齐输出 ' '（空格符）：为正数生成一个前导空格符 +（加号）：正数符号。默认情况下，printf 只输出负数的符号
width	一个指定字段最小宽度的数字
.precision	对于浮点数，指定了小数点后输出的精度位数。对于字符串转换，指定了输出字符个数

表 21-6 列举了 printf 转换说明示例。

表 21-6 printf 转换说明示例

参数	格式	结果	说明
380	"%d"	380	简单的整数格式化
380	"%#x"	0x17c	使用“替代格式”标志将整数格式化为十六进制数
380	"%05d"	00380	使用前导数字 0（填充）并指定字段最小宽度为 5 个字符
380	"%05.5f"	380.00000	将数字格式化为精确到小数点后 5 位的浮点数，位数不足用 0 填充。由于指定的字段最小宽度（5）少于格式化后实际宽度，因此此处并未进行填充
380	"%010.5f"	0380.00000	将字段最小宽度增至 10，现在就能看到填充效果了
380	"%+d"	+380	+标志表示为正数
380	"%-d"	380	-标志表示左对齐
abcdefghijk	"%5s"	abcedfghijk	以字段最小宽度格式化字符串
abcdefghijk	"%.5s"	abcde	对字符串设置精度，导致其被截断

同样，printf 在脚本中大部分时候用于格式化表格型数据，并不直接在命令行中使用。不过，我们仍然可以用其解决各种格式化问题。首先，来输出一些由制表符分隔的字段：

```
[me@linuxbox ~]$ printf "%s\t%s\t%s\n" str1 str2 str3
str1    str2    str3
```

通过插入\t（制表符的转义字符），我们实现了想要的效果。接着，来看一些格式整齐的数字：

```
[me@linuxbox ~]$ printf "Line: %05d %15.3f Result: %+15d\n" 1071 3.14156295
32589
Line: 01071           3.142 Result:          +32589
```

以上展示了字段最小宽度对字段间隔的效果。那么，该如何格式化简单的 Web 页面呢？

```
[me@linuxbox ~]$ printf "<html>\n\t<head>\n\t\t<title>%s</title>\n\t</head>\n\
t<body>\n\t\t<p>%s</p>\n\t</body>\n</html>\n" "Page Title" "Page Content"
<html>
        <head>
                <title>Page Title</title>
        </head>
        <body>
                <p>Page Content</p>
        </body>
</html>
```

21.2 文档格式化系统

到目前为止，我们只介绍了一些简单的文本格式化工具。这些工具适用于简单的小型任务，但对于大型任务呢？UNIX 系统之所以能够在技术圈和科学界流行起来，其原因之一（除了为各种软件开发提供了强大的多任务、多用户环境）就在于拥有可用于生成多种类型文档，尤其是科学和学术出版物的各色工具。事实上，正如 GNU 文档所言，UNIX 的发展离不开文档。

UNIX 系统的首个版本是在贝尔实验室的 PDP-7 上开发的。1971 年，开发人员想要一台 PDP-11，以便进一步开展系统的研发工作。为了充分证明该系统物有所值，他们提议可以为 AT&T 专利部门实现一种文档格式化系统。于是，J.F.奥桑纳（J.F.Ossanna）制作了第一个格式化程序，重新实现了麦克罗伊（McIllroy）编写的 roff。

文档格式化器领域内主要有两大派系：一派源自最初的roff程序，其中包括nroff

和 troff；另一派则基于唐纳德·欧文·克努特（Donald Ervin Knuth）的 TEX（发音为 tek）排版系统。

roff 取名自“I'll run off a copy for you”（我给你复印一份）中的短语 run off。nroff 程序用于格式化要输出到使用等宽字体设备上的文档，例如字符终端和打字机式打印机。它支持几乎所有与计算机相连的打印设备。后来的 troff 则用于格式化要输出到排字机（typesetter）上的文档，这类设备能够产生直接交付商业印刷的格式（camera-ready）[1]。如今，大多数计算机所用的打印机能模拟排字机的输出。roff 派系还包含了一些用于处理文档部分内容的程序，其中包括 eqn（针对数学方程式）和 tbl（针对表格）。

TEX 系统（其稳定版本）首次出现于 1989 年，并且在一定程度上取代了 troff，成为排字机输出的首选工具。本书不讨论 TEX，不仅因为其复杂性（有相关的专著），还因为多数现代 Linux 系统并未默认安装它。

窍门　如果你对安装 TEX 感兴趣，可以查看 texlive 软件包（在大多数 Linux 发行版仓库中能找到）和 LyX 图形内容编辑器。

---

groff

groff 是包含 troff 的 GNU 实现在内的一组程序，另外还包括用于仿真 nroff 和 roff 派系其他功能的脚本。

虽然 roff 及其衍生版都可用来制作格式化文档，但其采用的方式对现代用户而言却颇为陌生。如今多数文档都是用文字处理器生成的，文字处理器只用一步就能完成文档的编写和布局。在图形化文字处理器问世之前，生成文档通常包括两个步骤：使用文本编辑器编写内容，使用 troff 这类处理工具进行格式化。格式化工具的命令都已经通过标记语言嵌入所编写的文本中。这个过程类似于现代的 Web 页面，后者使用某种文本编辑器编写，通过 HTML 描述最终页面的布局，然后由 Web 浏览器渲染。

我们不打算全面介绍 groff，因为其标记语言的很多元素处理的都是一些相当晦涩的排版细节。我们将注意力放在依然被广泛应用的宏软件包（macro package）上。这些宏软件包将多个低阶命令汇聚成少量的高阶命令集，从而大大简化了 groff 的使用。

稍等片刻，让我们先来考虑手册页。它作为经过 gzip 压缩的文本文件，位于 /usr/share/man 目录中。其解压缩之后的内容如下（ls 手册页的第 1 节）：

---

[1] 在没有出现电子照排系统和互联网以前，人们先使用打印机将文章打印出来，投稿的时候，通过邮局寄送纸稿。出版社在排版、印刷及出版时，会先用照相机对纸稿进行拍照，再制版、印刷。因此，要求作者寄出的文章必须是已经排版好的最终版本，这样拍照后就可以将其直接用于后续出版环节。这就是 camera-ready 一词的由来，与之对应的词则是 manuscript。——译者注

```
[me@linuxbox ~]$ zcat /usr/share/man/man1/ls.1.gz | head

.\" DO NOT MODIFY THIS FILE! It was generated by help2man 1.47.3.
.TH LS "1" "January 2018" "GNU coreutils 8.28" "User Commands"
.SH NAME
ls \- list directory contents
.SH SYNOPSIS
.B ls
[\fI\,OPTION\/\fR]... [\fI\,FILE\/\fR]...
.SH DESCRIPTION
.\" Add any additional description here
.PP
```

与正常显示的手册页比较，可以看出标记语言与其显示效果之间的关系：

```
[me@linuxbox ~]$ man ls | head
LS(1)                        User Commands                       LS(1)


NAME
       ls - list directory contents

SYNOPSIS
       ls [OPTION]... [FILE]...
```

我们对此感兴趣的原因在于手册页是由 groff 使用 mandoc 宏软件包渲染的。事实上，我们可以使用下列管道模拟 man 命令：

```
[me@linuxbox ~]$ zcat /usr/share/man/man1/ls.1.gz | groff -mandoc -T ascii |
head
LS(1)                        User Commands                       LS(1)


NAME
       ls - list directory contents

SYNOPSIS
       ls [OPTION]... [FILE]...
```

在这里，我们设置 groff 的选项，指定 mandoc 宏软件包和 ASCII 格式的输出驱动。groff 能够生成多种格式的输出。如果未指定格式，则默认输出 PostScript 格式的内容：

```
[me@linuxbox ~]$ zcat /usr/share/man/man1/ls.1.gz | groff -mandoc | head
%!PS-Adobe-3.0
%%Creator: groff version 1.18.1
```

```
%%CreationDate: Thu Feb 5 13:44:37 2009
%%DocumentNeededResources: font Times-Roman
%%+ font Times-Bold
%%+ font Times-Italic
%%DocumentSuppliedResources: procset grops 1.18 1
%%Pages: 4
%%PageOrder: Ascend
%%Orientation: Portrait
```

第 20 章中我们简单地提到过 PostScript，第 22 章还会讲到它。PostScript 是一种页面描述语言（page description language），用于向排字机类设备描述打印页面的内容。获取命令输出并将其保存为文件（假设我们使用的是含有 Desktop 目录的图形化桌面系统），一个带有图标的输出文件应该会出现在桌面上：

```
[me@linuxbox ~]$ zcat /usr/share/man/man1/ls.1.gz | groff -mandoc > ~/Desktop/ls.ps
```

双击图标，页面浏览器会启动并显示渲染后的文件内容，如图 21-1 所示。

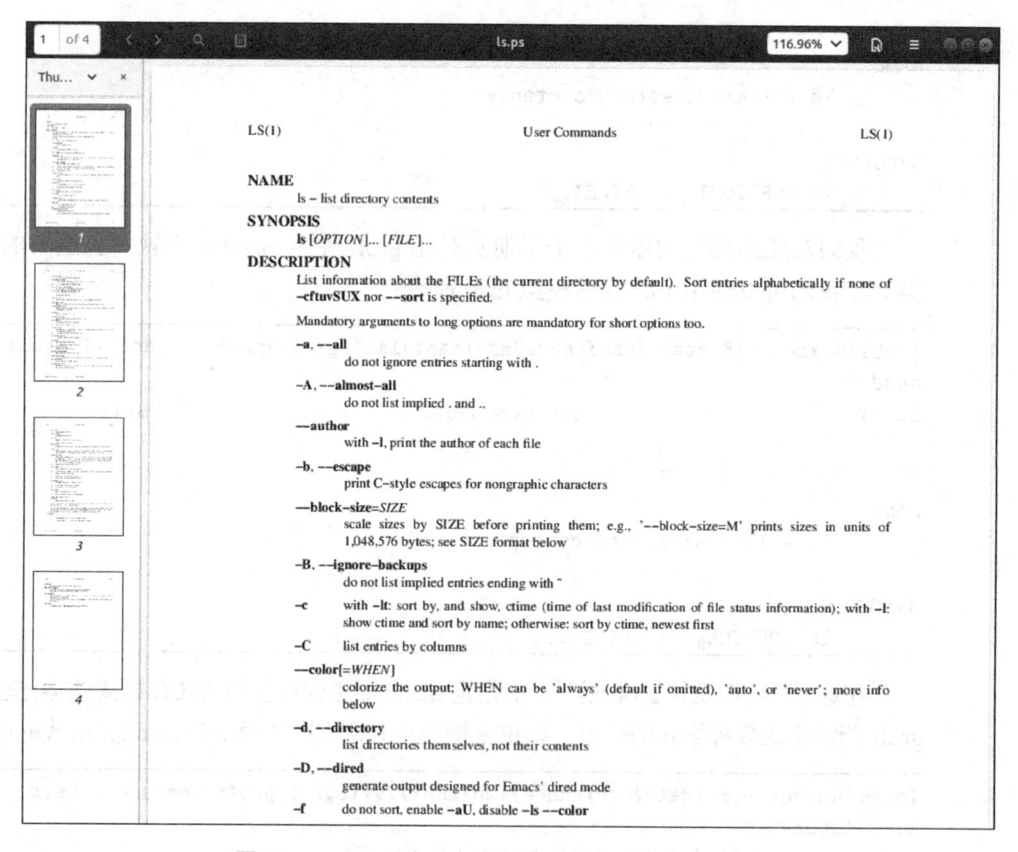

LS(1) User Commands LS(1)

NAME
ls – list directory contents

SYNOPSIS
ls [*OPTION*]... [*FILE*]...

DESCRIPTION
List information about the FILEs (the current directory by default). Sort entries alphabetically if none of **–cftuvSUX** nor **––sort** is specified.

Mandatory arguments to long options are mandatory for short options too.

–a, **––all**
do not ignore entries starting with .

–A, **––almost–all**
do not list implied . and ..

––author
with **–l**, print the author of each file

–b, **––escape**
print C–style escapes for nongraphic characters

––block–size=*SIZE*
scale sizes by SIZE before printing them; e.g., '––block–size=M' prints sizes in units of 1,048,576 bytes; see SIZE format below

–B, **––ignore–backups**
do not list implied entries ending with ~

–c with **–lt**: sort by, and show, ctime (time of last modification of file status information); with **–l**: show ctime and sort by name; otherwise: sort by ctime, newest first

–C list entries by columns

––color[=*WHEN*]
colorize the output; WHEN can be 'always' (default if omitted), 'auto', or 'never'; more info below

–d, **––directory**
list directories themselves, not their contents

–D, **––dired**
generate output designed for Emacs' dired mode

–f do not sort, enable **–aU**, disable **–ls ––color**

图 21-1　页面浏览器会启动并显示渲染后的文件内容

我们看到了排版整齐优美的 ls 手册页！事实上，我们可以用下列命令将 PostScript 文件转换为可移植文档格式（Portable Document Format，PDF）文件：

```
[me@linuxbox ~]$ ps2pdf ~/Desktop/ls.ps ~/Desktop/ls.pdf
```

ps2pdf 程序属于 ghostscript 软件包，大多数支持打印功能的 Linux 系统中安装了该软件包。

窍门　UNIX 系统通常包含许多可用于文件格式转换的命令行程序。其命名多采用 format2format 的形式。可以尝试使用命令 ls /usr/bin/ *[[:alpha:]]2[[:alpha:]]* 找出这些程序。也不妨试着搜索名为 formattoformat 的程序。

作为最后一个 groff 的练习，要再次劳驾我们的“老朋友”distros.txt。这次要使用 tbl 程序，用它来将 Linux 发行版格式化成表格版式。为此，我们要用到前文的 sed 脚本为传入 groff 的文本流添加标记。

修改 sed 脚本，加入 tbl 所要求的必要标记（在 groff 中称为请求）。使用文本编辑器，修改 distros.sed 如下：

```
# sed 脚本生成 Linux 发行版报告

1 i\
.TS\
center box;\
cb s s\
cb cb cb\
l n c.\
Linux Distributions Report\
=\
Name    Version    Released\

_
s/\([0-9]\{2\}\)\/\([0-9]\{2\}\)\/\([0-9]\{4\}\)$/\3-\1-\2/
$ a\
.TE
```

注意，要想让脚本正常工作，一定要确保 3 个单词 Name、Version、Released 之间以制表符分隔，绝不能用空格符。我们将修改后的脚本保存为 distros-tbl.sed，使用.TS 和.TE 请求作为表格的开头和结束。.TS 请求之后的行定义了表格的全局属性，就本练习而言，其定义了页面内容水平居中并使用框线环绕。其余部分定义了表格每行的布局。现在，如果我们再次执行包含新的 sed 脚本的管道命令来生成报告，会得到下列结果：

```
[me@linuxbox ~]$ sort -k 1,1 -k 2n distros.txt | sed -f distros-tbl.sed | groff
    -t -T ascii
                +------------------------------+
                | Linux Distributions Report   |
                +------------------------------+
                | Name     Version    Released |
                +------------------------------+
                |Fedora      5       2006-03-20 |
                |Fedora      6       2006-10-24 |
                |Fedora      7       2007-05-31 |
                |Fedora      8       2007-11-08 |
                |Fedora      9       2008-05-13 |
                |Fedora     10       2008-11-25 |
                |SUSE       10.1     2006-05-11 |
                |SUSE       10.2     2006-12-07 |
                |SUSE       10.3     2007-10-04 |
                |SUSE       11.0     2008-06-19 |
                |Ubuntu      6.06    2006-06-01 |
                |Ubuntu      6.10    2006-10-26 |
                |Ubuntu      7.04    2007-04-19 |
                |Ubuntu      7.10    2007-10-18 |
                |Ubuntu      8.04    2008-04-24 |
                |Ubuntu      8.10    2008-10-30 |
                +------------------------------+
```

加入-t 选项，使 groff 使用 tbl 对文本流进行预处理。与此类似，-T 选项用于输出 ASCII 格式，而非默认的 PostScript 格式。

如果我们受限于终端屏幕或打字机式打印机，那么 ASCII 格式是期望的格式。如果指定 PostScript 格式并以图形方式查看输出结果，则将获得更加令人满意的表格输出结果，如图 21-2 所示：

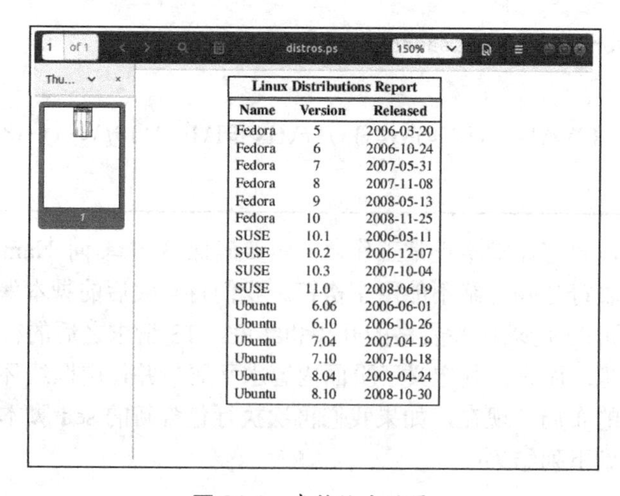

图 21-2 表格输出结果

```
[me@linuxbox ~]$ sort -k 1,1 -k 2n distros.txt | sed -f distros-tbl.sed |
groff -t > ~/Desktop/distros.ps
```

21.3 总结

考虑到文本在类 UNIX 系统中的重要地位，有如此多的工具用于文本操作和格式化，也就合情合理了。大家都看到了，工具数量确实不少！像 fmt 和 pr 这种简单的格式化工具可以在脚本中生成简短的文档，而 groff（及其伙伴们）则能编排图书的格式。我们可能不会用这些命令行工具去写技术论文（不过肯定有人写过！），但知道怎么用它们，总还是有好处的。

第22章

打印

我们已经花了两章的篇幅讨论文本操作，是时候将文字付之纸面了。在本章中，我们将介绍可用于打印文件和控制打印机操作的命令行工具。至于如何配置打印功能，则不在讨论范围内。因为不同的 Linux 发行版各异，所以通常是在安装过程中自动配置打印功能的。注意，我们需要能够正常工作的打印机配置来执行各种练习。

本章将学习下列命令。

- pr：转换要打印的文本文件。
- lpr：以 Berkeley 风格打印文件。
- lp：以 System V 风格打印文件。
- a2ps：在 PostScript 打印机上打印文件。
- lpstat：显示打印系统状态信息。
- lpq：显示打印队列状态。
- lprm/cancel：取消打印作业。

22.1 打印简史

要想充分理解类 UNIX 系统中的打印特性，我们必须先了解一些历史知识。说起类UNIX系统的打印功能，那得追溯到系统诞生之初了。那时候，打印机及其用法和如今可是大相径庭。

22.1.1 "黑暗"时代

就像计算机一样，早期的打印机同样体积庞大、价格昂贵，而且还是集中式的。在20世纪80年代，典型的计算机用户都是在连接着远程计算机的终端上工作的。打印机则位于计算机附近，由计算机操作员看管。

当打印机既贵还集中的时候（就像在UNIX早期），大家共享打印机自然就是常事了。为了分辨出打印作业属于哪个用户，通常会在每个打印作业前面打印出一张显示用户名的标题页（banner page）。然后，计算机操作员会把当天的打印作业装进手推车，配送给各个用户。

22.1.2 基于字符的打印机

20世纪80年代的打印机技术与当今相比有很大的不同。第一，当时的打印机基本上都是击打式打印机（impact printer）。这种打印机采取机械装置击打色带，从而在纸张上留下字符印迹。菊花轮式（daisy-wheel）打印和点阵式（dot-matrix）打印都是那时候流行的打印技术。

第二，也是更重要的一点，早期打印机使用的是设备自带的固定字符集合。例如，菊花轮式打印机只能打印实际模制在菊花轮花瓣中的字符。这使打印机就像是一台高速打字机。和大多数打字机一样，当时的打印机使用的也是等宽（固定宽度）字体，这意味着每个字符都有相同的宽度。打印机在纸张的固定位置进行打印，打印区域包含的字符数量是固定的。多数打印机在水平方向上每英寸[1]打印10个字符（Characters Per Inch，CPI），垂直方向上每英寸打印6行数（Lines Per Inch，LPI）。按照这种方式，一张美式信纸可容纳85字符宽、66行高的内容。考虑到每页还要留有少许页边距，每行最多打印80个字符。这就解释了为什么终端（以及终端仿真器）显示宽度只有80个字符。使用等宽字体和宽度为80个字符的终端能够提供所见即所得（What-You-See-Is-What-You-Get，WYSIWYG，读作whizzy-wig）的打印效果。

要发送至打字机类打印机的数据是简单的字节流，其中包含要打印的字符。例如，要打印a，那就发送该字符的ASCII编码97。此外，回车符、换行符、换页符等低编码值的ASCII控制代码提供了移动打印机滑架和纸张的方法。利用ASCII控制代码，能够实现有限的字体效果。例如粗体，可以先让打印机打印一个字符，然后退格，接着再打印一次，以此在纸面上获得更深的打印效果。如果我们使用nroff渲染手册页并通过cat -A检查输出，就能看到实际的实现过程。

[1] 1英寸=2.54cm。

```
[me@linuxbox ~]$ zcat /usr/share/man/man1/ls.1.gz | nroff -man | cat -A | head
LS(1)                         User Commands                         LS(1)
$
$
$
N^HNA^HAM^HME^HE$
       ls - list directory contents$
$
S^HSY^HYN^HNO^HOP^HPS^HSI^HIS^HS$
       l^Hls^Hs [_^HO_^HP_^HT_^HI_^HO_^HN]... [_^HF_^HI_^HL_^HE]...$
```

^H（Ctrl-H）代表退格符，用于产生粗体效果。与此类似，我们也可以从中看到退格符/下画线序列形成的下画线效果。

22.1.3　图形化打印机

GUI 的发展引发了打印机技术的重大转变。由于计算机日趋采用图形化显示，基于字符的打印技术也转向了图形化技术。低成本的激光打印机的出现推动了这一转变，激光打印机能够在纸张可打印区域内的任意位置打印一个个细小的点，而不再打印固定的字符，这样就可以打印比例字体（类似于排字机使用的），甚至照片和高质量图表。

但是，从基于字符的方式转向图形化方式面临着艰巨的技术挑战。原因在于，在使用基于字符的打印机时，填充一页纸所需要字节数可以用如下方法计算（假定一页有 60 行，每行包含 80 个字符）：

$$60 \times 80 = 4800\text{B}$$

相比之下，一台每英寸像素点数（Dots Per Inch，DPI）为 300 的激光打印机（假设每页纸的可打印区域为 8×10 英寸）需要的字节数为：

$$(8 \times 300) \times (10 \times 300) / 8 = 900\ 000\text{B}$$

因为多数慢速计算机网络根本无法处理激光打印机打印一整页纸所需要的近 1MB 数据，所以还需要想一个聪明的法子来解决这个问题。

页面描述语言（Page Description Language，PDL）应运而生。这是一种描述页面内容的编程语言。其描述方式基本上可以表达为“到这个位置，使用 10 点大小的黑体（Helvetica）绘制字符 a，再到这个位置……”，直到描述完页面中的所有内容。第一个主流的 PDL 是 Adobe Systems 的 PostScript，它如今仍被广泛使用。PostScript 是专为排版和其他类型的图形图像量身定制的完备的编程语言。除了内置的 35 种标准的高质量字体之外，还能够在运行时（runtime）接受额外的字体。打印机一开始就内建了 PostScript 支持，这解决了数据传输问题。尽管相较于基于字符的打印机的简单字节流，PostScript 程序显得过于烦琐，但比起描述整个页面所需的数据量，它可就小得太多了。

PostScript 打印机能够接受 PostScript 程序作为输入。这种打印机自带处理器和存储器（经常使打印机成了一台比所连接的计算机还要强大的“计算机”），执行称作 PostScript 解释器的特殊程序。解释器读入 PostScript 程序，将渲染后的结果存入打印机内存，形成向纸张传送的位（点）模式。将事物渲染成大型的位模式（也称为位图）的工具，通常叫作光栅图像处理器（Raster Image Processor，RIP）。

随着计算机和网络的速度越来越快，RIP 也从打印机转移到了主机，高质量的打印机也因此变得便宜多了。

很多打印机如今仍可以接受字符流，不过不少打印机已经不接受了。它们依赖于主机的 RIP 提供比特流，按照点进行打印。

22.2 Linux 的打印功能

现代 Linux 系统采用两种软件套件(suite)来执行和管理打印。一种是通用 UNIX 打印系统（Common UNIX Printing System，CUPS），提供了打印驱动和打印作业管理；另一种是 Ghostscript（PostScript 解释器），用作 RIP。

CUPS 通过创建和维护打印队列来管理打印机。我们在 22.1 节说过，UNIX 的打印功能最初用来管理由多个用户共享的集中式打印机。因为打印机本身的速度比为其传入数据的计算机要慢，打印系统需要采用某种方式来调度多个打印作业，保持一切井井有条。CUPS 还能够识别不同类型的数据（在合理范围内），将文件转换成可打印的形式。

22.3 准备文件打印

作为命令行用户，我们最感兴趣的是打印文本，当然了，肯定也能打印其他数据格式。

pr——转换要打印的文本文件

第 21 章简单地介绍了 pr，现在我们要研究其用于打印操作时的一些选项。在 22.1 节中，我们了解了基于字符的打印机如何使用等宽字体使每行（水平方向）的字符数（列数）和每页（垂直方向）的行数固定。pr 可用于调整文本以适应特定纸张的大小，包括可选的页眉和页边距。表 22-1 总结了常用的 pr 选项。

表 22-1 常用的 pr 选项

选项	描述
+first[:last]	打印从 first 至 last（可选）范围的页面
-columns	将页面的内容按 columns 指定的列数进行组织
-a	在默认情况下，多列输出是垂直列出的。加入-a（across）选项后，则按照水平列出
-d	输出双倍间距
-D format	使用 format 格式化页眉显示的日期。查看 date 命令的手册页，了解格式化字符串
-f	使用回车符代替换页符来分隔页面
-h header	在页眉的中间部分，使用 header 来代替被处理文件的名称
-l length	将页面长度（垂直方向）设置为 length。默认是 66 行（每英寸 6 行字母）
-n	对行进行编号
-o offset	创建宽度为 offset 个字符的左边距
-w width	将页面宽度（水平方向）设置为 width。默认值为 72 列

pr 经常作为管道中的过滤器。在这个例子中，我们生成/usr/bin 的内容列表并使用 pr 将其格式化为分页的 3 列打印内容：

```
[me@linuxbox ~]$ ls /usr/bin | pr -3 -w 65 | head


2016-02-18 14:00                                         Page 1
[                              apturl            bsd-write
411toppm                       ar                bsh
a2p                            arecord           btcflash
a2ps                           arecordmidi       bug-buddy
a2ps-lpr-wrapper               ark               buildhash
```

22.4 将打印作业发送至打印机

CUPS 支持以前类 UNIX 系统上的两种打印方法。一种叫作 Berkeley 或 LPD(在 UNIX 的 Berkeley 软件发行版中使用)，用的是 lpr 命令；另一种叫作 SysV（源于 UNIX 的 System V 版本），用的是 lp 命令。这两个命令做的事大致相同，用户可依据个人喜好选择。

22.4.1 lpr——以 Berkeley 风格打印文件

lpr 可以将文件发送至打印机。因为能够接受标准输入，所以它也可用在管道中。例如，要想打印之前多列显示的目录内容，可以这样做：

```
[me@linuxbox ~]$ ls /usr/bin | pr -3 | lpr
```

待打印内容会被发送至系统的默认打印机。要想将文件发送到其他打印机，可以使用-P 选项：

```
lpr -P printer_name
```

其中，printer_name 是目标打印机名称。下列命令可以查看系统已知的打印机列表：

```
[me@linuxbox ~]$ lpstat -a
```

窍门　很多 Linux 发行版允许定义一台可以将文件输出为 PDF 文件的“打印机”，而不是在物理打印机上打印。这在练习打印命令的时候很方便。检查你的打印机配置程序，看一看是否提供了这项配置。在一些 Linux 发行版中，你可能需要安装额外的软件包（如 cups-pdf）。

表 22-2 描述了一些常用的 lpr 选项。

表 22-2　常用的 lpr 选项

选项	描述
-# number	将副本数量设置为 number
-p	使用包含日期、时间、作业名称、页码的深色页眉打印。在打印文本文件时，可以选择这种优质打印（pretty-print）选项
-P printer	指定用于打印的打印机名称。如果不指定打印机，则使用系统默认的打印机
-r	打印后删除文件。该选项对产生临时打印文件的程序有帮助

22.4.2 lp——以 System V 风格打印文件

和 lpr 一样，lp 也可以接受文件或标准输入进行打印。不同于 lpr 的地方在于，lp 支持不同（且略有些复杂）的选项集。表 22-3 描述了常用的 lp 选项。

表 22-3　常用的 lp 选项

选项	描述
-d printer	将目标打印机设置为 printer。如果未指定该选项，则使用系统默认的打印机
-n number	将副本数量设置为 number
-o landscape	将打印方向设置为横向
-o fitplot	缩放打印内容以适合页面大小。在打印图像（如 JPEG 文件）时，该选项很有用

续表

选项	描述
-o scaling=number	缩放打印内容至 number 表示的大小。100 表示填满页面；小于 100 表示缩小；大于 100，则会在多页纸张上打印
-o cpi=number	将水平方向上每英寸的打印字符数设置为 number。默认值是 10
-o lpi=number	将垂直方向上每英寸的打印行数设置为 number。默认值是 6
-o page-bottom=points -o page-left=points -o page-right=points -o page-top=points	设置页边距。值以点（point）来表示，点是排版计量单位。每英寸有 72 个点
-P pages	指定打印页列表。pages 可以表示为逗号分隔的列表，也可以表示为范围，例如 1,3,5,7-10

我们再次生成目录内容列表，这次按照 12CPI、8LPI、1.5 英寸左页边距来打印。注意，必须调整 pr 选项以适应新的页面大小：

```
[me@linuxbox ~]$ ls /usr/bin | pr -4 -w 90 -l 88 | lp -o page-left=36 -o cpi=12
    -o lpi=8
```

该管道使用了比默认规格更小的字体生成了一个 4 列列表。每英寸所增加的字符数使一页纸中能够容纳更多的列。

22.4.3 a2ps——在 PostScript 打印机上打印文件

a2ps（大多数发行版仓库中能找到）是一个很有意思的命令。从命令名可以看出它是一个格式转换程序，但其功能远不止如此。该名称的原意是从 ASII 到 PostScript（ASCII to PostScript），用于准备要在 PostScript 打印机上打印的文本文件。然而，随着时间的推移，a2ps 的功能不断壮大，其名称的含义也变成了从任何事物到 PostScript（Anything to PostScript）。单看名称，a2ps 仍旧是一个格式转换程序，但其实已经变成了打印程序。它会将默认输出发送至系统默认的打印机，而非标准输出。程序默认采用“优质打印”模式，也就是说会增强输出的视觉效果。我们可以用该程序在桌面上创建一个 PostScript 文件。

```
[me@linuxbox ~]$ ls /usr/bin | pr -3 -t | a2ps -o ~/Desktop/ls.ps -L 66
[stdin (plain): 11 pages on 6 sheets]
[Total: 11 pages on 6 sheets] saved into the file '/home/me/Desktop/ls.ps'
```

这里，我们使用 pr 的-t 选项（忽略页眉和页脚）过滤数据流，然后使用 a2ps 指定打印文件（-o 选项）以及每页包含 66 行（-L 选项），以此匹配 pr 的分页打印。如果我们选用合适的文件浏览器查看输出文件，可以看到图 22-1 所示的 a2ps 打印效果。

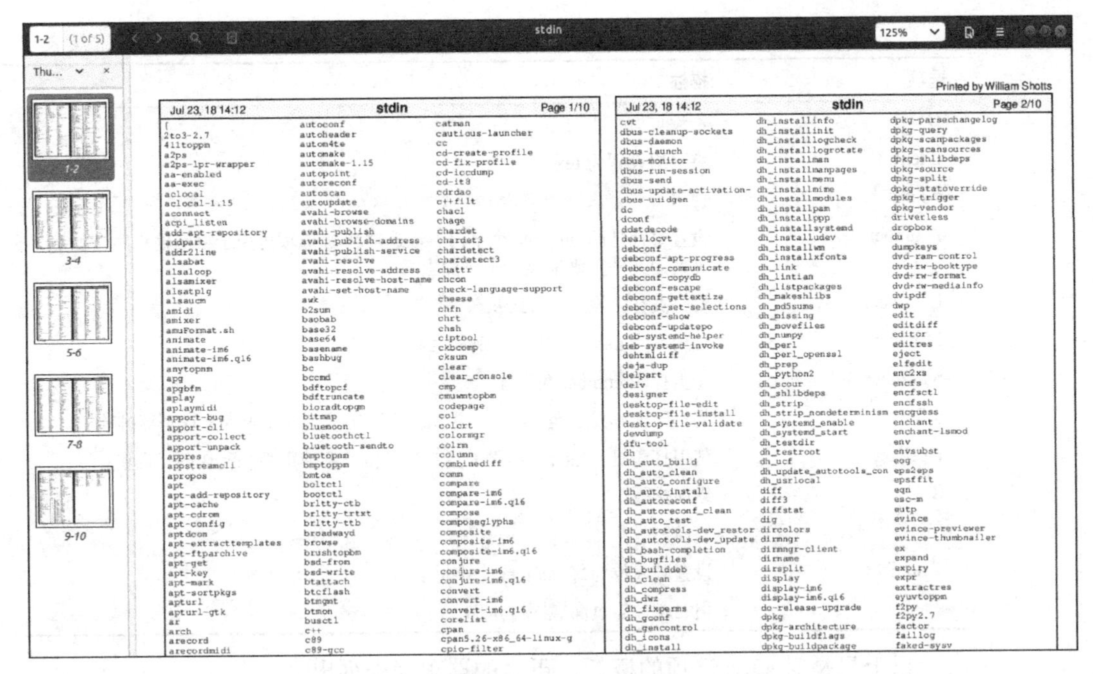

图 22-1　a2ps 打印效果

如我们所见，默认的打印布局是“双幅”（two-up）格式，也就是在一张纸上打印两页内容。a2ps 还在其中添加了漂亮的页眉和页脚。

a2ps 包含大量选项，如表 22-4 所示。

表 22-4　a2ps 选项

选项	描述
--center-title=text	将居中的页眉设置为 text
--columns=number	将页面排成 number 列。默认值为 2
--footer=text	将页脚设置为 text
--guess	报告作为参数给出的文件类型。由于 a2ps 尝试转换并格式化所有类型的数据，该选项对预测 a2ps 处理特定文件时的行为很有用
--left-footer=text	将左边页面的页脚设置为 text
--left-title=text	将左边页面的页眉设置为 text
--line-numbers=interval	每隔 interval 行输出行号
--list=defaults	显示默认设置
--pages=range	打印 range 范围内的页面
--right-footer=text	将右边页面的页脚设置为 text
--right-title=text	将右边页面的页眉设置为 text
--rows=number	将页面排成 number 行。默认值为 1

续表

选项	描述
-B	不设页眉
-b text	将页眉设置为 text
-f size	使用 size 点大小的字体
-l number	设置每行打印 number 个字符。该选项和-L 选项可用于将其他程序（如 pr）分页过的文件正确地显示于页面上
-L number	将每页行数设置为 number
-M name	使用名为 name 的纸张，例如 A4
-n number	每页打印 number 份副本
-o file	将打印内容发送至 file。如果 file 指定为-，则打印内容发送至标准输出
-P printer	使用打印机 printer。如果未指定打印机，则使用系统默认的打印机
-R	纵向排版
-r	横向排版
-T number	设置制表位为每 number 个字符之后
-u text	用 text 作为页面底图（水印）

以上只是对 a2ps 选项的概括，更多的选项尚未列出。

注意 还有另一种将文本转化为 PostScript 格式的输出格式化工具叫作 enscript。它可以执行很多与 a2ps 同样的格式化和打印操作，不同的是它只接受文本输入。

22.5 监控打印作业

UNIX 打印系统用于处理来自多个用户的多个打印作业，CUPS 也是如此。每台打印机都有一个打印队列，打印作业排列在其中，等待被送至打印机打印。CUPS 提供了多个命令行程序来管理打印机状态和打印队列。就像 lpr 和 lp，这些管理程序都以 Berkeley 和 System V 打印系统的相应程序为原型。

22.5.1 lpstat——显示打印系统状态

lpstat 可以确定系统中打印机的名称和可用性。例如，如果系统配备了一台物理打印机（名为 printer）和一台 PDF 虚拟打印机（名为 PDF），我们可以像下面这样检查其状态：

```
[me@linuxbox ~]$ lpstat -a
PDF accepting requests since Mon 08 Dec 2017 03:05:59 PM EST
printer accepting requests since Tue 24 Feb 2018 08:43:22 AM EST
```

而且，我们还能确定更详细的打印系统配置信息：

```
[me@linuxbox ~]$ lpstat -s
system default destination: printer
device for PDF: cups-pdf:/
device for printer: ipp://print-server:631/printers/printer
```

在这个例子中，我们看到 printer 是系统的默认打印机，它还是一台通过互联网打印协议（Internet Printing Protocol，IPP）连接在系统 printer-server 上的网络打印机。

表 22-5 描述了一些常用的 lpstat 选项。

表 22-5 常用的 lpstat 选项

选项	描述
-a [printer...]	显示 printer 的打印队列状态。注意，这显示的是打印队列接受打印作业的能力，并非物理打印机的状态。如果未指定打印机，则显示所有的打印队列
-d	显示系统默认打印机的名称
-p [printer...]	显示指定 printer 的状态。如果未指定，则显示所有打印机的状态
-r	显示打印服务器的状态
-s	显示状态汇总信息
-t	显示完整的状态报告

22.5.2 lpq——显示打印队列状态

lpq 可以显示打印队列状态。我们以此了解队列状况以及其中包含的打印作业。下面的例子显示了系统默认打印机 printer 的空队列：

```
[me@linuxbox ~]$ lpq
printer is ready
no entries
```

如果未指定打印机（使用-P 选项），则显示系统默认打印机的打印队列状态。如果向打印机发送一份作业，然后查看打印队列，就可以看到该作业。

```
[me@linuxbox ~]$ ls *.txt | pr -3 | lp
request id is printer-603 (1 file(s))
[me@linuxbox ~]$ lpq
printer is ready and printing
Rank    Owner   Job     File(s)                              Total Size
active  me      603     (stdin)                              1024 bytes
```

22.5.3 lprm/cancel——取消打印作业

CUPS 提供了两个可用于终止打印作业并将其从打印队列中删除（取消打印作业）的程序。一个是 Berkeley 风格的 lprm，另一个是 System V 风格的 cancel。两者在支持的选项方面略有不同，但基本功能一样。以前文的打印作业为例，可以按照下列方式取消该打印作业：

```
[me@linuxbox ~]$ cancel 603
[me@linuxbox ~]$ lpq
printer is ready
no entries
```

这两个命令都有对应的选项，可以按照特定用户、特定打印机、特定作业参数来取消打印作业。它们的细节参见各个命令的手册页。

22.6 总结

在本章中，我们看到了早期的打印机对类 UNIX 系统计算机上打印系统设计的影响，还探讨了在命令行上如何控制打印作业的调度和执行，以及各种打印选项。

第23章 编译程序

在本章中，我们将介绍如何通过源代码来构建程序。开放源代码成就了 Linux。Linux 的开发生态依赖于开发者之间的自由交流。对很多桌面系统用户来说，编译技术可能是一门“失传”的艺术。这项技术曾经屡见不鲜，但是时至今日，发行商都维护着庞大的预编译二进制仓库，直接可以下载使用。在本书出版之时，Debian 仓库包含了超过 68000 个软件包。

那么，为什么要编译软件？有两个原因。

- 可用性。尽管系统仓库中预编译程序的数量不少，但也并非面面俱到。在这种情况下，想得到所需程序的唯一办法就是从源代码编译。
- 时效性。尽管有些系统专注于前沿版本的程序，但很多系统并不是这样的。这意味着要想获得程序的最新版本，编译是必不可少的。

从源代码编译软件变得相当复杂，对技术水平要求颇高，远远超出很多用户的能力范围。但是，很多编译任务其实并不难，只用几步就能完成。难度大小完全取决于软件包。我们会介绍非常简单的例子，使你对编译过程有一个大致了解，并为那些准备深入学习的用户奠定基础。

本章将学习一个新命令。

- make：程序维护工具。

23.1 什么是编译

简单地说，编译就是将源代码（由程序员编写的人类可读的程序描述）翻译成计算机处理器原生语言编写的代码的过程。

计算机处理器（或者 CPU）工作在基本层面，执行机器语言编写的程序。机器语言是一种数字代码，描述极为细小的操作，例如“增加这个字节”“指向内存中的这个位置”“复制该字节”。每条命令均以二进制表示（0 和 1）。最早的计算机程序就是这样写成的。

汇编语言的出现解决了这个问题，它以较易用的助记符代替了数字代码，例如 CPY（复制，copy）和 MOV（移动，move）。汇编语言编写的程序由汇编器（assembler）处理并转换为机器代码。时至今日，汇编语言仍用于某些特殊的编程对象，例如设备驱动程序和嵌入式系统。

我们接下来要说说高级编程语言。这种语言使程序员能够较少地操心处理器的操作细节，把更多的精力放在如何解决眼前的问题上。早期的（20 世纪 50 年代开发的）高级语言包括 FORTRAN（专为科学和技术任务设计）和 COBOL（专为商业应用设计）。两者目前使用范围有限。

虽然现在流行的编程语言有很多，但其中有两种占据着主导地位。现代系统的多数程序都是使用 C 或 C++编写的。在随后的示例中，我们将演示编译 C 程序。

高级语言要经编译器（compiler）处理后转换为机器语言。有些编译器则将高级语言转换为汇编语言，然后使用汇编器完成最后一步的机器语言转换。

编译过程通常少不了链接（linking）。程序要执行不少公共操作，例如打开文件。很多程序都要做这件事，要是大家各自去实现文件打开操作，那可就太浪费时间了。编写一段专门用来打开文件的代码，让有需要的程序共享这段代码，这种做法更有意义。提供这种通用任务支持功能的就是各种库。库中包含了多个例程，每个例程实现多个程序能够共享的通用任务。在/lib 和/usr/lib 目录中，我们可以找到很多这样的库。链接器（linker）用于将编译器的输出与所编译程序需要的库链接在一起，最终生成的就是随时可以使用的可执行文件。

是否所有的程序都需要编译

有些程序（如 Shell 脚本）不需要编译，使用脚本语言或解释型语言所编写的程序可以直接执行。此类语言近些年逐渐流行起来，其中包括 Perl、Python、PHP、Ruby 等。

脚本语言是由名为解释器的特殊程序执行的。解释器将程序文件作为输入，读取并执行其中的每条命令。一般而言，解释型程序的执行速度要远低于编译型程序。这是因为在解释型程序中的每条命令在每次执行时都要被解译一次，而编译型程序的每条命令只编译一次，编译结果被永久地记录到最终的可执行文件中。

那为什么解释型语言还这么受欢迎？对许多日常编程而言，解释型程序的执行速度已经够高了，其真正的优势在于开发解释型程序要比开发编译型程序更快更简单。程序开发总是周而复始地经历着“编码，编译，测试”这样的循环。随着程序规模的逐渐扩大，编译阶段耗费的时间也越来越长。解释型程序少了编译这一步，因而提高了程序的开发速度。

23.2 编译 C 程序

现在可以开始编译了。不过在这之前，我们需要一些工具，例如编译器、链接器、make 命令。Linux 环境中使用的 C 编译器基本上都是 GNU 编译器套件（GNU Compiler Collection，GCC），这款编译器最初是由理查德·马修·斯托曼编写的。大多数 Linux 发行版并没有默认安装 GCC，我们可以用下面的命令行查看系统中是否安装了 GCC：

```
[me@linuxbox ~]$ which gcc
/usr/bin/gcc
```

输出结果表明已经安装了 GCC。

窍门　你所使用的 Linux 也许提供了一个用于软件开发的元软件包（meta-package），即软件包集合。如果有的话，你可以考虑安装该软件包，以便在系统上编译程序。但如果系统并未提供元软件包，那就尝试安装 GCC 和 make 软件包。对于多数系统，这已经足够进行接下来的练习了。

23.2.1 获取源代码

我们从 GNU 项目中选择程序 diction 来进行编译练习。这个程序可以检查文本文件的质量和写作风格，用起来非常方便。就程序而言，它相当小巧、易于编译。

我们先创建一个用来存放源代码的目录 src，然后使用 FTP 下载源代码。

```
[me@linuxbox ~]$ mkdir src
[me@linuxbox ~]$ cd src
[me@linuxbox src]$ ftp ftp.gnu.org
Connected to ftp.gnu.org.
220 GNU FTP server ready.
Name (ftp.gnu.org:me): anonymous
230 Login successful.
```

```
Remote system type is UNIX.
Using binary mode to transfer files.
ftp> cd gnu/diction
250 Directory successfully changed.
ftp> ls
200 PORT command successful. Consider using PASV.
150 Here comes the directory listing.
-rw-r--r--    1 1003   65534    68940 Aug 28  1998 diction-0.7.tar.gz
-rw-r--r--    1 1003   65534    90957 Mar 04  2002 diction-1.02.tar.gz
-rw-r--r--    1 1003   65534   141062 Sep 17  2007 diction-1.11.tar.gz
226 Directory send OK.
ftp> get diction-1.11.tar.gz
local: diction-1.11.tar.gz remote: diction-1.11.tar.gz
200 PORT command successful. Consider using PASV.
150 Opening BINARY mode data connection for diction-1.11.tar.gz (141062
bytes).
226 File send OK.
141062 bytes received in 0.16 secs (847.4 kB/s)
ftp> bye
221 Goodbye.
[me@linuxbox src]$ ls
diction-1.11.tar.gz
```

尽管我们在上个例子中使用的是传统的 FTP，但还有其他下载源代码的方法。例如，GNU 项目也支持使用 HTTPS 下载。下面我们使用 wget 程序下载 diction 的源代码。

```
[me@linuxbox src]$ wget https://ftp.gnu.org/gnu/diction/diction-1.11.tar.gz
--2018-07-25 09:42:20-- https://ftp.gnu.org/gnu/diction/diction-1.11.tar.gz
Resolving ftp.gnu.org (ftp.gnu.org)... 208.118.235.20, 2001:4830:134:3::b
Connecting to ftp.gnu.org (ftp.gnu.org)|208.118.235.20|:443... connected.
HTTP request sent, awaiting response... 200 OK
Length: 141062 (138K) [application/x-gzip]
Saving to: 'diction-1.11.tar.gz'
diction-1.11.tar.gz 100%[===================>] 137.76K
--.-KB/s in 0.09s

2018-07-25 09:42:20 (1.43 MB/s) - 'diction-1.11.tar.gz.1' saved [141062/141062]
```

注意 在编译源代码时，我们就是源代码的“维护人员”，将其存放在 ~/src 目录中。系统自行安装的源代码一般位于/usr/src 目录，而面向多用户使用的源代码则通常位于/usr/local/src 目录。

我们可以看到，源代码通常以压缩的.tar文件的形式提供。有时也称.tar文件为tarball，其中包含了源代码树，或者说组成源代码的目录和文件的层次结构。连接到FTP站点后，我们便可以查看可用的.tar文件列表并从中挑选最新版本下载。使用ftp的get命令，将文件从FTP服务器复制到本地主机。

下载好tar文件之后，必须使用tar程序解压。

```
[me@linuxbox src]$ tar xzf diction-1.11.tar.gz
[me@linuxbox src]$ ls
diction-1.11        diction-1.11.tar.gz
```

窍门　和所有GNU项目的程序一样，diction也遵循一定的源代码压缩标准。Linux生态系统中大多数源代码也是如此。该标准其中一条规定是，在解压源代码的.tar文件时，会创建一个包含源代码树的目录，该目录的命名形式为project-x.xx，其中包含了项目名称及版本号。这种方案便于安装同一程序的不同版本。不过，在解压之前最好还是先检查一下源代码树的布局结构。有些项目并不会创建目录，而是将所有文件直接放入当前工作目录。这会把本来井然有序的src目录弄得一团糟。为了避免这样的事情发生，使用下列命令命令检查.tar文件的内容：

```
tar tzvf tarfile | head
```

23.2.2 检查源代码树

解压tar文件后，会创建一个新目录diction-1.11。源代码就在其中。让我们来看一下：

```
[me@linuxbox src]$ cd diction-1.11
[me@linuxbox diction-1.11]$ ls
config.guess diction.c        getopt.c       nl
config.h.in  diction.pot      getopt.h       nl.po
config.sub   diction.spec     getopt_int.h   README
configure    diction.spec.in  INSTALL        sentence.c
configure.in diction.texi.in  install-sh     sentence.h
COPYING      en               Makefile.in    style.1.in
De           en_GB            misc.c         style.c
de.po        en_GB.po         misc.h         test
diction.1.in getopt1.c        NEWS
```

文件可不少。GNU项目的程序以及很多其他程序都会提供README、INSTALL、NEWS、COPYING这些文档文件，其中包含了程序描述、构建和安装步骤、许可条款。在着手构建程序之前，最好先认真阅读 README 和 INSTALL 文件。

目录中另外一些扩展名为.c 和.h 的文件也值得注意。

```
[me@linuxbox diction-1.11]$ ls *.c
diction.c getopt1.c getopt.c misc.c sentence.c style.c
[me@linuxbox diction-1.11]$ ls *.h
getopt.h getopt_int.h misc.h sentence.h
```

.c 文件中包含了软件包提供的两个 C 程序（style 和 diction），它们被分成了多个模块。将较大的程序划分成更小、更易于管理的部分，这是一种常见的实践做法。源代码文件就是普通的文本，可以用 less 查看。

```
[me@linuxbox diction-1.11]$ less diction.c
```

.h 文件被称为头文件。同样也是普通的文本。头文件描述了包含在源代码文件或库中的例程。编译器要想把各个模块联系在一起，就必须知道所有模块的描述信息，这样才能生成完整的程序。在 diction.c 文件开头附近，可以看到下面一行：

```
#include "getopt.h"
```

该语句指示编译器在读取 diction.c 的源代码时读取 getopt.h，以便了解 getopt.c 中的内容。getopt.c 提供了 style 和 diction 程序共享的例程。

在 getopt.h 的包含语句之前，还能看到其他包含语句：

```
#include <regex.h>
#include <stdio.h>
#include <stdlib.h>
#include <string.h>
#include <unistd.h>
```

这些语句所指的也是头文件，只不过这些头文件并不在当前源代码树中。它们由系统提供，为每个程序的编译提供支持。如果我们查看/usr/include 目录，就可以在其中找到这几个头文件。

```
[me@linuxbox diction-1.11]$ ls /usr/include
```

该目录中的头文件是在安装编译器时安装的。

23.2.3 构建程序

大多数程序在构建时只需要简单的两个命令。

```
./configure
make
```

configure 程序是源代码树提供的一个 Shell 脚本，它的任务是分析构建环境（build environment）。多数源代码被设计成可移植的，也就是说，能够在多种类 UNIX 系统上构建。只是在构建过程中，可能需要略微调整源代码以适应系统之间的差异。configure 同样会检查系统是否已经安装了必要的外部工具和组件。

让我们来执行 configure。由于 configure 并没有存放在 Shell 惯常查找程序中，因此必须在命令之前添加./，明确告知 Shell，configure 位于当前工作目录中。

```
[me@linuxbox diction-1.11]$ ./configure
```

在测试和配置构建过程中，configure 会输出大量消息。待命令完成后，会看到类似于下面的内容：

```
checking libintl.h presence... yes
checking for libintl.h... yes
checking for library containing gettext... none required
configure: creating ./config.status
config.status: creating Makefile
config.status: creating diction.1
config.status: creating diction.texi
config.status: creating diction.spec
config.status: creating style.1
config.status: creating test/rundiction
config.status: creating config.h
[me@linuxbox diction-1.11]$
```

重要的是没有出现错误消息。如果有的话，则配置失败，并且不会生成可执行文件，直到纠正所有的错误。

我们看到 configure 在源代码目录中创建了一些新文件，其中最重要的一个文件就是 makefile。makefile 是指导 make 命令如何构建可执行程序的配置文件[1]。如果没有它，make 便无法执行。makefile 只是普通的文本文件，所以我们可以用 less 查看其内容。

```
[me@linuxbox diction-1.11]$ less Makefile
```

make 将 makefile 文件（通常命名为 makefile）作为输入，后者描述了组成最终程序的各个组件之间的关系和依赖性。

makefile 的第一个部分定义了各种变量，这些变量在后续部分中会被替换掉。例如，我们看到下面这行：

```
CC=            gcc
```

[1]小写字母表示的 makefile 作为此类文件的统称。

该行将C编译器定义为GCC。在makefile的后续部分中用到了该变量。

```
diction:        diction.o sentence.o misc.o getopt.o getopt1.o
                $(CC) -o $@ $(LDFLAGS) diction.o sentence.o misc.o \
                getopt.o getopt1.o $(LIBS)
```

这里会执行替换操作，在执行时刻将$(CC)的值替换为GCC。

makefile文件多由数行组成，一些行定义了目标文件（target）——在本例中是可执行文件diction及其所依赖的文件。余下的行则描述了根据组件来生成目标文件所需的命令。就本例而言，可执行文件diction依赖于目标文件diction.o、sentence.o、misc.o、getopt.o、getopt1.o。在makefile中会看到这些目标文件的定义。

```
diction.o:      diction.c config.h getopt.h misc.h sentence.h
getopt.o:       getopt.c getopt.h getopt_int.h
getopt1.o:      getopt1.c getopt.h getopt_int.h
misc.o:         misc.c config.h misc.h
sentence.o:     sentence.c config.h misc.h sentence.h
style.o:        style.c config.h getopt.h misc.h sentence.h
```

但是，我们并没有看到针对这些目标文件的任何命令。这是由makefile文件前面部分的通用目标文件（general target）来处理的，它描述了将.c文件编译成.o文件所用到的命令。

```
.c.o:
                $(CC) -c $(CPPFLAGS) $(CFLAGS) $<
```

这一切看起来也太复杂了。为什么不干脆把所有的编译步骤全列出来，直接照做不就可以了吗？答案马上就会揭晓。我们先执行make，把程序构建好。

```
[me@linuxbox diction-1.11]$ make
```

make在执行的时候使用makefile的内容来指导其操作，在此过程中会产生大量消息。

执行结束之后，我们会看到所有目标文件都出现在了目录中。

```
[me@linuxbox diction-1.11]$ ls
config.guess    de.po           en            install-sh    sentence.c
config.h        diction         en_GB         Makefile      sentence.h
config.h.in     diction.1       en_GB.mo      Makefile.in   sentence.o
config.log      diction.1.in    en_GB.po      misc.c        style
config.status   diction.c       getopt1.c     misc.h        style.1
config.sub      diction.o       getopt1.o     misc.o        style.1.in
configure       diction.pot     getopt.c      NEWS          style.c
```

```
configure.in    diction.spec       getopt.h        nl          style.o
COPYING         diction.spec.in    getopt_int.h    nl.mo       test
De              diction.texi       getopt.o        nl.po
de.mo           diction.texi.in    INSTALL         READMEE
```

在其中，可以看到已经构建好的程序 diction 和 style。恭喜！我们刚刚通过源代码编译出了第一个程序！

不过出于好奇，让我们再执行一次 make。

```
[me@linuxbox diction-1.11]$ make
make: Nothing to be done for 'all'.
```

只出现了这样一条奇怪的信息。这是怎么回事？为什么没有再把程序构建一次？这正是 make 的神奇之处。make 操作并不是简单的重新构建，而是只构建需要构建的部分。所有的目标文件都已存在，make 因此判定无须任何操作。作为演示，我们可以删除某个目标文件，然后执行 make，看一看会有什么反应。下面删除其中一个中间目标文件。

```
[me@linuxbox diction-1.11]$ rm getopt.o
[me@linuxbox diction-1.11]$ make
```

我们看到 make 重新构建了 getopt.o 并重新链接 diction 和 style 程序，因为两者依赖于丢失的目标文件。这种行为也点明了 make 的另一个重要的特性：使目标文件保持最新。make 坚持目标文件要比其依赖文件新。这完全合情合理，因为程序员经常会部分更新源代码，然后使用 make 生成一个新版本的文件。make 能够根据更新过的代码，确保需要构建的文件全部构建妥当。如果使用 touch 命令“更新”某个源代码文件，会得到下面的结果：

```
[me@linuxbox diction-1.11]$ ls -l diction getopt.c
-rwxr-xr-x 1 me      me      37164 2009-03-05 06:14 diction
-rw-r--r-- 1 me      me      33125 2007-03-30 17:45 getopt.c
[me@linuxbox diction-1.11]$ touch getopt.c
[me@linuxbox diction-1.11]$ ls -l diction getopt.c
-rwxr-xr-x 1 me      me      37164 2009-03-05 06:14 diction
-rw-r--r-- 1 me      me      33125 2009-03-05 06:23 getopt.c
[me@linuxbox diction-1.11]$ make
```

make 执行过之后，可以看到目标文件已经比依赖文件更新了。

```
[me@linuxbox diction-1.11]$ ls -l diction getopt.c
-rwxr-xr-x 1 me      me      37164 2009-03-05 06:24 diction
-rw-r--r-- 1 me      me      33125 2009-03-05 06:23 getopt.c
```

能够智能地判断该构建哪部分内容，make 的这种能力可谓程序员的一大福利。尽管对我们的小项目来说，节省的时间可能并不多，但对于较大的项目，节省的时间就可观了。别忘了，Linux 内核（一个不断在进行修改和完善的程序）的代码量可是百万行级别的。

23.2.4 安装程序

打包好的源代码通常包含一个特殊的 make 目标文件 install。它负责在系统目录中安装最终生成的可执行程序。该目录一般是/usr/local/bin，这是本地构建软件的传统安装位置。但是，因为普通用户对此目录没有写入权限，所以必须切换成超级用户才能进行安装。

```
[me@linuxbox diction-1.11]$ sudo make install
```

完成安装之后，我们可以检查程序是否就绪。

```
[me@linuxbox diction-1.11]$ which diction
/usr/local/bin/diction
[me@linuxbox diction-1.11]$ man diction
```

23.3 总结

在本章中，我们介绍了如何使用 3 个简单的命令（./configure、make、make install）来构建源代码软件包。除此之外，我们还了解到 make 在软件维护过程中所扮演的重要角色。make 的用途并不局限于编译源代码，它还可以用于所有需要维护目标及其依赖关系的任务。

第四部分

编写 Shell 脚本

第24章 编写第一个脚本

在前文中，我们已经搭建起了命令行工具库。尽管这些工具可以解决多种计算问题，但是我们依然需要手动在命令行中逐个输入。如果把更多工作交给 Shell 去做，那岂不是更好？没问题！把这些工具组合在一起，变成我们自己设计的程序，Shell 就可以独立执行复杂的任务步骤。这可以通过编写 Shell 脚本的方式来实现。

24.1 什么是 Shell 脚本

用简单的话来说，Shell 脚本就是包含一系列命令的文件。Shell 读取该文件并执行其中的命令，就好像这些命令是直接在命令行中输入的一样。

Shell 的独特之处在于它既是系统强大的命令行接口，又是脚本语言解释器。我们会看到，在命令行上能完成的大部分事情也可以在脚本中搞定，反之亦然。

我们已经讲解过不少 Shell 特性，但当时关注的特性多是直接用于命令行的。除此之外，Shell 还提供了一些通常用于脚本编写的特性。

24.2　如何创建并执行 Shell 脚本

要想顺利地创建并执行 Shell 脚本，要做到 3 件事。

1．编写脚本。Shell 脚本是普通的文本文件。所以，我们需要文本编辑器来编写脚本。优秀的文本编辑器能够提供语法高亮功能，使我们可以查看各种彩色的脚本元素。语法高亮有助于识别特定类型的常见错误。Vim、gedit、Kate 等都是不错的备选文本编辑器。

2．将脚本设置为可执行。系统不会将任何文本文件视为可执行程序，我们需要手动设置脚本的可执行权限。

3．把脚本放在 Shell 能够找到的地方。如果没有明确指定路径，Shell 会自动搜索某些目录，在其中查找可执行文件。为了最大程度的便利，我们会将脚本放置在这些目录中。

24.2.1　脚本文件格式

沿用编程传统，我们来创建一个简单的“Hello World”脚本。打开文本编辑器，输入下列脚本：

```
#!/bin/bash

# 这是我们的第一个脚本

echo 'Hello World!'
```

脚本最后一行很眼熟，这不就是一个带有字符串参数的 echo 命令吗？第二行也不陌生，是我们见过并编辑过的很多配置文件中用到的注释。在 Shell 脚本中，注释可以出现在代码行尾，只要之前至少有一个空白字符即可，例如：

```
echo 'Hello World!' # 这也是注释
```

代码行内的#之后的所有内容都会被忽略。

同样，这个规则也适用于命令行。

```
[me@linuxbox ~]$ echo 'Hello World!' # 这也是注释
Hello World!
```

尽管很少会在命令行中这样使用注释，不过这个规则确实可行。

脚本的第一行有点儿神秘，看起来似乎是注释，因为是以#开头的。事实上，字符序列#!是一种名为 shebang 的特殊构件[1]。shebang 用于告知内核该使用哪个解释器执行接下来的脚本。所有的 Shell 脚本都应该将其作为第一行。

将这个脚本文本文件被保存为 hello_world。

24.2.2 可执行权限

接下来就是使脚本能够执行，用 chmod 可以轻松实现。

```
[me@linuxbox ~]$ ls -l hello_world
-rw-r--r-- 1 me      me      63 2018-03-07 10:10 hello_world
[me@linuxbox ~]$ chmod 755 hello_world
[me@linuxbox ~]$ ls -l hello_world
-rwxr-xr-x 1 me      me      63 2018-03-07 10:10 hello_world
```

脚本有两种常见的权限设置：755 和 700。前者赋予所有用户可执行权限，后者仅赋予属主可执行权限。注意，脚本必须具有读取权限才能执行。

24.2.3 脚本位置

设置好了权限，就可以执行脚本了。

```
[me@linuxbox ~]$ ./hello_world
Hello World!
```

要想执行脚本，必须在脚本名称之前指定路径。如果不这么做，就会得到下面的执行结果：

```
[me@linuxbox ~]$ hello_world
bash: hello_world: command not found
```

怎么会这样？我们的脚本跟其他程序有什么不同吗？答案：没有。脚本没有任何问题，问题在于它所在的位置。我们在第 11 章中讨论过环境变量 PATH 及其对系统在搜索可执行程序时的影响。回忆一下，如果没有明确指定路径，系统每次都会在一系列目录中搜索可执行文件。这就是为什么我们在命令行中输入 ls 的时候，系统知道执行/bin/ls 的原因。/bin 目录是系统自动搜索的目录之一。待搜索的各个目录保存在环境变量 PATH 中。PATH 的值是以冒号分隔的目录列表，我们可以查看 PATH 的内容。

```
[me@linuxbox ~]$ echo $PATH
/home/me/bin:/usr/local/sbin:/usr/local/bin:/usr/sbin:/usr/bin:/sbin:/bin:/usr/games
```

[1] shebang 这个词其实是两个字符名称 sharp-bang 的缩写，在 UNIX 的惯用术语里，用 sharp 或 hash（有时候是 mesh）来称呼#，用 bang 来称呼!，因而 shebang 就代表了这两个字符。——译者注

我们看到了多个目录，如果脚本位于其中任何一个目录，问题就迎刃而解了。注意列表中的第一个目录/home/me/bin。大多数 Linux 发行版会在 PATH 变量中加入用户主目录下的 bin 目录，以便用户执行自己的程序。如果我们也创建了 bin 目录并将脚本置于其中，它就能像其他程序一样直接执行了。

```
[me@linuxbox ~]$ mkdir bin
[me@linuxbox ~]$ mv hello_world bin
[me@linuxbox ~]$ hello_world
Hello World!
```

如果 PATH 变量中没有包含该目录，自己动手添加也不麻烦，把下面这行加入.bashrc 文件中即可：

```
export PATH=~/bin:"$PATH"
```

改动会在每个新的终端会话中生效。要想将改动应用于当前终端会话，我们必须让 Shell 重新读取.bashrc 文件。这可以通过 sourcing 操作来实现。

```
[me@linuxbox ~]$ . .bashrc
```

点号命令是 source 命令的同义词，该内建命令读取指定的 Shell 命令文件，将其中的命令视为直接从键盘输入的命令。

注意　对于 Ubuntu（还有多数基于 Debian 的系统），在执行用户的.bashrc 文件时，如果~/bin 目录已存在，则自动将其添加到 PATH 变量中。在 Ubuntu 中，我们创建好~/bin 目录，然后注销，再重新登录，一切就都妥当了。

24.2.4 脚本的理想位置

~/bin 目录是一个存放个人脚本的理想位置。如果我们编写了一个允许系统所有用户都可以使用的脚本，那么这类脚本的传统存放位置是/usr/local/bin。超级用户使用的脚本通常放置在/usr/local/sbin。在大多数情况下，本地提供的软件，无论是脚本或者是编译好的程序，都应该放置在/usr/local 中，而非/bin 或/usr/bin 中。这些目录都是由 Linux 文件系统层次结构标准规定的，只能包含由 Linux 发行商所提供和维护的文件。

24.3 更多的格式技巧

编写脚本时之所以要认真严肃，其中一个重要原因就是让脚本便于维护。也就是说，脚本要方便作者或其他人根据需要进行修改。让脚本易读易理解是增强其可维护性的一种方法。

24.3.1 长选项

我们学习过的很多命令都支持短选项和长选项。例如，ls 命令的众多选项，既可以用短选项表示，也可以用长选项表示：

```
[me@linuxbox ~]$ ls -ad
```

等价于：

```
[me@linuxbox ~]$ ls --all --directory
```

为了减少输入，在命令行上输入选项时，短选项更为可取，但是在编写脚本时，长选项可以增强可读性。

24.3.2 缩进与续行

当使用冗长的命令时，可以将命令分散写成多行，以此增强可读性。在第 17 章中，我们碰到过一个特别长的 find 命令示例。

```
[me@linuxbox ~]$ find playground \( -type f -not -perm 0600 -exec
chmod 0600 '{}' ';' \) -or \( -type d -not -perm 0700 -exec chmod
0700 '{}' ';' \)
```

显然，该命令不太容易被一眼看明白其含义。在脚本中，如果将其写成下面这种形式，会更容易理解：

```
find playground \
    \( \
        -type f \
        -not -perm 0600 \
        -exec chmod 0600 '{}' ';' \
    \) \
    -or \
    \( \
        -type d \
        -not -perm 0700 \
        -exec chmod 0700 '{}' ';' \
    \)
```

利用续行（“反斜线—换行符”序列）和缩进，能够更清晰地描述这个复杂命令背后的逻辑。该技术也适用于命令行，不过很少会用到，原因在于其不便于输入和编辑。脚本和命令行的一个区别是，脚本可以使用制表符来实现缩进，而命令行却无法实现，因为按 Tab 键会激活自动补齐功能。

脚本编写用到的 Vim 配置

Vim 文本编辑器的配置选项非常非常多，有几个常用选项为编写脚本提供了方便。

启用语法高亮：

```
:syntax on
```

设置该选项后，在查看 Shell 时，不同的 Shell 语法元素会以不同的颜色显示。这不仅有助于识别某些编程错误，而且看起来也够酷。注意，要想使用这项特性，必须安装完整版的 Vim，所编辑的文件还必须含有 shebang，以表明这是一个 Shell 脚本文件。如果设置上面的命令有困难，可以试一试 set syntax=sh。

启用查找结果高亮：

```
:set hlsearch
```

假设我们要查找单词 echo。启用该选项后，该单词的所有实例都会高亮显示。

下面的命令设置制表符占用的列数：

```
:set tabstop=4
```

默认值是 8 列。将列数设置为 4（这是一种常见做法）便于较长的行适应屏幕。

启用“自动缩进”特性：

```
:set autoindent
```

这个选项会使 Vim 在缩进新行的时候与上一行保持一致。这能够加快很多编程构建的输入速度。按 Ctrl-D 组合键可以停止缩进。

将这些命令（不包括开头的冒号）加入你的 ~/.vimrc 文件，就能使改动永久有效。

24.4　总结

这是第四部分的第 1 章，我们介绍了如何编写脚本以及如何轻松地在系统中执行脚本。此外，我们还了解到如何使用各种格式化技术来增强脚本的可读性（进而增强可维护性）。在后文中，易于维护会作为编写良好脚本的核心原则一次又一次出现。

第25章 启动项目

从本章起，我们将启动项目。这个项目的目的在于了解如何使用各种Shell特性来创建程序，尤其是创建优秀的程序。

我们要编写的程序是报告生成器。它会显示系统的各种统计数据和状态，以HTML格式来生成报告，方便我们使用Web浏览器（如Firefox或Chrome）查看。

程序往往要经过一系列阶段的编写才能完成，每个阶段都会添加新特性和新功能。我们这个程序的第一阶段会产生一个不包含任何系统信息（在后文中会添加）的最小化HTML页面。

25.1 第一阶段：最小化文档

我们要做的第一件事就是创建结构良好的HTML文件，如下所示：

```
<html>
        <head>
                <title>Page Title</title>
        </head>
        <body>
```

```
            Page body.
        </body>
</html>
```

如果将这些内容输入文本编辑器，将文件保存为 foo.html，就可以在 FireFox 中使用地址 file:///home/username/foo.html 查看该文件。

程序第一阶段的目标是将这个 HTML 文件输出至标准输出。我们可以编写一个程序来轻松地完成此任务。启动文本编辑器，创建新文件~/bin/sys_info_page：

```
[me@linuxbox ~]$ vim ~/bin/sys_info_page
```

输入下列程序：

```
#!/bin/bash

# 程序输出一个系统信息页

echo "<html>"
echo "      <head>"
echo "            <title>Page Title</title>"
echo "      </head>"
echo "      <body>"
echo "            Page body."
echo "      </body>"
echo "</html>"
```

我们给出的第一个解决方案中包含了 shebang 行、注释以及一系列 echo 命令。保存好文件，设置可执行权限，执行一下试一试：

```
[me@linuxbox ~]$ chmod 755 ~/bin/sys_info_page
[me@linuxbox ~]$ sys_info_page
```

程序执行时，我们应该会看到 HTML 文档的内容出现在显示器上，这是因为脚本中的 echo 命令会将其输出发送至标准输出。再次执行该程序，将程序的输出重定向到 sys_info_page.html，这样就能使用 Web 浏览器查看结果了：

```
[me@linuxbox ~]$ sys_info_page > sys_info_page.html
[me@linuxbox ~]$ firefox sys_info_page.html
```

在编写程序时，应该力求简洁明了。如果程序利于阅读和理解，维护起来就省心多了，而且通过减少输入量，程序也更容易编写。该程序的当前版本虽然工作良好，但还可以简化。我们可以将所有的 echo 命令合并成一个，这样的话，在添加更多的程序输出时肯定会更容易。因此，将程序修改如下：

```
#!/bin/bash

# 程序输出一个系统信息页

echo "<html>
      <head>
            <title>Page Title</title>
      </head>
      <body>
            Page body.
      </body>
</html>"
```

被引用的字符串中可以加入换行符，也就是说，能够包含多行文本。Shell 持续读入文本，直到遇见闭合引号。这种方法在命令行中也管用：

```
[me@linuxbox ~]$ echo "<html>
>         <head>
>                 <title>Page Title</title>
>         </head>
>         <body>
>                 Page body.
>         </body>
> </html>"
```

每行开头的>属于提示符，保存在 Shell 变量 PS2 中。只要在 Shell 中输入了多行语句，就会出现该提示符。这个特性现在还有点儿让人不明所以，但是稍后，等到我们介绍多行编程语句时，你就会发现它非常方便。

25.2 第二阶段：添加数据

现在，我们程序已经可以生成最小化文档，接着要在其中添加数据。为此，需要做出以下改动：

```
#!/bin/bash

# 程序输出一个系统信息页

echo "<html>
        <head>
                <title>System Information Report</title>
        </head>
        <body>
```

```
                <h1>System Information Report</h1>
        </body>
</html>"
```

我们加入了一个页标题，并为报告添加了正文标题。

25.3 变量与常量

但是，我们的脚本存在一个问题。注意字符串 System Information Report 重复了多少次？对我们这种微型脚本来说，这算不上什么事。然而，假设我们的脚本代码量很大，其中就会有大量该字符串的实例。如果想把标题修改为其他内容，那就不得不在多处进行修改，这工作量可就大了。如果我们修改脚本，让字符串只出现一次而不是多次呢？这大大简化了日后的脚本维护工作。实现方法如下：

```
#!/bin/bash

# 程序输出一个系统信息页

title="System Information Report"

echo "<html>
        <head>
                <title>$title</title>
        </head>
        <body>
                <h1>$title</h1>
        </body>
</html>"
```

通过创建名为 title 的变量并为其赋值 System Information Report，我们就可以利用参数扩展，将字符串置于多个位置。

那该如何创建变量？很简单，直接用就行了。当 Shell 碰到一个变量时，会自动创建该变量。这一点不同于很多编程语言，在后者中，在使用变量之前必须明确声明或定义变量。Shell 对此要求并不严格，这也导致了一些问题。例如，考虑命令行中出现的下列场景：

```
[me@linuxbox ~]$ foo="yes"
[me@linuxbox ~]$ echo $foo
yes
[me@linuxbox ~]$ echo $fool

[me@linuxbox ~]$
```

我们先为变量 foo 赋值 yes，然后使用 echo 显示该变量的值。接下来，我们显示了一个拼错名字的变量 fool 的值，结果得到的是空值。这是因为 Shell 在碰到 fool 变量时，很乐意创建该变量，并为其设置了默认的空值。由此看出，一定要加倍注意自己的拼写！此外，理解在这个示例中究竟发生了什么也非常重要。我们先前学过，Shell 会执行扩展，所以下列命令：

```
[me@linuxbox ~]$ echo $foo
```

其完成参数扩展后的结果为：

```
[me@linuxbox ~]$ echo yes
```

相比之下，下列命令：

```
[me@linuxbox ~]$ echo $fool
```

其完成参数扩展后的结果为：

```
[me@linuxbox ~]$ echo
```

空变量被扩展之后也是空变量！这对要求参数的命令而言可就是灾难了。来看下面的例子：

```
[me@linuxbox ~]$ foo=foo.txt
[me@linuxbox ~]$ foo1=foo1.txt
[me@linuxbox ~]$ cp $foo $fool
cp: missing destination file operand after 'foo.txt'
Try 'cp --help' for more information.
```

我们分别为变量 foo 和 foo1 赋值。在执行 cp 命令时，不小心拼错了第二个参数的名称。经过扩展之后，cp 命令只得到了一个参数，而按照命令语法，则需要两个参数。

变量命名是有一些规则的。

- 变量名可以包含字母数字字符（字母和数字）和下画线。
- 变量名的第一个字符只能是字母或下画线。
- 变量名中不允许出现空格符和标点符号。

“变量”一词暗示了其值可以改变，在很多应用程序中，变量也就是这么用的。但是，在我们的程序中，变量 title 被用作常量。常量和变量一样，有名称，也有值。两者的区别在于常量的值不能改变。在执行几何计算的应用中，我们可以定义 PI 为常量，将其赋值为 3.1415，不再在程序中到处使用具体数值。Shell 并不区分变量和常量，这种区分主要是为了方便程序员理解。普遍惯例是使用大写字母表示常量，小写字母表示变量。我们将脚本据此进行修改：

```
#!/bin/bash

# 程序输出一个系统信息页

TITLE="System Information Report For $HOSTNAME"

echo "<html>
        <head>
                <title>$TITLE</title>
        </head>
        <body>
                <h1>$TITLE</h1>
        </body>
</html>"
```

我们还借此机会在标题中加入了 Shell 变量 HOSTNAME 的值。该变量包含着主机的网络名称。

注意 Shell 其实还提供了一种强制常量不变性（immutability）的方法，这是通过使用带有-r 选项（read-only）的内建命令 delcare 实现的。我们用此方法为 TITLE 赋值：

```
declare -r TITLE="Page Title"
```

Shell 会阻止之后对 TITLE 的赋值操作。这个特性很少被使用，只有在非常正式的脚本中才会看到它。

25.3.1 为变量与常量赋值

我们之前学过的 Shell 扩展知识就要在这里派上用场了。变量的赋值方式如下：

```
variable=value
```

其中，variable 是变量名，value 是字符串。不同于其他一些编程语言，Shell 并不在意变量赋值的数据类型，它将一切都视为字符串。你可以使用带有-i 选项的 declare 命令强制 Shell 只能赋值整数，但就像设置只读变量一样，这种做法也很少见。

注意，在赋值操作中，变量名、赋值号、值这三者之间绝不能出现空白字符。那么，值可以是什么？只要值能扩展成字符串，是什么都可以。

```
a=z                     # 将字符串 z 赋给变量 a
b="a string"            # 内嵌空格符的字符串必须放入双引号中
c="a string and $b"     # 赋值中包含其他扩展（例如，变量扩展）
d="$(ls -l foo.txt)"    # 命令的执行结果
e=$((5 * 7))            # 算术扩展
f="\t\ta string\n"      # 转义序列，例如制表符、换行符
```

在一行中也可以完成多个变量的赋值。

```
a=5 b="a string"
```

在进行扩展时，变量名两边可以有选择地添加花括号。如果变量名由于其所在的上下文而产生歧义，花括号就能发挥作用了。我们尝试使用变量将文件 myfile 重命名为 myfile1：

```
[me@linuxbox ~]$ filename="myfile"
[me@linuxbox ~]$ touch "$filename"
[me@linuxbox ~]$ mv "$filename" "$filename1"
mv: missing destination file operand after 'myfile'
Try 'mv --help' for more information.
```

操作失败的原因在于 Shell 将 mv 命令的第二个参数解释为一个新变量（内容为空）。解决方法如下：

```
[me@linuxbox ~]$ mv "$filename" "${filename}1"
```

在两边添加花括号之后，Shell 就不会再认为末尾的 1 属于变量名的一部分了。

注意 将变量和命令替换置于双引号内，以此限制 Shell 对其进行单词分割（word-splitting）操作，这是一种很好的做法。如果变量中可能包含文件名，双引号就尤为重要。

我们借此机会向报告中添加一些数据：报告生成的日期和时间以及创建者的用户名。

```
#!/bin/bash

# 程序输出一个系统信息页

TITLE="System Information Report For $HOSTNAME"
CURRENT_TIME="$(date +"%x %r %Z")"
TIMESTAMP="Generated $CURRENT_TIME, by $USER"

echo "<html>
        <head>
                <title>$TITLE</title>
        </head>
        <body>
                <h1>$TITLE</h1>
                <p>$TIMESTAMP</p>
        </body>
</html>"
```

25.3.2 here document

我们已经见识过两种不同的文本输出方式，二者使用的都是 echo 命令，还有第 3 种称为 here document 或 here script 的方式。here document 是另一种 I/O 重定向形式，我们利用它在脚本内嵌入文本块并将其送至命令的标准输入。here document 的形式如下：

```
command << token
text
token
```

其中，command 是能够接受标准输入的命令名称，token 是一个字符串，用于标示嵌入文本的起止。我们接下来按照 here document 的方法修改脚本：

```
#!/bin/bash

# 程序输出一个系统信息页

TITLE="System Information Report For $HOSTNAME"
CURRENT_TIME="$(date +"%x %r %Z")"
TIMESTAMP="Generated $CURRENT_TIME, by $USER"

cat << _EOF_
<html>
        <head>
                <title>$TITLE</title>
        </head>
        <body>
                <h1>$TITLE</h1>
                <p>$TIMESTAMP</p>
        </body>
</html>
_EOF_
```

我们使用 cat 和 here document 代替了先前的 echo。选择字符串_EOF_（文件起止，end of file 的缩写，这也是命名惯例）作为 token，标示嵌入文本的起止。注意，该字符串必须单独出现，所在行的末尾绝不能有空白字符。

那么，here document 的优势何在？它其实和 echo 大同小异，只不过在默认情况下，here document 中的单引号和双引号不具备特殊含义。来看一个命令行示例：

```
[me@linuxbox ~]$ foo="some text"
[me@linuxbox ~]$ cat << _EOF_
> $foo
> "$foo"
```

```
> '$foo'
> \$foo
> _EOF_
some text
"some text"
'some text'
$foo
```

可以看出，Shell 并没有理会引号，只是将其作为普通字符对待。这就使在 here document 中能够随意嵌入引号。对我们的报告程序而言，这实在是太方便了。

所有能够接受标准输入的命令都可以使用 here document。在这个例子中，我们用 here document 向 ftp 程序传递一系列命令，以便从远程 FTP 服务器上下载文件：

```
#!/bin/bash

# 通过 FTP 检索文件的脚本

FTP_SERVER=ftp.nl.debian.org FTP_PATH=/debian/dists/stretch/main/installeramd64/
current/images/cdrom REMOTE_FILE=debian-cd_info.tar.gz

ftp -n << _EOF_
open $FTP_SERVER
user anonymous me@linuxbox
cd $FTP_PATH
hash
get $REMOTE_FILE
bye
_EOF_
ls -l "$REMOTE_FILE"
```

如果将重定向操作符从<<改为<<-，Shell 就会忽略 here document 中每行文本开头的制表符（但不忽略空格符）。这样就可以对 here document 进行缩进，增强可读性。

```
#!/bin/bash

# 通过 FTP 检索文件的脚本

FTP_SERVER=ftp.nl.debian.org
FTP_PATH=/debian/dists/stretch/main/installer-amd64/current/images/cdrom
REMOTE_FILE=debian-cd_info.tar.gz

ftp -n <<- _EOF_
	open $FTP_SERVER
```

```
        user anonymous me@linuxbox
        cd $FTP_PATH
        hash
        get $REMOTE_FILE
        bye
        _EOF_

ls -l "$REMOTE_FILE"
```

该特性多少存在一些问题，因为很多文本编辑器（以及程序员自身）偏好在脚本中使用空格符来代替制表符，实现缩进效果。

25.4 总结

在本章中，我们启动了一个项目，该项目带领了我们经历成功构建脚本的一系列阶段。此外，我们还介绍了变量和常量的概念及其用法。本章提到的报告生成器是第一个用到参数扩展的应用程序。我们还学习了如何从脚本中产生输出以及嵌入文本块的各种方法。

第26章 自顶向下设计

随着程序规模逐渐扩大、功能越来越复杂，自身的设计、编码以及维护也变得愈发困难。和所有的大型项目一样，将大型的复杂任务分解成一系列小型的简单任务往往是一种不错的做法。想象一下，我们正在尝试向一位“火星来客”描述一件日常任务：去市场采购食物。我们可以按照下列步骤来描述整个过程。

1. 上车。
2. 开往市场。
3. 停车。
4. 进入市场。
5. 采购食物。
6. 回到车里。
7. 开车回家。
8. 停车。
9. 进屋。

但是，对火星来客，我们可能需要说得更详细些。我们把子任务“停车”进一步分解成下面一系列步骤。

1．找停车位。
2．将车驶入停车位。
3．关掉发动机。
4．拉手刹。
5．下车。
6．锁车。

子任务“关掉发动机”可以进一步分解成“熄火”“拔车钥匙”等步骤。按照这种方法将直到进入市场的整个过程的每一步都定义好。

先定义上层步骤，再进一步细化这些步骤，这个过程称为自顶向下设计（top-down design）。该过程可以将大而复杂的任务分解成很多小而简单的任务。自顶向下设计是一种常见的程序设计方式，尤其适合 Shell 编程。

在本章中，我们将使用自顶向下设计进一步开发报告生成器。

26.1 Shell 函数

我们的脚本目前生成 HTML 文件的步骤如下。

1．打开页面。
2．打开正文标题。
3．设置页标题。
4．关闭正文标题。
5．打开页面正文。
6．输出正文标题。
7．输出时间戳。
8．关闭页面正文。
9．关闭页面。

为了下一阶段的开发，我们将在步骤 7 和 8 之间添加一些任务。

- 输出系统正常运行时间和负载。这是自上次关机或重启之后系统的运行时长，以及在若干时间间隔内，当前运行在处理器上的平均任务量。
- 输出磁盘空间。这是系统存储设备的整体使用情况。
- 输出主目录空间。这是每个用户使用的存储空间使用量。

如果每个任务都有对应的命令，我们可以直接通过命令替换的方式将其添加到脚本中：

```
#!/bin/bash

# 程序输出一个系统信息页

TITLE="System Information Report For $HOSTNAME"
CURRENT_TIME="$(date +"%x %r %Z")"
TIMESTAMP="Generated $CURRENT_TIME, by $USER"

cat << _EOF_
<html>
        <head>
                <title>$TITLE</title>
        </head>
        <body>
                <h1>$TITLE</h1>
                <p>$TIMESTAMP</p>
                $(report_uptime)
                $(report_disk_space)
                $(report_home_space)
        </body>
</html>
_EOF_
```

我们可以通过两种方式创建这些额外的命令。要么编写 3 个独立的脚本，放置在 PATH 所列出的目录中；要么将脚本作为 Shell 函数嵌入程序中。我们之前提到过，Shell 函数就是位于其他脚本内的“迷你脚本”，可用作自主程序（autonomous program）。Shell 函数有两种语法形式，一种比较正式：

```
function name {
      commands
      return
}
```

另一种比较简单（通常也是首选）：

```
name () {
      commands
      return
}
```

其中，name 是函数名称，commands 是函数包含的一系列命令。这两种形式都是等价的，可以交换使用。下面的脚本演示了 Shell 函数的用法：

```
1   #!/bin/bash
2
3   # Shell 函数演示
```

```
 4
 5  function step2 {
 6      echo "Step 2"
 7      return
 8  }
 9
10  # 主程序起点
11
12  echo "Step 1"
13  step2
14  echo "Step 3"
```

当 Shell 读取脚本的时候，它会跳过第 1～11 行，这些行包含的是注释和函数定义。从第 12 行开始执行 echo 命令。第 13 行调用了 Shell 函数 step2，Shell 执行该函数和执行其他命令无异。程序控制权转移到第 6 行，执行第 2 个 echo 命令。接着再执行第 7 行。return 命令结束函数执行，将控制权还给函数调用之后的第 14 行，然后执行最后一个 echo 命令。注意，为了让函数调用能够被识别为 Shell 函数，不被解释为外部程序名称，Shell 函数的定义在脚本中必须出现在调用之前。

在我们的脚本中添加 Shell 函数定义：

```
#!/bin/bash

# 程序输出一个系统信息页

TITLE="System Information Report For $HOSTNAME"
CURRENT_TIME="$(date +"%x %r %Z")"
TIMESTAMP="Generated $CURRENT_TIME, by $USER"

report_uptime () {
      return
}

report_disk_space () {
      return
}

report_home_space () {
      return
}

cat << _EOF_
<html>
      <head>
            <title>$TITLE</title>
      </head>
      <body>
```

```
        <h1>$TITLE</h1>
        <p>$TIMESTAMP</p>
        $(report_uptime)
        $(report_disk_space)
        $(report_home_space)
    </body>
</html>
_EOF_
```

26.2 局部变量

在目前我们所编写的脚本中，所有的变量（包括常量）都是全局变量。在整个程序执行期间，全局变量一直存在。很多时候，这是好事。但是有时候，它会使 Shell 函数的使用变得复杂起来。在 Shell 函数内部，往往更需要局部变量。局部变量只能在定义其的 Shell 函数中有效，一旦 Shell 函数终止，就不复存在。

局部变量允许程序员使用已经存在的变量名，无论这些变量名表示脚本中的全局变量，还是其他 Shell 函数中的变量，都不用担心潜在的命名冲突。

下面的例子演示了局部变量的定义和用法：

```
#!/bin/bash

# local-vars: 演示本地变量的脚本

foo=0 # global variable foo

funct_1 () {

    local foo    # funct_1 局部变量 foo
    foo=1
    echo "funct_1: foo = $foo"
}

funct_2 () {

    local foo    # funct_2 局部变量 foo

    foo=2
    echo "funct_2: foo = $foo"
}

echo "global: foo = $foo"
funct_1
echo "global: foo = $foo"
funct_2
echo "global: foo = $foo"
```

可以看到，局部变量是通过在变量名之前添加单词 local 来定义的。所创建出的变量在其定义的 Shell 函数内部是局部变量。在该 Shell 函数外部，这个变量不存在。该脚本的执行结果如下：

```
[me@linuxbox ~]$ local-vars
global: foo = 0
funct_1: foo = 1
global: foo = 0
funct_2: foo = 2
global: foo = 0
```

我们看到，两个 Shell 函数中对局部变量 foo 的赋值并不影响在函数外所定义的变量 foo 的值。

该特性使所编写的函数之间、函数与其所在的脚本之间彼此独立。这非常重要，因为它有助于阻止程序各部分相互干扰，除此之外，也使写出的函数具备可移植性。也就是说，我们可以根据需要将某个函数从一个脚本挪用到另一个脚本中。

26.3 保持脚本执行

在开发程序时，让程序保持在可执行的状态非常有用。通过这种方式，加上频繁测试，能够在开发过程的早期检测到错误。这也会让问题的调试变得更容易。例如，如果我们执行程序，做一些小改动，再次执行该程序，此时发现了问题。这就有可能是最近的改动造成的。通过添加空函数（程序员称其为“桩代码”），我们可以较早核实程序的逻辑流程。当构建桩代码时，最好在其中包含一些能够为程序员提供反馈信息的东西，它可以显示出正在执行的逻辑流程。如果现在查看脚本的执行结果：

```
[me@linuxbox ~]$ sys_info_page
<html>
        <head>
                <title>System Information Report For twin2</title>
        </head>
        <body>
                <h1>System Information Report For linuxbox</h1>
                <p>Generated 03/19/2018 04:02:10 PM EDT, by me</p>


        </body>
</html>
```

我们看到时间戳之后出现了几个空行，但是不确定出现的原因。如果修改函数，在其中加入一些反馈信息：

```
report_uptime () {
        echo "Function report_uptime executed."
        return
}

report_disk_space () {
        echo "Function report_disk_space executed."
        return
}

report_home_space () {
        echo "Function report_home_space executed."
        return
}
```

再次执行该脚本：

```
[me@linuxbox ~]$ sys_info_page
<html>
      <head>
            <title>System Information Report For linuxbox</title>
       </head>
      <body>
            <h1>System Information Report For linuxbox</h1>
            <p>Generated 03/20/2018 05:17:26 AM EDT, by me</p>
            Function report_uptime executed.
            Function report_disk_space executed.
            Function report_home_space executed.
      </body>
</html>
```

现在我们可以看出，这 3 个函数实际上都执行了。

看来我们的函数设计框架没有问题，可以加入一些函数代码了。先是 report_uptime 函数：

```
report_uptime () {
      cat <<- _EOF_
              <h2>System Uptime</h2>
              <pre>$(uptime)</pre>
              _EOF_
      return
}
```

看起来相当直观。我们使用 here document 输出小节标题（section header）和 uptime 命令的结果，$(uptime)两边的<pre>标签用于保留该命令的格式。reprot_disk_space 函数也类似：

```
report_disk_space () {
	cat <<- _EOF_
		<h2>Disk Space Utilization</h2>
		<pre>$(df -h)</pre>
		_EOF_
	return
}
```

该函数使用 df -h 命令确定磁盘空间总量。接着，我们再来构建 report_home_space 函数：

```
report_home_space () {
	cat <<- _EOF_
		<h2>Home Space Utilization</h2>
		<pre>$(du -sh /home/*)</pre>
		_EOF_
	return
}
```

我们使用带有-sh 选项的 du 命令来执行这项任务。但这并非该问题的完整解决方案，尽管这在某些系统（如 Ubuntu）中可行，但是在其他系统中就不管用了。原因在于多系统设置了主目录的权限，避免所有用户都能读取其中的内容，这种安全措施是合理的。在这类系统中，report_home_space 函数要想正常工作，只能以超级用户权限执行脚本才行。一种更好的解决方案是让脚本能够根据用户权限调整自己的行为。我们留待第 27 章再讨论。

.bashrc 文件中的 Shell 函数

Shell 函数是别名的较好替代，实际上也是创建供个人使用的轻量命令的首选方法。别名受限于其所支持的命令类型和 Shell 特性，而任何只要能写进脚本的内容，Shell 函数都支持。例如，如果我们觉得脚本所编写的 Shell 函数 report_disk_space 还不错，则可以为.bashrc 文件创建一个类似 ds 的函数：

```
ds () {
	echo "Disk Space Utilization For $HOSTNAME"
	df –h
}
```

26.4 总结

在本章中，我们介绍了一种称为自顶向下设计的常见程序设计方法，知道了如何使用 Shell 函数来完成所需的逐步细化步骤。我们还学习了如何使用局部变量使 Shell 函数之间、Shell 函数与所在脚本之间相互独立，以此实现 Shell 函数的可移植性，使其能够在多个脚本中被重用，从而节省大量的时间。

第27章

流程控制：if 分支

在第 26 章中，我们碰到了一个问题。我们的报告生成器该如何适应执行该脚本的用户的权限？解决方法要求我们找到一种方法，它可以根据测试结果，改变脚本的执行流程。用编程术语来说，它就是需要程序分支。

让我们来考虑一个使用伪代码表示的简单逻辑示例，伪代码是为了便于人类理解而对计算机语言的一种模仿。

```
X = 5
If X = 5, then:
    Say "X equals 5."
Otherwise:
    Say "X is not equal to 5."
```

这就是分支。根据条件"X 是否等于 5？"，是则执行操作 Say"X equals 5"；否则执行操作 Say"X is not equal to 5"。

27.1 if语句

在 Shell 中，我们可以将上述逻辑表达为：

```
x=5

if [ "$x" -eq 5 ]; then
      echo "x equals 5."
else
      echo "x does not equal 5."
fi
```

后者也可以直接在命令行输入（略微精简过）：

```
[me@linuxbox ~]$ x=5
[me@linuxbox ~]$ if [ "$x" -eq 5 ]; then echo "equals 5"; else echo "does not equal 5";
fi
equals 5
[me@linuxbox ~]$ x=0
[me@linuxbox ~]$ if [ "$x" -eq 5 ]; then echo "equals 5"; else echo "does not equal 5";
fi
does not equal 5
```

在这个例子中，我们执行了命令两次：第一次，将 x 设置为 5，结果输出字符串“equals 5”；第二次，将 x 设置为 0，结果输出字符串“does not equal 5”。

if 语句的语法如下：

```
if commands; then
      commands
[elif commands; then
      commands...]
[else
      commands]
fi
```

其中，commands 是命令列表。这一点会让人有点儿困惑。不过在澄清之前，我们得先看一看 Shell 是如何评判命令执行成功或失败的。

27.2 退出状态

命令（包括我们编写的脚本和 Shell 函数）在结束时会向系统返回一个值，我们称其为“退出状态”。这是一个取值范围在 0～255 的整数，代表命令执行成功还是失败。按照惯例，数值 0 表示执行成功，其他的数值表示执行失败。Shell 提供了一个可以用来检测退出状态的参数。来看下面的示例：

```
[me@linuxbox ~]$ ls -d /usr/bin
/usr/bin
[me@linuxbox ~]$ echo $?
0
[me@linuxbox ~]$ ls -d /bin/usr
ls: cannot access /bin/usr: No such file or directory
[me@linuxbox ~]$ echo $?
2
```

在这个例子中，我们执行了 ls 命令两次。第一次，命令执行成功。如果显示参数$?的值，可以看到值为 0。第二次执行 ls 命令时，指定一个不存在的目录，产生了错误，这时再显示参数$?的值，可以看到这次值为 2，表明命令出错。有些命令使用不同的退出状态值供诊断错误，而不少命令在执行失败时，只简单地返回数值 1 并退出。手册页通常在“Exit Status”一节中描述了命令会使用什么样的退出状态值。不过，数值 0 总表示执行成功。

Shell 提供了两个极其简单的内建命令，除了返回退出状态值 0 或 1，不做任何事。true 命令总能执行成功，而 false 命令总执行失败：

```
[me@linuxbox ~]$ true
[me@linuxbox ~]$ echo $?
0
[me@linuxbox ~]$ false
[me@linuxbox ~]$ echo $?
1
```

我们可以使用这些命令来了解 if 语句是如何工作的。if 语句所做的工作其实就是判断命令执行成功与否：

```
[me@linuxbox ~]$ if true; then echo "It's true."; fi
It's true.
[me@linuxbox ~]$ if false; then echo "It's true."; fi
[me@linuxbox ~]$
```

如果 if 之后的命令执行成功，就执行命令 echo "It's true"；否则，就不执行该命令。如果 if 之后是命令列表，则判断其中最后一个命令的退出状态值：

```
[me@linuxbox ~]$ if false; true; then echo "It's true."; fi
It's true.
[me@linuxbox ~]$ if true; false; then echo "It's true."; fi
[me@linuxbox ~]$
```

27.3 使用 test

目前为止，和 if 一样用得较多的命令是 test。test 命令会执行各种检查和比较。该命令有两种等价的形式。第一种：

```
test expression
```

第二种，也是更流行的形式：

```
[ expression ]
```

其中，expression 是一个表达式，求值结果要么为真，要么为假。如果为真，test 命令返回退出状态值 0；如果为假，则返回 1。

要注意的是，test 和[其实都是命令。在 Bash 中，两者均为内建命令[1]，但也作为独立的可执行文件存在于/usr/bin 中，供其他 Shell 使用。表达式其实就是[命令的参数，该命令同时要求将]作为其最后一个参数。

test 和[命令都支持大量实用的表达式和测试。

27.3.1 文件表达式

表 27-1 列出了用于评估文件状态的 test 的文件表达式。

表 27-1 test 的文件表达式

表达式	什么情况下为真
file1-ef file2	file1 和 file2 具有相同的 i 节点编号（两个文件名通过硬链接指向同一个文件）
file1-nt file2	file1 比 file2 新
file1-ot file2	file1 比 file2 旧
-b file	file 存在且为块设备文件
-c file	file 存在且为字符设备文件
-d file	file 存在且为目录
-e file	file 存在
-f file	file 存在且为普通文件
-g file	file 存在且设置了 SGID 位
-G file	file 存在且为有效组 ID 所有
-k file	file 存在且设置了“粘滞位”
-L file	file 存在且为符号链接
-O file	file 存在且为有效用户 ID 所有

[1] Bash 将其实现为内建命令是为了提高执行效率。

续表

表达式	什么情况下为真
-p file	file 存在且为具名管道
-r file	file 存在且可读（有效用户具有可读权限）
-s file	file 存在且为不为空
-S file	file 存在且为网络套接字
-t fd	fd 是与终端关联的文件描述符。该表达式可用于判断标准输入/输出/错误是否被重定向
-u file	文件存在且设置了 SUID 位
-w file	file 存在且可写（有效用户具有写权限）
-x file	file 存在且可执行（有效用户具有执行/搜索权限）

下面的脚本演示了其中一些文件表达式：

```
#!/bin/bash

# test-file: 评估文件的状态

FILE=~/.bashrc

if [ -e "$FILE" ]; then
	if [ -f "$FILE" ]; then
		echo "$FILE is a regular file."
	fi
	if [ -d "$FILE" ]; then
		echo "$FILE is a directory."
	fi
	if [ -r "$FILE" ]; then
		echo "$FILE is readable."
	fi
	if [ -w "$FILE" ]; then
		echo "$FILE is writable."
	fi
	if [ -x "$FILE" ]; then
		echo "$FILE is executable/searchable."
	fi
else
	echo "$FILE does not exist"
	exit 1
fi

exit
```

该脚本对常量 FILE 中包含的文件进行评估并显示相应的结果。该脚本有两处值得注意的地方。首先，注意如何在表达式中引用参数$FILE。尽管在语法层面上并不要求添加引号，但引号可以防范参数为空或只包含空白字符的情况。如果$FILE经过参数扩展后产生一个空值，就会导致错误（操作符会被解释为非空字符串，不再被视为操作符）。将参数放入引号，这样可以确保操作符之后总有一个字符串，哪怕是空串。其次，注意脚本结尾处的 exit 命令。该命令接受单个可选参数，以作为脚本的退出状态。如果不指定参数，则退出状态默认为最后执行的那个命令的退出状态。按照这种方法使用 exit，如果$FILE 扩展为一个不存在的文件名时，脚本能够提示失败。exit 命令出现在脚本的最后一行只是一种形式而已。这样，当脚本执行到最后时，会以最后执行的命令的退出状态结束。

类似地，通过为 return 命令指定一个整数参数，Shell 函数也可以返回退出状态。如果想将上面的脚本转换为一个 Shell 函数，使其包含在更大的程序中，可以使用 return 命令替代 exit 命令，就能得到想要的效果。

```
test_file () {

	# test-file: 评估文件的状态

	FILE=~/.bashrc

	if [ -e "$FILE" ]; then
		if [ -f "$FILE" ]; then
			echo "$FILE is a regular file."
		fi
		if [ -d "$FILE" ]; then
			echo "$FILE is a directory."
		fi
		if [ -r "$FILE" ]; then
			echo "$FILE is readable."
		fi
		if [ -w "$FILE" ]; then
			echo "$FILE is writable."
		fi
		if [ -x "$FILE" ]; then
			echo "$FILE is executable/searchable."
		fi
	else
		echo "$FILE does not exist"
		return 1
	fi

}
```

27.3.2 字符串表达式

表 27-2 列出了用于评估字符串的 test 的字符串表达式。

表 27-2 test 的字符串表达式

表达式	什么情况下为真
string	string 不为空
-n string	string 的长度大于 0
-z string	string 的长度为 0
string1= string2 string1== string2	string1 和 string2 相同。单等号和双等号都可以使用。最好使用双等号，但其不符合 POSIX
string1!= string2	string1 和 string2 不相同
string1> string2	string1 的排序位于 string2 之后
string1< string2	string1 的排序位于 string2 之前

注意 在使用 test 时，必须将表达式操作符>和<引用起来（或者通过反斜线转义）。如果不这么做，两者会被 Shell 解释为重定向操作符，有可能会造成破坏性后果。另外还要注意，尽管 Bash 文档中说过排序遵从当前语言环境的排序规则，但事实并非如此。一直到 4.0 版本，Bash 一直使用的是 ASCII（POSIX）排序。这个问题在 4.1 版本中才纠正过来。

下面的脚本演示了字符串表达式的用法：

```
#!/bin/bash

# test-string: 计算字符串的值

ANSWER=maybe

if [ -z "$ANSWER" ]; then
      echo "There is no answer." >&2
      exit 1
fi

if [ "$ANSWER" = "yes" ]; then
      echo "The answer is YES."
elif [ "$ANSWER" = "no" ]; then
      echo "The answer is NO."
elif [ "$ANSWER" = "maybe" ]; then
      echo "The answer is MAYBE."
else
      echo "The answer is UNKNOWN."
fi
```

在该脚本中，我们评估常量ANSWER。我们先判断字符串是否为空。如果是，终止脚本，将退出状态设置为1。注意，echo命令使用了重定向，将错误消息“There is no answer.”重定向到标准错误，这是处理错误消息的正确方式。如果字符串不为空，就看它是否为“yes”“no”或“maybe”，我们通过elif（else if的缩写）进行这些判断。利用elif，我们可以构造出更为复杂的逻辑测试。

27.3.3 整数表达式

要想按照整数，而非字符串来比较值，可以使用表27-3列出的test的整数表达式。

表27-3 test的整数表达式

表达式	什么情况下为真
integer1 eq integer2	integer1 等于 integer2
integer1 ne integer2	integer1 不等于 integer2
integer1 -le integer2	integer1 小于或等于 integer2
integer1-lt integer2	integer1 小于 integer2
integer1-ge integer2	integer1 大于或等于 integer2
integer1-gt integer2	integer1 大于 integer2

下面的脚本演示了整数表达式的用法：

```
#!/bin/bash

# test-integer: 计算整数的值

INT=-5

if [ -z "$INT" ]; then
      echo "INT is empty." >&2
      exit 1
fi

if [ "$INT" -eq 0 ]; then
      echo "INT is zero."
else
      if [ "$INT" -lt 0 ]; then
            echo "INT is negative."
      else
            echo "INT is positive."
      fi
      if [ $((INT % 2)) -eq 0 ]; then
            echo "INT is even."
      else
            echo "INT is odd."
      fi
fi
```

脚本中值得注意的部分是如何判断整数是奇数还是偶数。通过对数值执行模 2 运算（将数值除以 2 并返回余数），就可以判断出奇偶数。

27.4 更现代的 test

Bash 的现代版本包含了一个可以作为 test 增强版的复合命令，其用法如下：

```
[[ expression ]]
```

和 test 一样，其中的 expression 是一个表达式，结果要么为真，要么为假。[[]]命令（支持所有 test 表达式）类似于 test，另外还加入了一个重要的全新的字符串表达式。

```
string1 =~ regex
```

如果 string1 匹配 ERE regex，则返回真。这就为数据验证这类任务提供了诸多可能性。在整数表达式示例中，如果常量 INT 含有整数以外的其他值，脚本就会执行失败。脚本需要一种方法来核实该常量包含的是整数，可以使用[[ ]]配合=~字符串表达式操作符，按照下列方式改进脚本：

```
#!/bin/bash

# test-integer2: 计算整数的值

INT=-5

if [[ "$INT" =~ ^-?[0-9]+$ ]]; then
	if [ "$INT" -eq 0 ]; then
		echo "INT is zero."
	else
		if [ "$INT" -lt 0 ]; then
			echo "INT is negative."
		else
			echo "INT is positive."
		fi
		if [ $((INT % 2)) -eq 0 ]; then
			echo "INT is even."
		else
			echo "INT is odd."
		fi
	fi
else
	echo "INT is not an integer." >&2
	exit 1
fi
```

通过应用正则表达式，我们可以将 INT 的值限制为只能是以可选的减号起始，后跟一个或多个数字的字符串，同时也消除了 INT 为空值的可能。

[[]]的另一个特性是其中的==操作符支持和路径名扩展一样的模式匹配。来看一个例子：

```
[me@linuxbox ~]$ FILE=foo.bar
[me@linuxbox ~]$ if [[ $FILE == foo.* ]]; then
> echo "$FILE matches pattern 'foo.*'"
> fi
foo.bar matches pattern 'foo.*'
```

这使[[]]在评估文件和路径名的时候得以发挥作用。

27.5 (())——为整数设计

除了复合命令[[]]，Bash 还支持另一种复合命令(())，它在整数操作时用得上。该命令支持所有的算术求值，在第 34 章中我们会详细地讨论这个话题。

(())可用于执行算术真值测试(arithmetic truth test)。如果算术求值的结果不为 0，则测试结果为真。

```
[me@linuxbox ~]$ if ((1)); then echo "It is true."; fi
It is true.
[me@linuxbox ~]$ if ((0)); then echo "It is true."; fi
[me@linuxbox ~]$
```

有了(())，我们可以略微简化一下 test-integer2 脚本：

```
#!/bin/bash

# test-integer2a: 计算整数的值

INT=-5

if [[ "$INT" =~ ^-?[0-9]+$ ]]; then
      if ((INT == 0)); then
            echo "INT is zero."
      else
            if ((INT < 0)); then
                  echo "INT is negative."
            else
                  echo "INT is positive."
            fi
```

```
                if (( ((INT % 2)) == 0)); then
                        echo "INT is even."
                else
                        echo "INT is odd."
                fi
        fi
else
        echo "INT is not an integer." >&2
        exit 1
fi
```

注意，这里使用了<和>，==则用于测试相等性。这种语法在处理整数时看起来更自然。除此之外，由于(())复合命令是 Shell 语法的一部分，而非普通的命令，并且只能处理整数，因此它能够通过名称来识别变量，不需要执行扩展操作。我们会在第 34 章进一步讨论(())和相关的算术扩展。

27.6 组合表达式

也可以将多个表达式组合在一起，形成更为复杂的测试。表达式是通过逻辑操作符组合起来的，我们在第 17 章学习 find 命令的时候已经介绍过。test 和[[]]可用的逻辑操作有 3 种，分别是 AND、OR、NOT。test 和[[]]使用不同的操作符来表示这些逻辑操作，如表 27-4 所示。

表 27-4 逻辑操作符

操作	test	[[]]和(())
AND	-a	&&
OR	-o	||
NOT	!	!

来看一个 AND 操作的示例。下面的脚本判断整数是否位于特定取值区间内：

```
#!/bin/bash

# test-integer3: 确定整数是否位于特定取值区间内

MIN_VAL=1
MAX_VAL=100

INT=50

if [[ "$INT" =~ ^-?[0-9]+$ ]]; then
        if [[ "$INT" -ge "$MIN_VAL" && "$INT" -le "$MAX_VAL" ]]; then
```

```
            echo "$INT is within $MIN_VAL to $MAX_VAL."
        else
            echo "$INT is out of range."
        fi
else
        echo "INT is not an integer." >&2
        exit 1
fi
```

在该脚本中，我们判断整数INT的值是否位于MIN_VAL和MAX_VAL之间。这是通过[[]]实现的，该操作符包含由&&分隔的两个表达式。我们也可以使用 test 来改写：

```
if [ "$INT" -ge "$MIN_VAL" -a "$INT" -le "$MAX_VAL" ]; then
    echo "$INT is within $MIN_VAL to $MAX_VAL."
else
    echo "$INT is out of range."
fi
```

否定操作符!会对表达式的结果求反。如果表达式为假，则返回真；如果表达式为真，则返回假。在下面的脚本中，我们修改了判断逻辑，要找出位于指定取值区间之外的INT的值：

```
#!/bin/bash

# test-integer4: 确定整数是否位于指定取值区间之外

MIN_VAL=1
MAX_VAL=100

INT=50

if [[ "$INT" =~ ^-?[0-9]+$ ]]; then
    if [[ ! ("$INT" -ge "$MIN_VAL" && "$INT" -le "$MAX_VAL") ]]; then
        echo "$INT is outside $MIN_VAL to $MAX_VAL."
    else
        echo "$INT is in range."
    fi
else
        echo "INT is not an integer." >&2
        exit 1
fi
```

我们也可以在表达式两边加上括号，用于分组。如果不加括号，!仅应用于第一个表达式，而非两个表达式的组合。使用 test 写出的代码如下：

```
if [ ! \( "$INT" -ge "$MIN_VAL" -a "$INT" -le "$MAX_VAL" \) ]; then
      echo "$INT is outside $MIN_VAL to $MAX_VAL."
else
      echo "$INT is in range."
fi
```

因为 test 使用的所有表达式和操作符均被 Shell 视为命令参数（不同于[[]]和(())），所以那些对 Bash 具有特殊含义的字符（如<、>、(、)）必须进行引用或转义。

看起来 test 和[[]]的功能基本上差不多，但哪一个更好？test 是长期存在的标准（也是标准 Shell 的 POSIX 规范的一部分，多用于系统启动脚本），而[[]]是 Bash（包括其他少数现代 Shell）专用的。重要的是要了解 test 的用法，其应用范围非常广泛。但[[]]显然更加实用，更易于书写代码，所以是现代 Shell 脚本的首选。

可移植性是 UNIX 用户人士的信条

如果你和“真正的”的 UNIX 用户交流，很快就会发现他们中的不少人并不是很喜欢 Linux。他们认为 Linux 不纯粹，而且乱糟糟的。UNIX 用户的一个信条就是一切都是可移植的。这意味着你编写的任何脚本都能够不加修改地在任何类 UNIX 系统中执行。

UNIX 用户有充分的理由相信这一点。在 POSIX 出现之前，他们已经目睹过命令和 Shell 的专有扩展对 UNIX 世界的所作所为，所以自然会担心 Linux 影响到自己钟爱的系统。

但是可移植性有一个严重的缺陷阻碍了进步。可移植性始终要求使用“最小公分母”（lowest common denominator）[1]技术来行事。对于 Shell 编程，这就意味着一切都要兼容于 sh（最早的 Bourne Shell）。

这种缺陷是专有软件供应商为自家的专有扩展辩解的一个借口，也只有他们才将其称为“创新”。但这其实不过是为了锁定用户的设备而已。

GNU 工具，例如 Bash，并没有这种限制。它们通过支持标准以及实现广泛的可用性来鼓励可移植性。你可以在几乎所有的系统中（甚至包括 Windows）免费安装 Bash 和其他 GNU 工具。所以，放心使用 Bash 的所有特性吧，它是名副其实的可移植的。

[1]“最小公分母”一词最初是数学术语，后引申成为流行的日常用语，多用于描述为了满足许多人的共同点而导致内容质量下降的现象。

27.7 控制操作符：另一种分支方式

Bash 提供了两种可以执行分支的操作符，即&&（AND）和||（OR）操作符，它们类似于[[]]复合命令中的逻辑操作符。&&的语法如下：

```
command1 && command2
```

||的语法如下：

```
command1 || command2
```

重要的是理解两者的行为。对于&&操作符，先执行 command1，仅当 command1 执行成功时才执行 command2。对于||操作符，先执行 command1，仅当 command1 执行失败时才执行 command2。

用实在的话来说，这就意味着我们可以像下面这样做：

```
[me@linuxbox ~]$ mkdir temp && cd temp
```

该命令会创建一个名为 temp 的目录，如果该目录创建成功，就将当前工作目录更改为 temp。第二个命令仅在 mkdir 命令执行成功的情况下才会执行。与此类似：

```
[me@linuxbox ~]$ [[ -d temp ]] || mkdir temp
```

该命令测试目录 temp 的存在，仅当测试失败时才创建此目录。这种结构便于在脚本中处理错误，我们会在后文中详细讨论相关话题。例如，可以在脚本中这么做：

```
[ -d temp ] || exit 1
```

如果脚本需要目录 temp，而该目录又不存在，则脚本返回退出状态值 1 并终止。

27.8 总结

本章以问题开篇。我们该怎样才能使 sys_info_page 脚本能检测出用户是否具有读取主目录的权限呢？利用 if 语句，我们可以在 report_home_space 函数中添加以下代码来解决这个问题：

```
report_home_space () {
        if [[ "$(id -u)" -eq 0 ]]; then
                cat <<- _EOF_
                        <h2>Home Space Utilization (All Users)</h2>
                        <pre>$(du -sh /home/*)</pre>
                        _EOF_
```

```
        else
                cat <<- _EOF_
                        <h2>Home Space Utilization ($USER)</h2>
                        <pre>$(du -sh $HOME)</pre>
                        _EOF_
        fi
        return
}
```

我们对 id 命令的输出结果进行判断。通过使用-u 选项，id 会输出有效用户的用户 ID。超级用户的 ID 始终是 0，其他用户的 ID 是大于 0 的数字。知道了这一点，我们就可以创建两个不同的 here document，一个用于超级用户，另一个用于用户自己的主目录。

有关 sys_info_page 程序的话题暂时告一段落，不过别担心，后文还会讲到它。同时，我们将介绍一些以后用得着的技术。

第28章 读取键盘输入

到目前为止，我们编写的脚本都缺少一个常见于大多数计算机程序的特性——交互性，或者说与用户互动的能力。尽管很多程序并不需要是交互式的，但能够直接接受用户输入，确实有利于某些程序。举个例子，下面的脚本来自第27章：

```
#!/bin/bash

# test-integer2: 计算整数的值

INT=-5

if [[ "$INT" =~ ^-?[0-9]+$ ]]; then
      if [ "$INT" -eq 0 ]; then
            echo "INT is zero."
      else
            if [ "$INT" -lt 0 ]; then
                  echo "INT is negative."
```

```
            else
                echo "INT is positive."
            fi
            if [ $((INT % 2)) -eq 0 ]; then
                echo "INT is even."
            else
                echo "INT is odd."
            fi
        fi
else
    echo "INT is not an integer." >&2
    exit 1
fi
```

如果想修改 INT 的值，我们就只能编辑脚本。要是脚本能要求用户输入值，那就实用多了。在本章中，我们将介绍如何为程序加入交互性。

28.1　read——从标准输入读取值

内建命令 read 可用于从标准输入中读取一行。该命令可以读取键盘输入，如果使用了重定向，也可以读取文件的数据行。该命令用法如下：

```
read [-options] [variable...]
```

其中，options 是表 28-1 列出的一个或多个选项，variable 是一个或多个变量，用于保存输入值。如果未指定变量，则输入值保存在 Shell 变量 REPLY 中。

基本上，read 命令将标准输入按照字段分别赋给指定的变量。使用 read 命令改写之前的整数验证脚本：

```
#!/bin/bash

# read-integer: 计算整数的值

echo -n "Please enter an integer -> "
read int

if [[ "$int" =~ ^-?[0-9]+$ ]]; then
    if [ "$int" -eq 0 ]; then
        echo "$int is zero."
    else
        if [ "$int" -lt 0 ]; then
            echo "$int is negative."
        else
```

```
                echo "$int is positive."
            fi
            if [ $((int % 2)) -eq 0 ]; then
                echo "$int is even."
            else
                echo "$int is odd."
            fi
        fi
else
        echo "Input value is not an integer." >&2
        exit 1
fi
```

我们使用带有-n 选项（不输出结尾的换行符）的 echo 命令来显示提示信息，然后使用 read 命令将输入赋给 int 变量。该脚本的执行结果如下所示：

```
[me@linuxbox ~]$ read-integer
Please enter an integer -> 5
5 is positive.
5 is odd.
```

read 也可以将输入赋给多个变量，如下脚本所示：

```
#!/bin/bash

# read-multiple: 从键盘读取多个值

echo -n "Enter one or more values > "
read var1 var2 var3 var4 var5

echo "var1 = '$var1'"
echo "var2 = '$var2'"
echo "var3 = '$var3'"
echo "var4 = '$var4'"
echo "var5 = '$var5'"
```

在该脚本中，我们赋值并显示这 5 个值。注意在指定不同数量的值时，read 的行为方式是怎样的：

```
[me@linuxbox ~]$ read-multiple
Enter one or more values > a b c d e
var1 = 'a'
var2 = 'b'
var3 = 'c'
var4 = 'd'
var5 = 'e'
```

```
[me@linuxbox ~]$ read-multiple
Enter one or more values > a
var1 = 'a'
var2 = ''
var3 = ''
var4 = ''
var5 = ''
[me@linuxbox ~]$ read-multiple
Enter one or more values > a b c d e f g
var1 = 'a'
var2 = 'b'
var3 = 'c'
var4 = 'd'
var5 = 'e f g'
```

如果 read 接收到的值的数量少于预期，则多出的变量为空值；如果数量多于预期，则额外的输入全部保存在最后一个变量中。

如果没有为 read 命令指定变量，则所有的输入全部保存在 Shell 变量 REPLY 中：

```
#!/bin/bash

# read-single: read multiple values into default variable

echo -n "Enter one or more values > "
read

echo "REPLY = '$REPLY'"
```

执行该脚本，结果如下：

```
[me@linuxbox ~]$ read-single
Enter one or more values > a b c d
REPLY = 'a b c d'
```

28.1.1 选项

表 28-1 列出了 read 支持的选项。

表 28-1 read 选项

选项	描述
-a array	将输入分配给数组（从索引 0 开始）。我们会在第 35 章介绍数组
-d delimiter	将字符串 delimter 中的第一个字符（而非换行符）作为输入的结束
-e	使用 Readline 处理输入。这允许使用和命令行相同的方式编辑输入

续表

选项	描述
-i string	如果用户直接按 Enter 键，使用 string 作为默认值。需要配合-e 选项使用
-n num	从输入中读取 num 个字符，而非读取一整行
-p prompt	将字符串 prompt 作为输入提示来显示
-r	原始模式（raw mode）。不将反斜线符解释为转义
-s	静默模式。在用户输入字符时不回显。该模式适用于输入密码或其他机密信息
-t seconds	超时。seconds 秒之后终止输入。如果输入超时，read 返回非 0 退出状态值
-u fd	从文件描述符 fd（而非标准输入）中读取输入

借助各种选项，我们可以使用 read 做一些有意思的事情。例如，通过-p 选项提供提示信息：

```
#!/bin/bash

# read-single: 读取多个值作为默认变量

read -p "Enter one or more values > "

echo "REPLY = '$REPLY'"
```

通过-t 和-s 选项，我们可以编写脚本，读取“机密”输入，如果在规定时间内未完成输入，则造成超时：

```
#!/bin/bash

# read-secret: 输入“机密”

if read -t 10 -sp "Enter secret passphrase > " secret_pass; then
      echo -e "\nSecret passphrase = '$secret_pass'"
else
      echo -e "\nInput timed out" >&2
      exit 1
fi
```

该脚本提示用户输入秘密口令并等待 10s。如果在规定时间内未完成输入，脚本返回错误并退出。因为加入了-s 选项，用户输入的口令不会回显在显示器上。

可以使用-e 和-i 选项为用户提供默认值：

```
#!/bin/bash

# read-default: 如果用户按 Enter 键，则提供默认值
```

```
read -e -p "What is your user name? " -i $USER
echo "You answered: '$REPLY'"
```

在该脚本中，我们提示用户输入用户名并使用环境变量 USER 来提供默认值。当脚本执行时，会显示默认字符串。如果用户直接按 Enter 键，read 会将默认字符串赋给 REPLY 变量：

```
[me@linuxbox ~]$ read-default
What is your user name? me
You answered: 'me'
```

28.1.2 IFS

Shell 通常会对提供给 read 的输入进行单词分割。这意味着输入行中被一个或多个空白字符分隔的多个单词会变成若干个独立项，再由 read 分配给各个变量。Shell 变量内部字段分隔符（Internal Field Separator，IFS）控制着此行为。IFS 的默认值包含了空格符、制表符、换行符，它们都可用于分隔单词。

我们可以调整 IFS 的值，控制 read 的输入字段。例如，/etc/passwd 文件中的数据行采用冒号作为字段分隔符。将 IFS 的值改成冒号，就可以使用 read 读入 /etc/passwd 的内容并顺利将字段分隔存入各个变量。来看下面的实现脚本：

```
#!/bin/bash

# read-ifs: 从文件中读取字段

FILE=/etc/passwd

read -p "Enter a username > " user_name

file_info="$(grep "^$user_name:" $FILE)"

if [ -n "$file_info" ]; then
      IFS=":" read user pw uid gid name home shell <<< "$file_info"
      echo "User =      '$user'"
      echo "UID =       '$uid'"
      echo "GID =       '$gid'"
      echo "Full Name = '$name'"
      echo "Home Dir. = '$home'"
      echo "Shell =     '$shell'"
else
      echo "No such user '$user_name'" >&2
      exit 1
fi
```

该脚本提示用户输入系统的用户名，然后显示此用户在/etc/passwd 文件中对应记录的各个字段。脚本中有两处代码值得注意。第一处代码如下：

```
file_info=$(grep "^$user_name:" $FILE)
```

该行将 grep 命令的执行结果赋给变量 file_info。grep 使用正则表达式确保用户名仅匹配/etc/passwd 文件中的单行。

第二处代码如下：

```
IFS=":" read user pw uid gid name home shell <<< "$file_info"
```

该行由 3 部分组成：变量赋值、以变量列表作为参数的 read 命令，还有一个陌生的重定向操作符。我们先来看变量赋值。

Shell 允许一个或多个变量赋值直接出现在命令之前。这些赋值会修改紧随其后的命令的环境。这种赋值的效果是临时的，对环境所做的改动仅限于命名执行期间有效。在我们的例子中，IFS 的值被改为:。或者，也可以这么写：

```
OLD_IFS="$IFS"
IFS=":"
read user pw uid gid name home shell <<< "$file_info"
IFS="$OLD_IFS"
```

其中，我们先保存 IFS 的值，为其赋新值，执行 read 命令，再将 IFS 恢复到原先的值。相比之下，把变量赋值放在命令之前显然是一种更为简洁的实现方式。

<<<表示 here string。here string 类似于 here document，但是更简短，仅由单个字符串组成。在我们的例子中，/etc/passwd 文件的数据行被传入 read 命令的标准输入。你可能不明白为什么选用这么晦涩的方法，而不是用下面这种：

```
echo "$file_info" | IFS=":" read user pw uid gid name home shell
```

还是有原因的……

别把 read 放入管道

尽管 read 命令通常从标准输入中获取输入，但你不能这么做：

```
echo "foo" | read
```

我们以为这么做没问题，但事实并非如此。命令看起来成功执行了，但是 REPLY 变量却是空的。这是怎么回事？

原因在于 Shell 处理管道的方式。在 Bash（包括 sh 在内的其他 Shell）中，管道会创建子 Shell。子 Shell 是 Shell 及其环境的副本，用于执行管道内的命令。在上一个例子中，read 就是在子 Shell 中执行的。

> 类 UNIX 系统的子 Shell 会创建环境以供进程执行使用。在进程结束后，环境也被销毁。这意味着子 Shell 无法改变其父 Shell 的环境。在之前的例子中，read 将 foo 赋给其所在的子 Shell 环境内的变量 REPLY，但在 read 结束执行后，子 Shell 及其环境均会被销毁，赋值的结果也荡然无存。
>
> 使用 here string 是克服这种困难的一种方法。另一种方法会在第 36 章讨论。

28.2 验证输入

在获得读取键盘输入能力的同时，另一个编程挑战也随之而来：验证输入。好程序和差程序之间的区别往往在于处理意外情况的能力，而意外情况多以错误输入的形式出现。第 27 章的整数判断程序涉及了这方面，其中我们检查整数的值并过滤出空值和非数值的字符。重要的是，每次程序接收到输入的时候，都要执行此类检查，以防止非法数据。对多用户共享的程序更是如此。如果程序只是由作者本人拿来用于执行某些特殊任务，而且只用一次，从经济角度考虑，忽略这些防御措施也能理解。尽管如此，若程序执行的是像删除文件这类危险任务，最好还是加入输入验证，以防万一。

下面是一个对各种输入进行验证的程序示例：

```
#!/bin/bash

# read-validate: 验证输入

invalid_input () {
	echo "Invalid input '$REPLY'" >&2
	exit 1
}

read -p "Enter a single item > "

# 输入为空（无效）
[[ -z "$REPLY" ]] && invalid_input

# 输入是多个项目（无效）
(( "$(echo "$REPLY" | wc -w)" > 1 )) && invalid_input

# 输入的文件名是否有效
if [[ "$REPLY" =~ ^[-[:alnum:]\._]+$ ]]; then
	echo "'$REPLY' is a valid filename."
	if [[ -e "$REPLY" ]]; then
```

```
        echo "And file '$REPLY' exists."
    else
        echo "However, file '$REPLY' does not exist."
    fi

    # 输入是否为浮点数
    if [[ "$REPLY" =~ ^-?[[:digit:]]*\.[[:digit:]]+$ ]]; then
        echo "'$REPLY' is a floating point number."
    else
        echo "'$REPLY' is not a floating point number."
    fi

    # 输入是否为整数
    if [[ "$REPLY" =~ ^-?[[:digit:]]+$ ]]; then
        echo "'$REPLY' is an integer."
    else
        echo "'$REPLY' is not an integer."
    fi
else
    echo "The string '$REPLY' is not a valid filename."
fi
```

该脚本会提示用户进行输入，然后分析确定用户输入的内容。脚本用到了我们之前学过的概念，其中包括 Shell 函数、[[]]、(())、&&、if，还有恰到好处的正则表达式。

28.3 菜单

菜单驱动（menu-driven）是一种常见的交互方式。菜单驱动的程序会为用户呈现一系列的选项，要求用户从中选择。例如，有一个如下所示的程序：

```
Please Select:

1. Display System Information
2. Display Disk Space
3. Display Home Space Utilization
0. Quit

Enter selection [0-3] >
```

运用从编写 sys_info_page 程序过程中获得的经验，我们可以构建一个菜单驱动的程序来执行上述菜单项对应的各个任务：

```
#!/bin/bash

# read-menu: 菜单驱动的系统信息程序

clear
echo "
Please Select:

1. Display System Information
2. Display Disk Space
3. Display Home Space Utilization
0. Quit
"
read -p "Enter selection [0-3] > "

if [[ "$REPLY" =~ ^[0-3]$ ]]; then
	if [[ "$REPLY" == 0 ]]; then
		echo "Program terminated."
		exit
	fi
	if [[ "$REPLY" == 1 ]]; then
		echo "Hostname: $HOSTNAME"
		uptime
		exit
	fi
	if [[ "$REPLY" == 2 ]]; then
		df -h
		exit
	fi
	if [[ "$REPLY" == 3 ]]; then
		if [[ "$(id -u)" -eq 0 ]]; then
			echo "Home Space Utilization (All Users)"
			du -sh /home/*
		else
			echo "Home Space Utilization ($USER)"
			du -sh "$HOME"
		fi
		exit
	fi
else
	echo "Invalid entry." >&2
	exit 1
fi
```

该脚本在逻辑上分为两部分：第一部分展示了菜单并获取用户输入，第二部分识别输入并执行相应的菜单项功能。注意脚本中 exit 命令的用法，在完成用户选定的功能后，exit 可以防止继续执行不必要的代码。程序中存在多个出口通常不是什么好事（这会导致程序逻辑难以理解），但是在这个脚本中倒没什么问题。

28.4 总结

在本章中，我们迈出了程序交互的第一步，允许用户通过键盘向程序输入数据。利用迄今为止讲解过的技术，我们已经能够写出不少实用程序，例如专用计算程序以及为艰涩难用的命令行工具设计的易用前端。第 29 章我们将在菜单驱动程序概念的基础上采取进一步的改进。

另外，随着后文中的程序越来越复杂，一定要认真研究本章中的程序，充分理解其逻辑构建方式。作为练习，可以使用 test 命令替代复合命令[[]]来重写本章的程序。提示：使用 grep 命令进行正则表达式匹配，然后评估其退出状态。这会是一次不错的练习。

第29章

流程控制：while/until 循环

在第 28 章中，我们开发出了一个菜单驱动的程序，它可以提供各种系统信息。这个程序执行正常，但是却存在着重大的可用性问题：用户选择一次之后，程序就终止了。更糟糕的是，如果用户做出了无效的选择，那么程序会报错并终止，连重试的机会都没有。如果能想办法让程序重复展示菜单，一直到用户选择退出为止，效果会好得多。

在本章中，我们将介绍循环的概念。循环可用于重复执行程序的某一部分。Shell 提供了 3 种对应的复合命令。我们先讲解其中的两种，最后一种留待后文讨论。

29.1 循环

日常生活中充满了重复性活动，每天上班、遛狗、切胡萝卜等都是重复的一系列步骤。如果我们用伪代码来描述切胡萝卜的过程，可能会是这样的：

1．取案板。

2．拿刀。

3．把胡萝卜放在案板上。

4. 举刀。
5. 把胡萝卜往前挪。
6. 切胡萝卜。
7. 若整根胡萝卜都切好了，就结束；否则继续从第 4 步再开始。

第 4 步～第 7 步形成了一个循环。循环中的动作会一直重复，直到满足条件“切好整根胡萝卜”。

while

Bash 也能够表达类似的概念。假设我们想按照从 1～5 的顺序显示 5 个数字。可以编写下列 Bash 脚本来实现：

```
#!/bin/bash

# while-count: 显示一系列数字

count=1

while [[ "$count" -le 5 ]]; do
      echo "$count"
      count=$((count + 1))
done
echo "Finished."
```

脚本的执行结果如下：

```
[me@linuxbox ~]$ while-count
1
2
3
4
5
Finished.
```

while 命令的用法如下：

```
while commands; do commands; done
```

和 if 一样，while 会判断命令列表的退出状态值。只要退出状态值为 0，就执行循环内的命令。在前面的脚本中，我们创建了 count 变量并将其初始化为 1。while 命令判断复合命令[[]]的退出状态值。如果[[]]返回的退出状态值为 0，就继续执行循环内的命令。在每次循环的结尾，都重复执行[[]]。经过 5 次循环迭代后，count 变量的值增至 6，此时[[]]返回的退出状态值不再是 0，循环结束。程序接着执行循环后面的语句。

我们可以使用 while 循环改进第 28 章的 read-menu 程序。

```
#!/bin/bash

# while-menu: 菜单驱动的系统信息程序

DELAY=3 # 显示结果的秒数

while [[ "$REPLY" != 0 ]]; do
	clear
	cat <<- _EOF_
		Please Select:

		1. Display System Information
		2. Display Disk Space
		3. Display Home Space Utilization
		0. Quit

	_EOF_
	read -p "Enter selection [0-3] > "

	if [[ "$REPLY" =~ ^[0-3]$ ]]; then
		if [[ $REPLY == 1 ]]; then
			echo "Hostname: $HOSTNAME"
			uptime
			sleep "$DELAY"
		fi
		if [[ "$REPLY" == 2 ]]; then
			df -h
			sleep "$DELAY"
		fi
		if [[ "$REPLY" == 3 ]]; then
			if [[ "$(id -u)" -eq 0 ]]; then
				echo "Home Space Utilization (All Users)"
				du -sh /home/*
			else
				echo "Home Space Utilization ($USER)"
				du -sh "$HOME"
			fi
			sleep "$DELAY"
		fi
	else
		echo "Invalid entry."
		sleep "$DELAY"
	fi
done
echo "Program terminated."
```

将菜单放入 while 循环内，程序就可以在用户每次选择后重复展示菜单。只要 REPLY 不为 0，循环就不会结束，用户也就有机会再次选择。每次执行完菜单项的对应操作，就会接着执行 sleep 命令，使程序暂停几秒，以便在清除界面并重新显示菜单之前，用户能够看到所选菜单项的结果。如果 REPLY 为 0，则表明用户选择了 Quit，循环结束，接着执行 done 之后的命令。

29.2 跳出循环

Bash 提供了两个内建命令，可用于控制循环内部的程序流程。break 命令会立即终止循环，程序从循环之后的语句开始继续执行。continue 命令则跳过本次循环中剩余的部分，直接开始下一次循环。下面这个版本的 while-menu 程序引入了 break 和 continue：

```
#!/bin/bash

# while-menu2: 菜单驱动的系统信息程序

DELAY=3 # 显示结果的秒数

while true; do
	clear
	cat <<- _EOF_
		Please Select:

		1. Display System Information
		2. Display Disk Space
		3. Display Home Space Utilization
		0. Quit

	_EOF_
	read -p "Enter selection [0-3] > "

	if [[ "$REPLY" =~ ^[0-3]$ ]]; then
		if [[ "$REPLY" == 1 ]]; then
			echo "Hostname: $HOSTNAME"
			uptime
			sleep "$DELAY"
			continue
		fi
		if [[ "$REPLY" == 2 ]]; then
			df -h
			sleep "$DELAY"
```

```
                continue
            fi
            if [[ "$REPLY" == 3 ]]; then
                if [[ "$(id -u)" -eq 0 ]]; then
                    echo "Home Space Utilization (All Users)"
                    du -sh /home/*
                else
                    echo "Home Space Utilization ($USER)"
                    du -sh "$HOME"
                fi
                sleep "$DELAY"
                continue
            fi
            if [[ "$REPLY" == 0 ]]; then
                break
            fi
        else
            echo "Invalid entry."
            sleep "$DELAY"
        fi
done
echo "Program terminated."
```

这个版本使用 true 命令向 while 提供退出状态值，从而形成了一个无限循环（永远不会自行结束的循环）。true 的退出状态值始终为 0，所以循环永不会停止。这是一种几乎人人皆知的脚本技术。因为循环不会自己结束，所以需要程序员提供某种方式，使其在恰当的时刻跳出循环。在该脚本中，如果用户选择了 0，break 命令用于退出循环。为了使脚本执行更加高效，在其他处理菜单选项的脚本部分的结尾使用了 continue。在确认用户选择之后，continue 使脚本可以跳过不必要的代码。举例来说，如果确认用户选择了 1，就没必要再测试其他选项了。

until

until 和 while 大同小异，只不过 while 是在退出状态值不为 0 时结束循环，而 until 则与之相反。until 循环会在接收到为 0 的退出状态值时终止。在脚本 while-count 中，只要 count 变量小于等于 5，循环就一直继续。我们使用 until 改写脚本，也可以实现同样的效果。

```
#!/bin/bash

# until-count: 显示一系列数字

count=1
```

```
until [[ "$count" -gt 5 ]]; do
	echo "$count"
	count=$((count + 1))
done
echo "Finished."
```

将测试表达式改为$count–gt 5，until 就会在正确的时刻结束。究竟该用 while 还是 until，通常取决于哪种循环能够写出比较清晰的测试。

29.3 使用循环读取文件

while 和 until 都能处理标准输入。这使使用 while 和 until 循环处理文件成为可能。在接下来的例子中，我们将显示前文使用过的 distros.txt 文件的内容。

```
#!/bin/bash

# while-read: 从文件读取行

while read distro version release; do
	printf "Distro: %s\tVersion: %s\tReleased: %s\n" \
		"$distro" \
		"$version" \
		"$release"
done < distros.txt
```

为了将文件重定向到循环，我们在 done 语句之后加上了重定向操作符。循环会使用 read 读入被重定向文件的各个字段。每读入一行，read 就返回退出状态值 0 并退出，直至读完整个文件。这时，它返回的是非 0 退出状态，因此结束了循环。也可以通过管道将标准输入传入循环。

```
#!/bin/bash

# while-read2: 从文件读取行

sort -k 1,1 -k 2n distros.txt | while read distro version release; do
	printf "Distro: %s\tVersion: %s\tReleased: %s\n" \
		"$distro" \
		"$version" \
		"$release"
done
```

在这里，我们获取 sort 命令的输出结果并显示文本流。但由于管道使循环在子

Shell 中执行，任何在循环内创建或复制的变量在循环结束后都荡然无存，这点儿很重要，一定要记住。

29.4 总结

在介绍过函数、分支以及循环之后，程序中会用到主要的流程控制类型我们都算是学习过了。Bash 有更多的使用技巧，但也只是对这些基本概念的改进和完善而已。

第30章

故障诊断

我们的脚本现在变得更复杂了，是时候看一看出错的时候会发生什么事情了。在本章中，我们将介绍一些常见的脚本错误，研究几种可用于跟踪和解决问题的实用技术。

30.1 语法错误

一类常见错误和语法有关，即语法错误。语法错误包括输错了某些 Shell 语法元素。如果碰到此类错误，Shell 会停止执行脚本。

在后文中，我们将使用下面的脚本来演示常见的错误类型：

```
#!/bin/bash

# 错误：演示常见错误的脚本
```

```
number=1
if [ $number = 1 ]; then
      echo "Number is equal to 1."
else
      echo "Number is not equal to 1."
fi
```

该脚本执行顺利：

```
[me@linuxbox ~]$ trouble
Number is equal to 1.
```

30.1.1 缺少引号

让我们来编辑脚本，找到第一个 echo 命令的参数，将其结尾的引号去掉：

```
#!/bin/bash

# 错误：演示常见错误的脚本

number=1

if [ $number = 1 ]; then
      echo "Number is equal to 1.
else
      echo "Number is not equal to 1."
fi
```

这会导致下列情况：

```
[me@linuxbox ~]$ trouble
/home/me/bin/trouble: line 10: unexpected EOF while looking for matching '"'
/home/me/bin/trouble: line 13: syntax error: unexpected end of file
```

脚本产生了两处错误。值得注意的是，错误消息中所报告的行号并非缺少引号的位置，而是脚本中相当靠后的地方。如果我们从缺少引号处接着往下看，就知道是怎么回事了。Bash 会继续寻找闭合引号，不找到誓不罢休。它的确找到了，就是紧挨着第二个 echo 命令的那个引号。然后，Bash 可就“摸不着头脑”了，它发现接下来的 if 命令的语法不对，原因在于 fi 语句此时出现在了一个被引用（但未闭合）的字符串内部。

对于代码量较大的脚本，这种错误相当难以查找。使用带有语法高亮特性的编辑器会有所帮助。在多数情况下，这种编辑器会用与其他 Shell 语法元素明显有别的方式显示引用字符串。如果安装了完整版本的 Vim，可以通过下列命令启用语法高亮：

```
:syntax on
```

30.1.2 缺少词法单元

另一种常见错误是没有把符号或命令（如 if 或 while）写完整。让我们来看一看如果去掉 if 命令中的 test 命令之后的分号会出现什么情况：

```
#!/bin/bash

# 错误：演示常见错误的脚本

number=1

if [ $number = 1 ] then
	echo "Number is equal to 1."
else
	echo "Number is not equal to 1."
fi
```

结果如下：

```
[me@linuxbox ~]$ trouble
/home/me/bin/trouble: line 9: syntax error near unexpected token 'else'
/home/me/bin/trouble: line 9: 'else'
```

错误消息这次指向的又是一个出现在实际问题之后的错误。这里的情况着实值得注意。回想一下，if 接受命令列表，评估列表中最后一个命令的退出状态。在我们的程序中，这个命令列表原本应该只包含单个命令[（test 的同义词）；[命令之后是 4 个参数：$number、1、=、]。如果去掉了分号，单词 then 也变成了参数，这在语法上没毛病。后续的 echo 命令也是合法的。它会被解释成命令列表中的另一个命令，if 将评估其退出状态。接下来碰到的是 else，它出现在此处是不合适的，因为 Shell 将其识别为保留字（对 Shell 具有特殊含义的单词），而非命令名称，这正是导致错误消息的原因。

30.1.3 出乎意料的扩展

脚本可能会间歇性地出现错误。有时候脚本执行正常，有时候又会因为扩展结果而出错。补上之前去掉的分号，将 number 的值修改为空，现在让我们来演示一下这种现象：

```
#!/bin/bash

# 错误：演示常见错误的脚本

number=

if [ $number = 1 ]; then
      echo "Number is equal to 1."
else
      echo "Number is not equal to 1."
fi
```

执行修改后的脚本，产生下列执行结果：

```
[me@linuxbox ~]$ trouble
/home/me/bin/trouble: line 7: [: =: unary operator expected
Number is not equal to 1.
```

我们得到了一条让人摸不着头脑的错误消息，接着是第二个 echo 命令的输出结果。问题在于 test 命令内的 number 变量的扩展。当执行下列命令时：

```
[ $number = 1 ]
```

$number 经过扩展后，结果为空，test 命令就变成了：

```
[ = 1 ]
```

这种形式显然不合法，因而产生了错误。=是一个二元操作符（要求操作符两侧都要有值），但现在少了第一个值，所以 test 命令只能寄望于一元操作符（例如，-z）。由于 test 执行失败，if 命令得到的是非 0 退出状态，因此执行了第二个 echo 命令。

给 test 命令的第一个参数加上双引号就能解决这个问题：

```
[ "$number" = 1 ]
```

经过扩展后，结果如下：

```
[ "" = 1 ]
```

这样一来，参数数量就没错了。除了空串，双引号还可用于某个值会被扩展成多单词字符串（multiword string）的情况，因为文件名中是可以包含空格的。

注意 始终坚持将变量和命令替换放入双引号中，除非需要单词分割。把这句话作为一条规则记住。

30.2 逻辑错误

和语法错误不同，逻辑错误不会妨碍脚本执行。脚本照样可以执行，但因为逻辑有问题，无法产生理想的结果。可能出现的逻辑错误数不胜数，不过常见的包括以下几种。

- 条件表达错误。if/then/else 表达式很容易写错，从而造成逻辑错误，错误表达的逻辑与正确表达的逻辑南辕北辙，或者压根没表达完整。
- “差一”（off by one）错误。在使用计数器的循环中，可能会忽略循环计数需要从 0 而不是从 1 开始，才能在正确的点完成计数。这种错误要么导致循环超出终点（计数过多），要么导致少了最后一次迭代（循环提前结束）。
- 非预期情况。大多数逻辑错误是由于程序遇到了程序员没预想到的数据或情况引起的。非预期扩展也包括在内，例如包含空格符的文件名被扩展成了多个命令参数，而非单个文件名。

30.2.1 防御式编程

核实编程时的各种假设很重要，这意味要仔细评估程序的退出状态以及脚本中用到的命令。来讲一个真实的故事吧。有位系统管理员写了一个脚本，负责一台重要的服务器的维护任务。这个脚本包含了这样两行代码：

```
cd $dir_name
rm *
```

只要变量 dir_name 中包含的目录存在，以上两行代码就没有什么本质性的错误。但是，如果目录不存在呢？在这种情形下，cd 命令执行失败，脚本接着执行下一行，删除当前工作目录中的所有文件。这可完全不是想要的结果！由于这种设计，这位系统管理员销毁了服务器中一部分重要文件。

来看几个改进措施。首先，将变量 dir_name 标注起来，确保其只扩展成一个单词，同时仅在 cd 命令执行成功时才执行 rm 命令。

```
cd "$dir_name" && rm *
```

按照这种方法，如果 cd 命令执行失败，rm 命令并不会执行。脚本有所改进，但仍存在变量 dir_name 不存在或为空的可能性，这会导致用户主目录内的文件全都被删除。可以通过检查 dir_name 是否包含已有目录的名称来解决这个问题。

```
[[ -d "$dir_name" ]] && cd "$dir_name" && rm *
```

通常要加入终止脚本的逻辑，并在发生上述情况时报告错误：

```
# 删除目录$dir_name 中的文件
if [[ ! -d "$dir_name" ]]; then
      echo "No such directory: '$dir_name'" >&2
      exit 1
fi
if ! cd "$dir_name"; then
      echo "Cannot cd to '$dir_name'" >&2
      exit 1
fi
if ! rm *; then
      echo "File deletion failed. Check results" >&2
      exit 1
fi
```

其中，我们既检查名称对应的目录是否存在，也检查 cd 命令是否执行成功。如果有任意一项失败，就向标准错误发送描述性的错误消息并终止脚本，返回指示故障的退出状态。

30.2.2 小心文件名

文件检测脚本还存在另一个更为晦涩，但也非常危险的问题。在很多人看来，UNIX（以及类 UNIX 系统）在文件名方面有一处严重的设计缺陷。那就是对文件名的组成过于宽容。事实上，只有两个字符不能出现在文件名中。一个是/，因为该字符用于分隔路径名中的各个部分；另一个是空字符，该字符用于在内部标示字符串结束。除此之外的所有字符都是合法的，其中包括空格符、制表符、换行符、前导连字符（leading hyphens）、回车符等。

尤其是前导连字符。例如，把文件命名为-rf 完全没有任何问题。想想如果将该文件名作为参数传给 rm 会有什么后果。

为了防范这个问题，我们要把文件检测脚本中的 rm 命令由：

```
rm *
```

修改成：

```
rm ./*
```

这就避免了以连字符开头的文件名被误解为命令选项。作为通用规则，始终坚持在通配符（如*和?）之前加上./，以免命令误解，例如*.pdf 和???.mp3。

可移植的文件名

要想确保文件名能够在多个平台（不同类型的计算机和操作系统）之间移植，一定要注意限制文件名中可以出现的字符。有一个叫作“POSIX 可移植文件名字符集”（POSIX portable filename character set）的标准，它可以在最大程度上提高文件名跨系统使用的可能。这个标准非常简单，它允许的字符仅包括大写字母 A-Z、小写字母 a-z、数字 0-9、点号.、连字符-、下画线_。此外，还建议文件名不要以连字符开头。

30.2.3 核实输入

一个良好的编程习惯是，如果程序需要接受输入，那么必须能够应对所有的输入内容。这通常意味着一定要仔细核实输入，保证只对有效输入做进一步处理。在第 29 章讲解 read 命令时，我们曾经见到过类似的例子。脚本中包含了下列测试来核实菜单选项：

```
[[ $REPLY =~ ^[0-3]$ ]]
```

测试非常具体。如果用户输入的字符串是在 0～3 范围内的数字，则返回退出状态 0 值。其他输入概不接受。这种测试有时候写起来有难度，但要想得到高质量的脚本，努力是必不可少的。

设计得花时间打磨

当我还是一名研习工业设计的大学生时，一位睿智的教授曾说，项目的设计水平取决于设计师花费的时间。如果你用 5min 的时间来设计一个灭蝇设备，结果只能设计出苍蝇拍。如果你用了 5 个月，那设计出来的可能就是激光制导的“灭蝇系统”了。

同样的原则也适用于编程。有时候，如果只是由程序员一次性使用的话，“快而糙”的脚本也管用。这种脚本很常见，也可以快速开发出来，以节省成本。其中也用不着太多注释和防御措施。另外，如果脚本要作生产之用，也就是说，会重复用于重要任务或被多个用户使用，在开发的时候程序员可就要加倍小心了。

30.3 测试

测试是包括脚本在内的所有软件开发中的重要步骤。开源世界有种说法：早发布，勤发布。按照这种做法，软件就能够得到更多的使用和测试。经验表明，在开发周期的早期阶段更容易找出 Bug，这时修复 Bug 的代价也更低。

在第 26 章中，我们看到了如何使用桩代码核实程序流程。在脚本开发的最早阶段，桩代码是检查工作进展的重要技术手段。

回顾一下前文的文件删除问题，看一看怎样增强代码的易测试性。因为原始代码的目的是删除文件，所以直接进行测试比较危险。不过我们可以修改代码，确保测试安全：

```
if [[ -d $dir_name ]]; then
	if cd $dir_name; then
		echo rm * # 易测试性
	else
		echo "cannot cd to '$dir_name'" >&2
		exit 1
	fi
else
	echo "no such directory: '$dir_name'" >&2
	exit 1
fi
exit # 易测试性
```

因为错误分支已经输出了有帮助的消息，我们就不需要再添加什么了。最重要的改动是在 rm 命令之前放置了 echo 命令，使 rm 命令及其扩展后的命令参数得以显示出来，而不是执行删除操作。在代码片段的末尾，我们添加了 exit 命令来结束测试，避免执行脚本的其他部分。是否需要这么做视脚本设计而定。

我们还要添加一些注释，标记出与测试相关的改动。测试结束后，注释有助于查找和删除做出的改动。

测试用例

要想执行有效的测试，重要的是开发和应用高质量的测试用例。这要求仔细选择能反映出边角情况（edge and corner case）的输入数据和操作条件。对于我们的代码片段（算不上复杂），需要知道其在以下 3 种特定条件下的执行情况。

- dir_name 包含的是已存在的目录名。
- dir_name 包含的是不存在的目录名。
- dir_name 为空。

通过测试每种条件，可实现良好的测试覆盖面。

就像设计一样，测试也得花时间打磨。不是所有的脚本特性都得测试。确定哪些是重要的才是关键。因为有问题的代码可能会造成毁灭性的后果，所以不管是代码设计还是测试都需要仔细斟酌。

30.4 调试

如果测试发现脚本存在问题，那么下一步就是调试。“问题”，通常在某种程度上意味着脚本并没有按照程序员的预期执行。如果是这样的话，就需要仔细查明脚本究竟做了什么及其原因。查找 Bug 有时需要大量时间来推敲。

设计优良的脚本本身能够提供一些帮助。脚本应该采用防御式编程，以检测异常，同时向用户反馈有用的信息。但有时候碰到的问题特别奇怪，完全出乎意料，这时就得用到更多的技术。

30.4.1 查找问题区域

在有些脚本中，尤其是那些长脚本，有时候将其中与问题相关的部分隔离出来还是有必要的。这部分未必就是问题所在，但是往往能帮助我们发现实际原因。一种隔离代码的技术是“注释掉”（commenting out）一部分脚本。例如，我们可以修改文件删除代码片段，确定去掉的部分是否与错误有关：

```
if [[ -d $dir_name ]]; then
        if cd $dir_name; then
                rm *
        else
                echo "cannot cd to '$dir_name'" >&2
                exit 1
        fi
# else
#       echo "no such directory: '$dir_name'" >&2
#       exit 1
fi
```

通过将注释符放置在脚本逻辑片段内的各行之前，就可以阻止这部分代码被执行。再次执行测试，看一看去掉的这部分代码对 Bug 有没有什么影响。

30.4.2 跟踪

Bug 还经常表现为脚本中异常的逻辑流程。也就是说，部分脚本要么没执行，要么以错误的顺序或在错误的时刻执行了。跟踪是一种用于查看程序实际执行流程的技术。

一种跟踪技术是通过在脚本中添加能够显示执行位置的提示信息。我们可以把这些信息加入代码片段：

```
echo "preparing to delete files" >&2
if [[ -d $dir_name ]]; then
      if cd $dir_name; then
echo "deleting files" >&2
            rm *
      else
            echo "cannot cd to '$dir_name'" >&2
            exit 1
      fi
else
      echo "no such directory: '$dir_name'" >&2
      exit 1
fi
echo "file deletion complete" >&2
```

我们将信息发送至标准错误，以便与正常输出结果区分开。另外，我们也没有对包含消息的代码行进行缩进，这样在需要删除这些行的时候，更容易查找。

该脚本执行时，就可以看到已经执行了文件删除操作：

```
[me@linuxbox ~]$ deletion-script
preparing to delete files
deleting files
file deletion complete
[me@linuxbox ~]$
```

bash 还通过-x 选项和 set 命令的-x 选项提供了另一种跟踪技术。我们在前文的 trouble 脚本的第一行加入-x 选项，激活整个脚本的跟踪功能：

```
#!/bin/bash -x

# 错误：演示常见错误的脚本

number=1

if [ $number = 1 ]; then
      echo "Number is equal to 1."
else
      echo "Number is not equal to 1."
fi
```

该脚本的执行结果如下：

```
[me@linuxbox ~]$ trouble
+ number=1
+ '[' 1 = 1 ']'
+ echo 'Number is equal to 1.'
Number is equal to 1.
```

启用跟踪后，我们可以查看命令经过扩展之后的执行情况。行首的加号表示此行是跟踪显示的结果，以区别于一般的输出结果。加号是用于跟踪输出的默认字符，是由 Shell 变量 PS4（Prompt String 4）设定的。可以改变 PS4 变量的值，增强提示符的实用性。我们对变量 PS4 做出修改，在其中加入当前所跟踪代码的行号。注意，单引号用于将扩展推迟到真正使用提示符的时候：

```
[me@linuxbox ~]$ export PS4='$LINENO + '
[me@linuxbox ~]$ trouble
5 + number=1
7 + '[' 1 = 1 ']'
8 + echo 'Number is equal to 1.'
Number is equal to 1.
```

如果只是想对部分脚本进行跟踪，可以使用带有-x 选项的 set 命令：

```
#!/bin/bash

# 错误：演示常见错误的脚本

number=1

set -x # 打开跟踪
if [ $number = 1 ]; then
      echo "Number is equal to 1."
else
      echo "Number is not equal to 1."
fi
set +x # 关闭跟踪
```

我们使用 set 命令的-x 选项启用跟踪，使用+x 选项停止跟踪。这项技术可用于检查问题脚本中的多个部分。

30.4.3 在执行过程中检查值

在跟踪过程中，显示变量的值，以此了解脚本执行时的内部工作状态，往往能派上大用场。这可以通过添加 echo 语句来实现。

```
#!/bin/bash

# 错误：演示常见错误的脚本

number=1

echo "number=$number" # 调试
```

```
set -x # 打开跟踪
if [ $number = 1 ]; then
    echo "Number is equal to 1."
else
    echo "Number is not equal to 1."
fi
set +x # 关闭跟踪
```

在这个简单的例子中，我们只显示了变量 number 的值，并使用注释标记出了额外添加的行，以便于后续的识别和删除。这项技术在观察脚本中的循环和算术运算行为时尤其有用。

30.5 总结

在本章中，我们讨论了脚本开发过程中可能会碰到的几个问题。当然了，没谈到的问题还多着呢！本章讨论的技术能够帮助找到大多数常见的 Bug。调试是一门在实践中研习得来的精细技术，既能用于避免 Bug（在开发过程中持续测试），也能用于找到 Bug（有效地利用跟踪技术）。

第31章 流程控制：case 分支

本章将继续介绍流程控制。我们在第 28 章中生成了一些简单的菜单并构建了用户选择处理逻辑。因此，我们使用了一系列 if 命令来识别可能的菜单选项。这种应对逻辑经常会出现在程序中，所以很多编程语言（包括 Shell 语言）提供了专门处理多重选择的流程控制机制。

31.1 case 命令

在 Bash 中，多重选择复合命令是 case，其用法如下：

```
case word in
      [pattern [| pattern]...) commands ;;]...
esac
```

如果查看第 28 章的 read-menu 程序，可以看到用户选择处理逻辑：

```
#!/bin/bash

# read-menu: 菜单驱动的系统信息程序

clear
echo "
Please Select:

1. Display System Information
2. Display Disk Space
3. Display Home Space Utilization
0. Quit
"
read -p "Enter selection [0-3] > "

if [[ "$REPLY" =~ ^[0-3]$ ]]; then
      if [[ "$REPLY" == 0 ]]; then
            echo "Program terminated."
            exit
      fi
      if [[ "$REPLY" == 1 ]]; then
            echo "Hostname: $HOSTNAME"
            uptime
            exit
      fi
      if [[ "$REPLY" == 2 ]]; then
            df -h
            exit
      fi
      if [[ "$REPLY" == 3 ]]; then
            if [[ "$(id -u)" -eq 0 ]]; then
                  echo "Home Space Utilization (All Users)"
                  du -sh /home/*
            else
                  echo "Home Space Utilization ($USER)"
                  du -sh "$HOME"
            fi
            exit
      fi
else
      echo "Invalid entry." >&2
      exit 1
fi
```

可以使用 case 简化用户选择处理逻辑：

```
#!/bin/bash

# case-menu: 菜单驱动的系统信息程序

clear
echo "
Please Select:

1. Display System Information
2. Display Disk Space
3. Display Home Space Utilization
0. Quit
"
read -p "Enter selection [0-3] > "

case "$REPLY" in
    0)      echo "Program terminated."
            exit
            ;;
    1)      echo "Hostname: $HOSTNAME"
            uptime
            ;;
    2)      df -h
            ;;
    3)      if [[ "$(id -u)" -eq 0 ]]; then
                echo "Home Space Utilization (All Users)"
                du -sh /home/*
            else
                echo "Home Space Utilization ($USER)"
                du -sh "$HOME"
            fi
            ;;
    *)      echo "Invalid entry" >&2
            exit 1
            ;;
esac
```

case 命令查看 word 的值，在这个例子中，就是 RELPY 变量的值，然后将其与 patterns 指定的模式匹配。如果找到匹配，则执行与该模式关联的命令，之后不再尝试进行其他匹配。

31.1.1 模式

case 使用的模式与路径名扩展使用的模式一样，模式以)结尾。表 31-1 描述了

case模式示例。

表31-1 case模式示例

模式	描述
a)	如果word是a，则匹配
[[:alpha:]])	如果word是单个字母，则匹配
???)	如果word是3个字符，则匹配
*.txt)	如果word以.txt结尾，则匹配
*)	不管word是什么内容，均可匹配。将该模式作为case命令最后一个模式是一种不错的做法，可以匹配之前的模式无法匹配到的内容，也就是说，能捕获到所有的“漏网之鱼”

来看一个模式应用示例：

```
#!/bin/bash

read -p "enter word > "

case "$REPLY" in
    [[:alpha:]])    echo "is a single alphabetic character." ;;
    [ABC][0-9])     echo "is A, B, or C followed by a digit." ;;
    ???)            echo "is three characters long." ;;
    *.txt)          echo "is a word ending in '.txt'" ;;
    *)              echo "is something else." ;;
esac
```

也可以使用|作为分隔符，将多个模式组合在一起，形成“逻辑或”（or）关系的条件模式。这在同时处理大小写字母的时候很有用，例如：

```
#!/bin/bash

# case-menu: 菜单驱动的系统信息程序

clear
echo "
Please Select:

A. Display System Information
B. Display Disk Space
C. Display Home Space Utilization
Q. Quit
"
read -p "Enter selection [A, B, C or Q] > "

case "$REPLY" in
```

```
    q|Q)    echo "Program terminated."
            exit
            ;;
    a|A)    echo "Hostname: $HOSTNAME"
            uptime
            ;;
    b|B)    df -h
            ;;
    c|C)    if [[ "$(id -u)" -eq 0 ]]; then
                echo "Home Space Utilization (All Users)"
                du -sh /home/*
            else
                echo "Home Space Utilization ($USER)"
                du -sh "$HOME"
            fi
            ;;
    *)      echo "Invalid entry" >&2
            exit 1
            ;;
esac
```

31.1.2 执行多次操作

在 Bash 4.0 之前，case 只允许在成功的匹配分支上执行一次操作。操作结束后，case 命令随之终止。来看一个字符匹配脚本：

```
#!/bin/bash

# case4-1: 测试一个字符

read -n 1 -p "Type a character > "
echo
case "$REPLY" in
    [[:upper:]])    echo "'$REPLY' is upper case." ;;
    [[:lower:]])    echo "'$REPLY' is lower case." ;;
    [[:alpha:]])    echo "'$REPLY' is alphabetic." ;;
    [[:digit:]])    echo "'$REPLY' is a digit." ;;
    [[:graph:]])    echo "'$REPLY' is a visible character." ;;
    [[:punct:]])    echo "'$REPLY' is a punctuation symbol." ;;
    [[:space:]])    echo "'$REPLY' is a whitespace character." ;;
    [[:xdigit:]])   echo "'$REPLY' is a hexadecimal digit." ;;
esac
```

执行结果如下：

```
[me@linuxbox ~]$ case4-1
Type a character > a
'a' is lower case.
```

该脚本在大部分情况下管用，但如果某个字符能够匹配多个 POSIX 字符类，就不行了。例如，字符 a 既是小写字母又是字母，还是十六进制数位。在 Bash 4.0 之前，case 无法匹配多个分支。现代版本的 Bash 添加了;;&语法，允许继续测试下一个模式，因此将上述代码改写为：

```
#!/bin/bash

# case4-2: 测试一个字符

read -n 1 -p "Type a character > "
echo
case "$REPLY" in
    [[:upper:]])  echo "'$REPLY' is upper case." ;;&
    [[:lower:]])  echo "'$REPLY' is lower case." ;;&
    [[:alpha:]])  echo "'$REPLY' is alphabetic." ;;&
    [[:digit:]])  echo "'$REPLY' is a digit." ;;&
    [[:graph:]])  echo "'$REPLY' is a visible character." ;;&
    [[:punct:]])  echo "'$REPLY' is a punctuation symbol." ;;&
    [[:space:]])  echo "'$REPLY' is a whitespace character." ;;&
    [[:xdigit:]]) echo "'$REPLY' is a hexadecimal digit." ;;&
esac
```

执行结果如下：

```
[me@linuxbox ~]$ case4-2
Type a character > a
'a' is lower case.
'a' is alphabetic.
'a' is a visible character.
'a' is a hexadecimal digit.
```

有了;;&，case 就可以继续测试模式，而不再直接终止。

31.2 总结

case 命令为我们的编程技能包里又添加了一个工具。在第 32 章中会看到，它是处理某些特定类型问题的绝佳工具。

第32章

位置参数

到目前为止，我们的程序仍缺少的一项特性就是接受并处理命令行选项和参数。本章将学习允许程序访问命令行内容的Shell特性。

32.1 访问命令行

Shell提供了一组名为位置参数（positional parameters）的变量，其中包含了命令行上的各个单词。这些变量按照0～9分别命名，可以通过下列方式展示：

```
#!/bin/bash

# posit-param: 查看命令行参数的脚本

echo "
\$0 = $0
```

```
\$1 = $1
\$2 = $2
\$3 = $3
\$4 = $4
\$5 = $5
\$6 = $6
\$7 = $7
\$8 = $8
\$9 = $9
"
```

这个简单的脚本显示了变量$0～$9的值。如果执行脚本的时候没有使用命令行参数，则执行结果为：

```
[me@linuxbox ~]$ posit-param

$0 = /home/me/bin/posit-param
$1 =
$2 =
$3 =
$4 =
$5 =
$6 =
$7 =
$8 =
$9 =
```

就算没提供参数值，$0始终出现在命令行中的第一项，表示执行程序的路径。如果提供了参数值，会看到下列执行结果：

```
[me@linuxbox ~]$ posit-param a b c d

$0 = /home/me/bin/posit-param
$1 = a
$2 = b
$3 = c
$4 = d
$5 =
$6 =
$7 =
$8 =
$9 =
```

注意 能通过参数扩展访问的位置参数不止 9 个。要想指定第 9 个之后的参数，将数字放入花括号中即可，即${10}、${55}、${211}等。

32.1.1 确定参数个数

Shell 还提供了变量$#，其中包含了命令行中的参数个数：

```
#!/bin/bash

# posit-param: 查看命令行参数的脚本

echo "
Number of arguments: $#
\$0 = $0
\$1 = $1
\$2 = $2
\$3 = $3
\$4 = $4
\$5 = $5
\$6 = $6
\$7 = $7
\$8 = $8
\$9 = $9
"
```

执行结果如下：

```
[me@linuxbox ~]$ posit-param a b c d

Number of arguments: 4
$0 = /home/me/bin/posit-param
$1 = a
$2 = b
$3 = c
$4 = d
$5 =
$6 =
$7 =
$8 =
$9 =
```

32.1.2 shift——访问多个参数

如果我们像下面这样为程序指定了大量参数，那么会怎样？

```
[me@linuxbox ~]$ posit-param *

Number of arguments: 82
$0 = /home/me/bin/posit-param
$1 = addresses.ldif
$2 = bin
$3 = bookmarks.html
$4 = debian-500-i386-netinst.iso
$5 = debian-500-i386-netinst.jigdo
$6 = debian-500-i386-netinst.template
$7 = debian-cd_info.tar.gz
$8 = Desktop
$9 = dirlist-bin.txt
```

在该程序中，通配符*被扩展成82个参数，我们该怎么处理这么多参数？Shell给出了解决之道，尽管有些笨拙。每执行一次shift命令，就将所有的参数“左移一个位置”。实际上，通过shift命令，我们可以自始至终只和一个参数打交道（除了$0）：

```
#!/bin/bash

# posit-param2: 脚本显示所有参数

count=1

while [[ $# -gt 0 ]]; do
      echo "Argument $count = $1"
      count=$((count + 1))
      shift
done
```

每次执行shift，$2的值就会移入$1，然后$3的值移入$2，依此类推。与此同时，$#的值也会相应减一。

在posit-param2程序中，我们创建了一个循环，评估所剩的参数数量，只要数量不为0，循环就继续执行。在每次循环中，我们先显示当前参数；然后增加变量count的值，表示已处理过的参数数量；最后执行shift，将下一个参数的值移入$1。该程序的执行结果如下：

```
[me@linuxbox ~]$ posit-param2 a b c d
Argument 1 = a
Argument 2 = b
Argument 3 = c
Argument 4 = d
```

32.1.3 简单应用

即便没有 shift，也能利用位置参数写出实用的程序。来看一个简单的文件信息程序：

```
#!/bin/bash

# file-info: 简单文件信息程序

PROGNAME="$(basename "$0")"

if [[ -e "$1" ]]; then
      echo -e "\nFile Type:"
      file "$1"
      echo -e "\nFile Status:"
      stat "$1"
else
      echo "$PROGNAME: usage: $PROGNAME file" >&2
      exit 1
fi
```

该程序显示文件类型（取自 file 命令）和文件状态信息（取自 stat 命令）。其中一处值得注意的地方是 PROGNAME 变量，它的值是命令 basename "$0"的执行结果。basename 命令会删除路径名中的开头部分，只留下文件的基础名称。在这个例子中，basename 删除了$0 参数所包含的文件信息程序完整路径名的开头部分。这个值在构建如程序末尾的用法信息时能用得上。通过这种方法，就算程序改了名，消息也会自动调整，显示正确的程序名称。

32.1.4 在 Shell 函数中使用位置参数

位置参数既可以向 Shell 脚本传递参数，也可以向 Shell 函数传递参数。作为演示，我们将 file_info 脚本改写成 Shell 函数：

```
file_info () {

      # file_info: 函数显示文件信息

      if [[ -e "$1" ]]; then
            echo -e "\nFile Type:"
            file "$1"
            echo -e "\nFile Status:"
            stat "$1"
      else
            echo "$FUNCNAME: usage: $FUNCNAME file" >&2
```

```
        return 1
    fi
}
```

现在，如果包含 Shell 函数 file_info 的脚本以文件名作为参数调用该函数，参数就会被传入函数。

有了这种能力，我们便可以编写出很多实用的 Shell 函数，不仅能将其用在脚本中，还能将其应用于.bashrc 文件。

注意，PROGNAME 变量被改成了 Shell 变量 FUNCNAME。Shell 会自动更新该变量，以跟踪当前正在执行的 Shell 函数。$0 始终包含的是命令行中第一项（也就是程序名）的完整路径，并不包含 Shell 函数名。

32.2 批量处理位置参数

有时候批量处理所有位置参数更为实用。假设我们要为其他程序编写一个“包装器”(wrapper)，这意味着需要创建一个脚本或 Shell 函数，以简化其他程序的调用。包装器负责提供一系列晦涩的命令选项，然后将参数列表传给低层程序。

Shell 为此提供了两个特殊参数*和@，两者均可扩展成完整的位置参数列表，但其区别有些微妙。表 32-1 描述了这两个特殊参数。

表 32-1 特殊参数*和@

参数	描述
$*	扩展成从 1 开始的位置参数列表。如果它出现在双引号内部，则扩展成由双引号引用的字符串，其中包含了所有的位置参数，彼此之间以 Shell 变量 IFS 的第一个字符分隔（默认是空格符）
$@	扩展成从 1 开始的位置参数列表。如果它出现在双引号内部，则将每个位置参数扩展成独立的单词

来看一个演示这些特殊参数用法的脚本示例：

```
#!/bin/bash

# posit-params3: 演示$*和$@的脚本

print_params () {
	echo "\$1 = $1"
	echo "\$2 = $2"
	echo "\$3 = $3"
	echo "\$4 = $4"
}
```

```
pass_params () {
        echo -e "\n" '$* :'; print_params $*
        echo -e "\n" '"$*" :'; print_params "$*"
        echo -e "\n" '$@ :'; print_params $@
        echo -e "\n" '"$@" :'; print_params "$@"
}

pass_params "word" "words with spaces"
```

在这个相当复杂的脚本中，我们创建了两个参数，分别是 word 和 words with spaces，将其传入函数 pass_params。该函数将接收到的参数再传入函数 print_params，在这个过程中使用了 4 种不同的方法来处理特殊参数$*和$@。从脚本的执行结果中可以看出两者之间的差异：

```
[me@linuxbox ~]$ posit-param3

 $* :
$1 = word
$2 = words
$3 = with
$4 = spaces

 "$*" :
$1 = word words with spaces
$2 =
$3 =
$4 =

 $@ :
$1 = word
$2 = words
$3 = with
$4 = spaces

 "$@" :
$1 = word
$2 = words with spaces
$3 =
$4 =
```

使用我们选择的参数，$*和$@生成了 4 个单词：

```
word words with spaces
```

"$*"生成了 1 个单词：

```
"word words with spaces"
```

"$@"生成了 2 个单词：

```
"word" "words with spaces"
```

这符合我们的实际意图。从中得到的结论就是，在 Shell 所提供的 4 种获取位置参数列表的不同方法中，到目前为止，"$@"适用于大部分情况，因为其保留了每个位置参数的整体性。为了保证安全性，你应该坚持使用这种方法，除非你有令人信服的原因。

32.3 一个更完整的应用

我们现在要继续完善第 27 章中的 sys_info_page 程序，接下来，要为其添加一些命令行选项。

- 输出文件。该选项用于指定保存程序输出的文件名，其形式可以是-f file 或--file file。
- 交互模式。该选项提示用户输出文件并判断指定文件是否已经存在。如果存在，在覆盖已有文件之前会提示用户，其形式为-i 或--interactive。
- 帮助。该选项使程序输出用法信息，其形式为-h 或--help。

实现命令行处理的代码如下：

```
usage () {
	echo "$PROGNAME: usage: $PROGNAME [-f file | -i]"
	return
}

# 进程命令行选项

interactive=
filename=

while [[ -n "$1" ]]; do
	case "$1" in
		-f | --file)		shift
					filename="$1"
					;;
		-i | --interactive)	interactive=1
					;;
		-h | --help)		usage
					exit
					;;
```

```
        *)                          usage >&2
                                    exit 1
                                    ;;
        esac
        shift
done
```

首先，添加 Shell 函数 usage，其用于在指定帮助选项或出现未知选项时显示用法信息。

接下来，我们开始处理循环。只要位置参数$1 不为空，循环就不会停止。在循环末尾，使用 shift 命令向前移动位置参数，确保该循环最终能够停止。

在循环内部，使用 case 语句检查当前位置参数，看一看是否匹配所支持的某个选项。如果匹配，则执行相应的操作。如果发现有未知选项，则显示用法信息，终止脚本并返回错误。

-f 选项的处理方式值得注意。如果发现有该选项，会再执行一次 shift，并将-f 选项的文件名参数移入位置参数$1 中。

实现交互模式的代码如下：

```
# 交互模式

if [[ -n "$interactive" ]]; then
    while true; do
        read -p "Enter name of output file: " filename
        if [[ -e "$filename" ]]; then
            read -p "'$filename' exists. Overwrite? [y/n/q] > "
            case "$REPLY" in
                Y|y)    break
                        ;;
                Q|q)    echo "Program terminated."
                        exit
                        ;;
                *)      continue
                        ;;
            esac
        elif [[ -z "$filename" ]]; then
            continue
        else
            break
        fi
    done
fi
```

如果变量 interactive 不为空，则开启无限循环，其中包含文件名提示以及后续的已有文件处理代码。如果指定的输出文件已存在，会提示用户要么覆盖该文件，要么更改文件名，要么退出程序。如果用户选择覆盖已有文件，执行 break，停止循环。注意，case 语句只检查用户选择的是覆盖文件还是退出程序，其他选择会使循环继续执行，再次向用户发出提示信息。

为了实现指定输出文件名的功能，我们必须先将现有的写页面代码（page-writing code）改为 Shell 函数，稍后你就知道为什么要这么做了：

```
write_html_page () {
	cat <<- _EOF_
	<html>
		<head>
			<title>$TITLE</title>
		</head>
		<body>
			<h1>$TITLE</h1>
			<p>$TIMESTAMP</p>
			$(report_uptime)
			$(report_disk_space)
			$(report_home_space)
		</body>
	</html>
	_EOF_
	return
}

# 输出 HTML 页

if [[ -n "$filename" ]]; then
	if touch "$filename" && [[ -f "$filename" ]]; then
		write_html_page > "$filename"
	else
		echo "$PROGNAME: Cannot write file '$filename'" >&2
		exit 1
	fi
else
	write_html_page
fi
```

处理-f 选项的逻辑位于上述代码的结尾部分。其中，我们测试了文件是否存在，如果存在，再测试文件是否可写。为此，执行 touch 命令并检验生成的文件是否为普通文件。这两处测试分别考虑到了输入的路径是否无效（touch 会执行失败）以及如果文件已存在，其是否为普通文件。

可以看到，实际生成页面时调用了 write_html_page 函数，该函数的输出被传入标准输出（如果 filename 变量为空）或重定向到指定文件。因为 HTML 代码有两个可能的目的地，因此有必要将 write_html_page 转换为 Shell 函数，以避免冗余代码。

32.4 总结

有了位置参数，我们现在能够写出功能更强的脚本。例如，对于重复性任务，我们可以利用位置参数编写实用 Shell 函数，并将其放入用户的.bashrc 文件。

sys_info_page 程序已经变得越来越复杂，下面给出了完整的代码并着重标出了最新的改动：

```
#!/bin/bash

# sys_info_page: 程序输出系统显示页

PROGNAME="$(basename "$0")"
TITLE="System Information Report For $HOSTNAME"
CURRENT_TIME="$(date +"%x %r %Z")"
TIMESTAMP="Generated $CURRENT_TIME, by $USER"

report_uptime () {
	cat <<- _EOF_
		<h2>System Uptime</h2>
		<pre>$(uptime)</pre>
		_EOF_
	return
}

report_disk_space () {
	cat <<- _EOF_
		<h2>Disk Space Utilization</h2>
		<pre>$(df -h)</PRE>
		_EOF_
	return
}

report_home_space () {
	if [[ "$(id -u)" -eq 0 ]]; then
		cat <<- _EOF_
			<h2>Home Space Utilization (All Users)</h2>
			<pre>$(du -sh /home/*)</pre>
			_EOF_
	else
		cat <<- _EOF_
```

```
                    <h2>Home Space Utilization ($USER)</h2>
                    <pre>$(du -sh "$HOME")</pre>
                    _EOF_
        fi
        return
}

usage () {
        echo "$PROGNAME: usage: $PROGNAME [-f file | -i]"
        return
}

write_html_page () {
        cat <<- _EOF_
        <html>
                <head>
                        <title>$TITLE</title>
                </head>
                <body>
                        <h1>$TITLE</h1>
                        <p>$TIMESTAMP</p>
                        $(report_uptime)
                        $(report_disk_space)
                        $(report_home_space)
                </body>
        </html>
        _EOF_
        return
}

# 进程命令行选项

interactive=
filename=

while [[ -n "$1" ]]; do
    case "$1" in
        -f | --file)          shift
                              filename="$1"
                              ;;
        -i | --interactive)   interactive=1
                              ;;
        -h | --help)          usage
                              exit
                              ;;
```

```
        *)                      usage >&2
                                exit 1
                                ;;
    esac
    shift
done

# 交互模式

if [[ -n "$interactive" ]]; then
    while true; do
        read -p "Enter name of output file: " filename
        if [[ -e "$filename" ]]; then
            read -p "'$filename' exists. Overwrite? [y/n/q] > "
            case "$REPLY" in
                Y|y)    break
                        ;;
                Q|q)    echo "Program terminated."
                        exit
                        ;;
                *)      continue
                        ;;
            esac
        elif [[ -z "$filename" ]]; then
            continue
        else
            break
        fi
    done
fi

# 输出 HTML 页

if [[ -n "$filename" ]]; then
    if touch "$filename" && [[ -f "$filename" ]]; then
        write_html_page > "$filename"
    else
        echo "$PROGNAME: Cannot write file '$filename'" >&2
        exit 1
    fi
else
    write_html_page
fi
```

该程序还不完善，有几处地方仍有改善的空间。

第33章

流程控制：for 循环

这是流程控制部分的最后一章，在本章中我们将介绍另一种 Shell 循环构件。与 while 和 until 循环不同，for 循环能够在循环期间处理序列，这使其在编程时颇有用处，因此也成为 Bash 脚本编程中的常用构件。

for 循环自然是通过 for 复合语句实现的。在 Bash 中，for 有两种形式。

33.1 for 的传统形式

for 的传统形式如下：

```
for variable [in words]; do
    commands
done
```

其中，variable 是在循环期间递增的变量名，words 是一个可选的条目列表，各个条目会被依次赋给 variable，command 是在每次循环迭代时要执行的命令。

for 在命令行中也可以发挥作用。我们通过一个简单的例子来演示其工作方式：

```
[me@linuxbox ~]$ for i in A B C D; do echo $i; done
A
B
C
D
```

在这个例子中，for 得到了一个包含 4 个单词（A、B、C、D）的列表，因此该循环会执行 4 次。每次循环时，其中一个单词就会被赋给变量 i。在循环内部，echo 命令显示变量 i 的值。与 while 和 until 循环一样，关键字 done 用于结束循环。

for 真正的强大之处在于创建单词列表的多种方式。例如，可以使用花括号扩展来创建：

```
[me@linuxbox ~]$ for i in {A..D}; do echo $i; done
A
B
C
D
```

也可以使用路径名扩展来创建：

```
[me@linuxbox ~]$ for i in distros*.txt; do echo "$i"; done
distros-by-date.txt
distros-dates.txt
distros-key-names.txt
distros-key-vernums.txt
distros-names.txt
distros.txt
distros-vernums.txt
distros-versions.txt
```

路径名扩展提供的路径名列表清晰整齐，可以在循环中进行处理。要注意检查路径名扩展是否的确有匹配，在默认情况下，如果路径名扩展未能匹配到任何文件，则返回通配符本身（在这个例子中，就是 distros*.txt）。为了防范这种情况，我们要在脚本中加入相应的代码：

```
for i in distros*.txt; do
      if [[ -e "$i" ]]; then
            echo "$i"
      fi
done
```

通过加入文件存在测试，就能忽略失败的扩展。

另一种创建单词列表的常见方法是命令替换：

```
#!/bin/bash

# longest-word: 在文件中查找长字符串

while [[ -n "$1" ]]; do
	if [[ -r "$1" ]]; then
		max_word=
		max_len=0
		for i in $(strings "$1"); do
			len="$(echo -n "$i" | wc -c)"
			if (( len > max_len )); then
				max_len="$len"
				max_word="$i"
			fi
		done
		echo "$1: '$max_word' ($max_len characters)"
	fi
	shift
done
```

在这个例子中，我们要查找文件中最长的字符串。如果在命令行中指定了一个或多个文件名，该程序会使用 strings（包含在 GNU binutils 软件包内）生成每个文件中可读的文本“单词”列表。for 循环依次处理各个单词，确定当前单词是否为目前最长的。当循环结束时，显示出找到的最长单词。

有一处地方要注意，不同于惯常的实践，我们这次并没有将命令替换$(strings "$1")放入双引号中。这是因为我们正是想要对命令替换的结果进行单词分割，以此得到单词列表。如果加上了双引号，得到的就只是一个包含了文件中所有字符串的单个单词，这可不是我们想要的。

如果忽略了 for 命令中可选的 in words 部分，则默认处理位置参数。我们来按照这种方法修改脚本 longest-word：

```
#!/bin/bash

# longest-word2: 在文件中查找长字符串

for i; do
	if [[ -r "$i" ]]; then
```

```
            max_word=
            max_len=0
            for j in $(strings "$i"); do
                len="$(echo -n "$j" | wc -c)"
                if (( len > max_len )); then
                    max_len="$len"
                    max_word="$j"
                fi
            done
            echo "$i: '$max_word' ($max_len characters)"
        fi
done
```

可以看出，我们将外围的 while 循环改成了 for 循环。由于忽略了 for 命令中的单词列表部分，因此循环转而处理位置参数。在循环内部，先前的变量 i 被修改成了变量 j。另外，末尾的 shift 也用不上了。

为什么要用 i

你也许已经注意到上述每个 for 循环示例中选用的变量都是 i，这是为什么呢？其实除了沿用惯例之外，也没什么特别原因。for 可以使用任何有效变量，只不过 i 是最常用的，然后就是 j 和 k。

这种惯例源自 Fortran。在 Fortran 中，以字母 I、J、K、L、M 开头的未声明变量自动被归类为整数，而以其他字母开头的变量被归类为实数（带小数的数字）。这就促使程序员在需要临时变量（通常用作循环变量）的时候使用变量 I、J、K，毕竟这样比较省事。

33.2 for 的 C 语言形式

最近的 Bash 加入了另一种 for 形式，其与 C 语言中的 for 形式类似，很多其他编程语言也支持这种形式：

```
for (( expression1; expression2; expression3 )); do
    commands
done
```

其中，expression1、expression2、expression3 都是算术表达式，commands 是在每次循环时执行的命令。

就其功能而言，这种形式等价于：

```
(( expression1 ))
while (( expression2 )); do
      commands
      (( expression3 ))
done
```

expression1 用于初始化循环条件，expression2 用于确定循环何时结束，expression3 在每次循环末尾执行。

下面是 for 的 C 语言形式的典型应用：

```
#!/bin/bash

# simple_counter: 演示 C 风格的命令

for (( i=0; i<5; i=i+1 )); do
      echo $i
done
```

执行结果如下：

```
[me@linuxbox ~]$ simple_counter
0
1
2
3
4
```

在这个例子中，expression1 使用 0 初始化变量 i；expression2 在 i 的值小于 5 时，允许循环继续执行；expression3 在每次循环时将 i 的值加 1。

只要需要数值序列，C 语言形式的 for 就能派上用场。在第 33 章和第 34 章中，我们还会多次看到 for 的相关应用。

33.3 总结

学习了 for 命令之后，我们就可以对 sys_info_page 脚本进行最终的改进了。report_home_space 函数目前是这样的：

```
report_home_space () {
      if [[ "$(id -u)" -eq 0 ]]; then
            cat <<- _EOF_
                  <h2>Home Space Utilization (All Users)</h2>
```

```
            <pre>$(du -sh /home/*)</pre>
            _EOF_
    else
        cat <<- _EOF_
            <h2>Home Space Utilization ($USER)</h2>
            <pre>$(du -sh "$HOME")</pre>
            _EOF_
    fi
    return
}
```

接下来，我们要对其进行重写，以提供有关各个用户主目录的更多细节信息，包含其中的文件和子目录的总量：

```
report_home_space () {

    local format="%8s%10s%10s\n"
    local i dir_list total_files total_dirs total_size user_name

    if [[ "$(id -u)" -eq 0 ]]; then
        dir_list=/home/*
        user_name="All Users"
    else
        dir_list="$HOME"
        user_name="$USER"
    fi

    echo "<h2>Home Space Utilization ($user_name)</h2>"

    for i in $dir_list; do

        total_files="$(find "$i" -type f | wc -l)"
        total_dirs="$(find "$i" -type d | wc -l)"
        total_size="$(du -sh "$i" | cut -f 1)"

        echo "<h3>$i</h3>"
        echo "<pre>"
        printf "$format" "Dirs" "Files" "Size"
        printf "$format" "----" "-----" "----"
        printf "$format" "$total_dirs" "$total_files" "$total_size"
        echo "</pre>"
    done
```

```
    return
}
```

这次重写运用了我们到目前为止学到的知识。虽然该函数仍要测试超级用户，但不再执行 if 语句中的一整套操作，而是设置了一些随后用于 for 循环的变量。此外，我们还在函数中加入了若干局部变量并使用 printf 格式化部分输出。

第34章 字符串与数字

计算机程序完全就是在和数据打交道。在前文中，我们关注的是文件层面的数据处理，但很多编程问题需要使用字符串和数字这种更小的数据来解决。

在本章中，我们将介绍一些用于操作字符串和数字的 Shell 特性。Shell 提供了各种能够执行字符串操作的参数扩展。除了算术扩展（第 7 章介绍过），还有一个众所周知的命令行程序 bc，它可以执行高阶数学运算。

34.1 参数扩展

尽管我们早在第 7 章就已经接触过参数扩展，但当时并未对其进行详细说明，因为大多数的参数扩展并不用于命令行，而是出现在脚本中。我们已经见识过一些形式的参数扩展，例如 Shell 变量，除此之外，参数扩展还有很多其他形式。

注意 如果没有什么特殊原因，把参数扩展放入双引号是一种不错的做法，我们应该坚持使用这种做法，这样可以避免出现意想不到的单词分割。在处理文件名的时候尤为如此，因为文件名中经常会含有空格符和其他字符。

34.1.1 基本参数

日常使用的变量就是参数扩展最简单的形式，例如：

```
$a
```

扩展结果就是变量 a 所包含的值。简单的参数也可以在两侧加上花括号：

```
${a}
```

这并不会影响扩展结果，但如果变量紧挨着其他文本，花括号就不能少了，否则可能会对 Shell 造成混淆。在下面的例子中，我们尝试通过在变量 a 的值之后追加字符串_file，以此创建文件名称：

```
[me@linuxbox ~]$ a="foo"
[me@linuxbox ~]$ echo "$a_file"
```

如果执行上述命令，变量 a 的值不会有任何变化，因为 Shell 尝试扩展的是变量 a_file，而不是变量 a。在“真正的”变量名两侧添加花括号就可以解决这个问题：

```
[me@linuxbox ~]$ echo "${a}_file"
foo_file
```

大于 9 的位置参数也可以通过在数字两侧添加花括号来访问。例如，要想访问第 11 个位置参数，可以这样：

```
${11}
```

34.1.2 管理空变量扩展

有些参数扩展用于处理不存在变量或空变量，这类扩展在处理位置参数缺失以及为参数设置默认值的时候非常方便。来看一个这样的扩展：

```
${parameter:-word}
```

如果 parameter 未设置（也就是不存在）或为空，则使用 word 作为扩展结果。如果 parameter 不为空，则使用 parameter 的值作为扩展结果。例如：

```
[me@linuxbox ~]$ foo=
[me@linuxbox ~]$ echo ${foo:-"substitute value if unset"}
substitute value if unset
[me@linuxbox ~]$ echo $foo

[me@linuxbox ~]$ foo=bar
[me@linuxbox ~]$ echo ${foo:-"substitute value if unset"}
bar
[me@linuxbox ~]$ echo $foo
bar
```

再看另一个扩展，其中使用等号代替了连字符：

```
${parameter:=word}
```

如果parameter未设置或为空，则使用word作为扩展结果，除此之外，还将word赋给parameter。如果parameter不为空，则使用parameter的值作为扩展结果。例如：

```
[me@linuxbox ~]$ foo=
[me@linuxbox ~]$ echo ${foo:="default value if unset"}
default value if unset
[me@linuxbox ~]$ echo $foo
default value if unset
[me@linuxbox ~]$ foo=bar
[me@linuxbox ~]$ echo ${foo:="default value if unset"}
bar
[me@linuxbox ~]$ echo $foo
bar
```

注意 位置参数和其他特殊参数不能用这种方法复制。

这次我们改用问号：

```
${parameter:?word}
```

如果 parameter 未设置或为空，该扩展会使脚本退出并返回错误信息，word会被发送至标准错误。如果parameter不为空，则使用parameter的值作为扩展结果。例如：

```
[me@linuxbox ~]$ foo=
[me@linuxbox ~]$ echo ${foo:?"parameter is empty"}
bash: foo: parameter is empty
[me@linuxbox ~]$ echo $?
1
[me@linuxbox ~]$ foo=bar
[me@linuxbox ~]$ echo ${foo:?"parameter is empty"}
bar
[me@linuxbox ~]$ echo $?
0
```

改用加号：

```
${parameter:+word}
```

如果parameter未设置或为空，则扩展结果为空。如果parameter不为空，则使用word作为扩展结果；不过，parameter的值保持不变。例如：

```
[me@linuxbox ~]$ foo=
[me@linuxbox ~]$ echo ${foo:+"substitute value if set"}

[me@linuxbox ~]$ foo=bar
[me@linuxbox ~]$ echo ${foo:+"substitute value if set"}
substitute value if set
```

34.1.3 返回变量名的扩展

Shell 还能返回变量名，这项功能仅在一些非常特殊的情况下才会用到：

```
${!prefix*}
${!prefix@}
```

该扩展返回以 prefix 开头的现有变量名。根据 Bash 文档，这两种扩展形式的效果是一样的。在下面的例子中，我们列出了所有以 BASH 开头的环境变量：

```
[me@linuxbox ~]$ echo ${!BASH*}
BASH BASH_ARGC BASH_ARGV BASH_COMMAND BASH_COMPLETION BASH_COMPLETION_DIR
BASH_LINENO BASH_SOURCE BASH_SUBSHELL BASH_VERSINFO BASH_VERSION
```

34.1.4 字符串操作

有为数不少的一组扩展可用于字符串操作，其中很多扩展尤其适用于处理路径名。例如：

```
${#parameter}
```

该扩展结果为 parameter 所包含的字符串的长度。parameter 通常是字符串，但如果 parameter 是@或*，则扩展结果为位置参数的个数：

```
[me@linuxbox ~]$ foo="This string is long."
[me@linuxbox ~]$ echo "'$foo' is ${#foo} characters long."
'This string is long.' is 20 characters long.
```

下列扩展用于提取 parameter 所包含字符串的其中一部分：

```
${parameter:offset}
${parameter:offset:length}
```

提取位置从字符串开头起的 offset 个字符处开始，一直到字符串结束（除非指定了 length）：

```
[me@linuxbox ~]$ foo="This string is long."
[me@linuxbox ~]$ echo ${foo:5}
string is long.
```

```
[me@linuxbox ~]$ echo ${foo:5:6}
string
```

如果 offset 为负值，则表示从字符串结尾开始。注意，如果是负值的话，一定要在前面加一个空格符，以免和${parameter:-word}扩展混淆。如果指定了 length，其必须不小于 0。如果 parameter 是@，则扩展结果是从 offset 开始的 length 位置参数：

```
[me@linuxbox ~]$ foo="This string is long."
[me@linuxbox ~]$ echo ${foo: -5}
long.
[me@linuxbox ~]$ echo ${foo: -5:2}
lo
```

下列扩展会从 parameter 所包含的字符串首部开始，删除符合模式 pattern 的部分：

```
${parameter#pattern}
${parameter##pattern}
```

pattern 类似于路径名扩展中使用的通配符模式。这两种形式之间的差别在于#删除的是最短匹配，而##删除的是最长匹配：

```
[me@linuxbox ~]$ foo=file.txt.zip
[me@linuxbox ~]$ echo ${foo#*.}
txt.zip
[me@linuxbox ~]$ echo ${foo##*.}
zip
```

下列扩展和上面的#和##扩展一样，除了是从 parameter 所包含的字符串结尾开始删除：

```
${parameter%pattern}
${parameter%%pattern}
```

来看下面的例子：

```
[me@linuxbox ~]$ foo=file.txt.zip
[me@linuxbox ~]$ echo ${foo%.*}
file.txt
[me@linuxbox ~]$ echo ${foo%%.*}
file
```

下列扩展对 parameter 所包含的字符串执行“搜索—替换”操作：

```
${parameter/pattern/string}
${parameter//pattern/string}
${parameter/#pattern/string}
${parameter/%pattern/string}
```

如果找到了匹配通配符 pattern 的文本，将其替换为 string。在通常形式下，只替换匹配 pattern 的第一处文本。//形式要求替换匹配 pattern 的所有文本，/#形式要求从字符串首部开始匹配，/%形式要求从字符串结尾开始匹配。不管是哪种形式，都可以忽略/string，其效果是删除 pattern 所匹配的文本。

```
[me@linuxbox ~]$ foo=JPG.JPG
[me@linuxbox ~]$ echo ${foo/JPG/jpg}
jpg.JPG
[me@linuxbox ~]$ echo ${foo//JPG/jpg}
jpg.jpg
[me@linuxbox ~]$ echo ${foo/#JPG/jpg}
jpg.JPG
[me@linuxbox ~]$ echo ${foo/%JPG/jpg}
JPG.jpg
```

字符串操作扩展可以取代 sed 和 cut 等常见命令。有了扩展，就不再需要使用外部程序，从而提高了脚本的效率。作为演示，我们将修改第 34 章的 longest-word 程序，使用参数扩展${#j}取代命令替换$(echo -n $j | wc -c)及其产生的子 Shell：

```
#!/bin/bash

# longest-word3: 从文件中查找长字符串

for i; do
      if [[ -r "$i" ]]; then
            max_word=
            max_len=0
            for j in $(strings $i); do
                  len="${#j}"
                  if (( len > max_len )); then
                        max_len="$len"
                        max_word="$j"
                  fi
            done
            echo "$i: '$max_word' ($max_len characters)"
      fi
done
```

接下来，使用 time 命令比较两个版本的效率：

```
[me@linuxbox ~]$ time longest-word2 dirlist-usr-bin.txt
dirlist-usr-bin.txt: 'scrollkeeper-get-extended-content-list' (38 characters)

real	0m3.618s
user	0m1.544s
sys	0m1.768s
[me@linuxbox ~]$ time longest-word3 dirlist-usr-bin.txt
dirlist-usr-bin.txt: 'scrollkeeper-get-extended-content-list' (38 characters)

real	0m0.060s
user	0m0.056s
sys	0m0.008s
```

原始版本耗费了 3.618s 扫描文本文件，而使用了参数扩展的新版本只用了 0.06s，效率改善惊人。

34.1.5 大小写转换

Bash有4种参数扩展和2个declare命令选项，它们可以支持字符串的大小写转换。

那么，大小写转换有什么用？除了显而易见的美观因素，这种转换在编程中还扮演着一个重要的角色。假设用户在某个待查询的数据库字段中输入了一个字符串，用户输入的可能全部是大写字母，也可能全部是小写字母，或者是大小写字母的组合。我们肯定不愿意在数据库里存入各种大小写字母的组合。该怎么办？

解决此问题的常用方法是规范用户输入。也就是说，在进行数据库查询之前，将用户输入转换为标准形式。因此，我们可以把输入中的所有字符都转换为小写或大写，确保以相同的方式对数据库条目进行规范化。

declare 命令可以按照大写字母或小写字母规范化字符串。利用 declare，我们能够强制变量始终使用所需的格式，不管为其分配的是什么：

```
#!/bin/bash

# ul-declare: 通过声明演示案例转换

declare -u upper
declare -l lower

if [[ $1 ]]; then
	upper="$1"
	lower="$1"
	echo "$upper"
	echo "$lower"
fi
```

在该脚本中，我们使用 declare 创建了两个变量：upper 和 lower。然后，将第一个命令行参数（位置参数 1）的值赋给二者并显示其内容。

```
[me@linuxbox ~]$ ul-declare aBc
ABC
abc
```

可以看出，命令行参数（aBc）已经被规范化了。

除了 declare，还有 4 种参数扩展也可以执行大小写转换，如表 34-1 所示。

表 34-1 大小写转换参数扩展

格式	结果
${parameter,,pattern}	将 parameter 的值扩展为小写。pattern 是一个可选的 Shell 模式，用于限制哪些字符（例如[A-F]）会被转换。有关模式的完整描述，参见 Bash 手册页
${parameter,pattern}	扩展 parameter 的值，仅将第一个字符扩展为小写
${parameter^^pattern}	将 parameter 的值全部扩展为大写
${parameter^pattern}	扩展 parameter 的值，仅将第一个字符扩展为大写

下列脚本演示了这些扩展：

```
#!/bin/bash

# ul-param: 通过参数展开演示案例转换

if [[ "$1" ]]; then
      echo "${1,,}"
      echo "${1,}"
      echo "${1^^}"
      echo "${1^}"
fi
```

执行结果如下：

```
[me@linuxbox ~]$ ul-param aBc
abc
aBc
ABC
ABc
```

我们还是处理第一个命令行参数并输出 4 种参数扩展的结果。尽管脚本使用的是第一个位置参数，但 parameter 也可以是字符串、变量或者字符串表达式。

34.2 算术求值与扩展

我们在第 7 章介绍了用于执行各种整数算术操作的算术扩展，其基本形式如下：

```
$((expression))
```

其中，expression 是一个有效的算术表达式。

这与我们在第 27 章中讲过的用于算术求值（逻辑真假测试）的复合命令(())有关。

我们先前学习过一些常见的表达式和操作符，接下来，将对其进行更全面的了解。

34.2.1 数字基数

在第 9 章，我们介绍了八进制（以 8 为基数）和十六进制（以 16 为基数）。在算术表达式中，Shell 支持任意基数的整数常量。表 34-2 列出了用于指定特定基数的表示法。

表 34-2 指定特定基数的表示法

表示法	描述
number	在默认情况下，不带任何符号的数字被视为十进制（以 10 为基数）整数
0number	在算术表达式中，以 0 开头的数字被视为八进制数
0xnumber	十六进制数
base#number	base 进制的 number

来看一个例子：

```
[me@linuxbox ~]$ echo $((0xff))
255
[me@linuxbox ~]$ echo $((2#11111111))
255
```

在该例中，我们输出了十六进制数 ff（最大的两位十六进制数）的十进制值以及最大的 8 位二进制（以 2 为基数）数的十进制值。

34.2.2 一元操作符

有两个一元操作符：+和-。两者分别用于指明数字是正数还是负数，例如-5。

34.2.3 简单算术

表 34-3 列出了普通的算术操作符。

表 34-3 算术操作符

操作符	描述
+	加法
-	减法
*	乘法
/	除法
**	求幂
%	求模（求余数）

其中大多数算术操作符的作用不言自明，不过除法和求模需要进一步讨论。

因为 Shell 的算术操作仅适用于整数，除法的结果永远是整数：

```
[me@linuxbox ~]$ echo $(( 5 / 2 ))
2
```

这使确定除法操作的余数更加重要：

```
[me@linuxbox ~]$ echo $(( 5 % 2 ))
1
```

通过使用除法和求模操作，我们确定了 5 除以 2 的商为 2，余数为 1。

求模在循环中用得上，它使操作在循环过程中按照特定的间隔执行。在下面的例子中，我们显示了一行数字，将其中 5 的倍数重点标出：

```
#!/bin/bash

# modulo: 演示模运算符

for ((i = 0; i <= 20; i = i + 1)); do
      remainder=$((i % 5))
      if (( remainder == 0 )); then
            printf "<%d> " "$i"
      else
            printf "%d " "$i"
      fi
done
printf "\n"
```

脚本执行结果如下：

```
[me@linuxbox ~]$ modulo
<0> 1 2 3 4 <5> 6 7 8 9 <10> 11 12 13 14 <15> 16 17 18 19 <20>
```

34.2.4 赋值

虽然这种用法并非显而易见，不过算术表达式确实可以进行赋值。赋值操作我们已经执行过多次。给变量分配值就是赋值。我们也可以在算术表达式中完成同样的操作：

```
[me@linuxbox ~]$ foo=
[me@linuxbox ~]$ echo $foo

[me@linuxbox ~]$ if (( foo = 5 )); then echo "It is true."; fi
It is true.
[me@linuxbox ~]$ echo $foo
5
```

在该例中，我们先为变量 foo 赋空值并核实是否为空。接下来，使用复合命令((foo = 5))执行 if。在这个过程中有两件值得注意的事：先为变量 foo 赋值 5，然后将结果评估为真，因为赋给 foo 的值是一个非 0 值。

注意 记住上述表达式中=的确切含义很重要。单个=执行赋值操作，foo = 5 表示“使 foo 等于 5”。而==用于判断等量关系，foo == 5 表示“foo 是否等于 5”。这是很多编程语言的一个常见特性。在 Shell 中，情况可能让人有点儿困惑，因为 test 命令使用=判断字符串是否相等。这也正是使用更加现代的复合命令[[ ]]和(( ))代替 test 的另一个原因。

除了=，Shell 还提供了其他操作符，它们也可用于执行一些非常实用的赋值操作，如表 34-4 所示。

表 34-4 赋值操作符

表示法	描述
parameter = value	简单赋值。将 value 赋给 parameter
parameter += value	相加。等同于 parameter = parameter + value
parameter -= value	相减。等同于 parameter = parameter - value
parameter *= value	相乘。等同于 parameter = parameter * value
parameter /= value	整除。等同于 parameter = parameter / value
parameter %= value	求模。等同于 parameter = parameter % value
parameter++	变量后增量（post-increment）。等同于 parameter = parameter + 1
parameter—	变量后减量（post-decrement）。等同于 parameter = parameter - 1
++parameter	变量前增量（pre-increment）。等同于 parameter = parameter + 1
--parameter	变量前减量（pre-decrement）。等同于 parameter = parameter - 1

这些赋值操作符为很多常见算术任务提供了一种便捷的方式，其中尤为值得注意的是增量（++）和减量（--）操作符，两者会将其操作数的值增 1 或减 1。这种风格的操作符取自 C 语言，已经被包括 Bash 在内的很多编程语言采用。

这两种操作符既可以出现在操作数之前，也可以出现在操作数之后。虽然增量或减量都是 1，但操作符所在的位置却存在着微妙的差异。如果操作符在操作数的前面，操作数在返回之前先增加（或减少）。如果操作符在操作数的后面，操作数在返回之后再增加（或减少）。这种行为非常奇怪，但却是有意为之的。下面是一个示例：

```
[me@linuxbox ~]$ foo=1
[me@linuxbox ~]$ echo $((foo++))
1
[me@linuxbox ~]$ echo $foo
2
```

如果给变量 foo 赋值 1，然后使用之后的操作符++增加其值，foo 的返回值为 1。但如果再查看该变量的值，会发现值已经增加。如果将操作符++置于操作数之前，我们就能得到更符合期望的行为：

```
[me@linuxbox ~]$ foo=1
[me@linuxbox ~]$ echo $((++foo))
2
[me@linuxbox ~]$ echo $foo
2
```

对于绝大多数 Shell 应用，前置操作符最为实用。

操作符++和--通常与循环配合使用。我们接下来要对求模脚本做一些改进，使其更加紧凑：

```
#!/bin/bash

# modulo2: 演示模运算符

for ((i = 0; i <= 20; ++i )); do
      if (((i % 5) == 0 )); then
            printf "<%d> " "$i"
      else
            printf "%d " "$i"
      fi
done
printf "\n"
```

34.2.5 位操作

位操作符以少见的方式操作数字，它们工作在二进制位层面。位操作符用于某些低层任务，通常涉及设置或读取位标志（参见表 34-5）。

表 34-5 位操作符

操作符	描述
~	按位取反。将一个数的所有位全部取反
<<	按位左移。将一个数的所有位向左移动
>>	按位右移。将一个数的所有位向右移动
&	按位 AND。对两个数的所有位执行 AND 操作
|	按位 OR。对两个数的所有位执行 OR 操作
^	按位 XOR。对两个数的所有位执行 XOR 操作

注意，除了按位取反，其他所有的位操作都有对应的赋值操作符（例如，<<=）。

下面我们来演示利用<<操作符生成一系列 2 的幂：

```
[me@linuxbox ~]$ for ((i=0;i<8;++i)); do echo $((1<<i)); done
1
2
4
8
16
32
64
128
```

34.2.6 逻辑操作

我们在第 27 章中讲过，复合命令(())支持各种比较操作符，其可用于逻辑评估。表 34-6 提供了比较操作符清单。

表 34-6 比较操作符

操作符	描述
<=	小于或等于
>=	大于或等于
<	小于
>	大于
==	等于
!=	不等于

续表

操作符	描述
&&	逻辑 AND
||	逻辑 OR
expr1?expr2:expr3	三元比较操作符。如果表达式 expr1 不为 0（算术真值），求值 expr2；否则，求值 expr3

当用于逻辑操作时，表达式遵循算术逻辑；也就是说，求值为 0 的表达式被视为假，求值非 0 的表达式被视为真。复合命令(())将其结果映射为 Shell 正常的退出状态值：

```
[me@linuxbox ~]$ if ((1)); then echo "true"; else echo "false"; fi
true
[me@linuxbox ~]$ if ((0)); then echo "true"; else echo "false"; fi
false
```

最特殊的逻辑操作符就是三元操作符（ternary operator），该操作符（模仿了 C 语言中的同名操作符）执行独立的逻辑测试，可以作为某种 if/then/else 语句使用。它作用于 3 个算术表达式（不适用于字符串），如果第 1 个表达式为真（或者非 0），执行第 2 个表达式。否则，执行第 3 个表达式。我们可以在命令行中尝试：

```
[me@linuxbox ~]$ a=0
[me@linuxbox ~]$ ((a<1?++a:--a))
[me@linuxbox ~]$ echo $a
1
[me@linuxbox ~]$ ((a<1?++a:--a))
[me@linuxbox ~]$ echo $a
0
```

我们在此看到了三元操作符的实际运作。这个例子实现了切换效果（toggle），每执行一次操作，变量 a 的值就在 0 和 1 之间来回切换。

需要注意的是，表达式中的赋值操作并没有那么简单、直接。如果你尝试赋值，Bash 会报错：

```
[me@linuxbox ~]$ a=0
[me@linuxbox ~]$ ((a<1?a+=1:a-=1))
bash: ((: a<1?a+=1:a-=1: attempted assignment to non-variable (error token is "-=1")
```

这个问题可以通过将赋值表达式放入括号内来解决：

```
[me@linuxbox ~]$ ((a<1?(a+=1):(a-=1)))
```

接下来是一个更为复杂的例子，其中使用算术操作符生成了一个简单的数字表：

```
#!/bin/bash

# arith-loop: 演示算术运算符的脚本

finished=0
a=0
printf "a\ta**2\ta**3\n"
printf "=\t====\t====\n"

until ((finished)); do
      b=$((a**2))
      c=$((a**3))
      printf "%d\t%d\t%d\n" "$a" "$b" "$c"
      ((a<10?++a:(finished=1)))
done
```

在这个脚本中，我们根据变量 finished 的值实现了 until 循环。最初，该变量被设置为 0（算术假值），继续执行循环，直到变量不为 0。在循环中，我们计算计数变量 a 的平方和立方。在循环结尾时，评估计数变量的值，如果其小于 10（最大迭代次数），增加 1；否则，将 1 赋给变量 finished，使之成为算术真值，从而终止循环。脚本执行结果如下：

```
[me@linuxbox ~]$ arith-loop
a       a**2     a**3
=       ====     ====
0       0        0
1       1        1
2       4        8
3       9        27
4       16       64
5       25       125
6       36       216
7       49       343
8       64       512
9       81       729
10      100      1000
```

34.3 bc——任意精度计算器语言

我们已经看到了 Shell 能够处理多种种类的整数运算，但如果需要执行更高级的数学运算，甚至是浮点数呢运算？答案是：办不到，至少无法用 Shell 直接实现。为此，我们要用到一个外部程序。有几种方法可以采用。嵌入 Perl 或 AWK 是一种可能的解决方案，不过遗憾的是，这已超出了本书的知识范围。

另一种方法是使用专门的计算器程序。bc是在大多数Linux系统中能找到的计算器程序。

bc读取采用类似于C语言的语言编写的脚本并执行。bc脚本可以是单独的文件，也可以从标准输入中读取。bc支持包括变量、循环、自定义函数在内的大量特性。我们不打算在此事无巨细地对其展开详述，仅进行简单的介绍，具体可参见bc的手册页。

先来看一个简单的例子。我们要写一个执行2+2的bc脚本：

```
/* 一个简单的bc脚本 */

2 + 2
```

脚本第一行是注释。bc使用的注释语法和C语言一样。使用/*和*/作为注释的开头和结尾，可以使注释跨越多行。

34.3.1 使用bc

将上面的bc脚本保存为foo.bc，按照下列方法执行：

```
[me@linuxbox ~]$ bc foo.bc
bc 1.06.94
Copyright 1991-1994, 1997, 1998, 2000, 2004, 2006 Free Software Foundation, Inc.
This is free software with ABSOLUTELY NO WARRANTY.
For details type 'warranty'.
4
```

仔细查看，可以在底部的版权信息之后找到计算结果。-q选项可以禁止显示这些版权信息。

bc也可以交互使用：

```
[me@linuxbox ~]$ bc -q
2 + 2
4
quit
```

在bc的交互式用法中，我们只用简单地输入想要计算的算式，计算结果就会立刻显示出来。bc的quit命令可以结束交互会话。

也可以通过标准输入将脚本传入bc：

```
[me@linuxbox ~]$ bc < foo.bc
4
```

能从标准输入获取输入意味着我们能够使用here document、here string、管道将脚本传入 bc。下面是一个使用了 here string 的例子：

```
[me@linuxbox ~]$ bc <<< "2+2"
4
```

34.3.2 示例脚本

作为真实示例，我们将构建一个脚本来完成按月偿还贷款这项常见的计算任务。在下列脚本中，采用 here document 将 bc 脚本传入 bc：

```
#!/bin/bash

# loan-calc: 计算按月偿还的贷款

PROGNAME="${0##*/}" # 使用参数扩展来获取返回路径的文件名

usage () {
	cat <<- EOF
	Usage: $PROGNAME PRINCIPAL INTEREST MONTHS

	Where:

	PRINCIPAL is the amount of the loan.
	INTEREST is the APR as a number (7% = 0.07).
	MONTHS is the length of the loan's term.

	EOF
}

if (($# != 3)); then
	usage
	exit 1
fi

principal=$1
interest=$2
months=$3

bc <<- EOF
	scale = 10
	i = $interest / 12
	p = $principal
	n = $months
	a = p * ((i * ((1 + i) ^ n)) / (((1 + i) ^ n) - 1))
	print a, "\n"
EOF
```

执行结果如下：

```
[me@linuxbox ~]$ loan-calc 135000 0.0775 180
1270.7222490000
```

本例计算了贷款总额为$135000 的月支付额，其中，贷款期为 180 个月（15 年），年利率为 7.75%。注意计算结果的精度，这是由 bc 脚本中的特殊变量 scale 指定的。bc 的手册页中完整地描述了 bc 脚本编程语言。虽然其数学表示法与 Shell 略有不同（bc 脚本编程语言更接近于 C 语言），但就目前我们所学的内容而言，两者相差不多。

34.4 总结

在本章中，我们学到了不少可在脚本中完成“实际工作”的小技能。随着我们的脚本编程经验的增长，能够有效地操作字符串和数字绝对是加分项。loan-calc 脚本用事实证明了哪怕是简单的脚本也有自己的用武之地。

第35章

数组

在第 34 章中，我们介绍了 Shell 如何操作字符串和数字。到目前为止，我们学过的变量，用计算机术语来说，都是标量变量（scalar variable）；也就是说，这种变量只包含单个值。

我们在本章将介绍另一种可用于保存多个值的数据类型：数组。所有编程语言中都少不了数组，Shell 语言也不例外，只不过支持程度非常有限。即便如此，在解决某些编程问题时，数组也能发挥大作用。

35.1 什么是数组

数组是一种可以一次存放多个值的变量，其组织形式类似于表格。以电子表格为例，电子表格就像一个二维数组，它由行和列组成，根据行与列的地址就可以定位其中的单元格。数组的工作方式也是这样，数组中的单元格叫作元素，每个元素都含有数据。数组元素可以通过索引来访问。

大多数编程语言支持多维数组。电子表格是包含宽度和高度两个维度的多维数组。不少编程语言支持任意维度的数组，不过用得最多的可能是二维和三维数组。

Bash 中的数组是一维的，我们可以将其想象为单列的电子表格。即便有此限制，数组仍有不少方面的应用。在 Bash 2 中首次引入了对数组的支持，最初的 UNIX Shell 程序 sh 并不支持数组。

35.1.1 创建数组

数组变量和其他 Bash 变量一样，在访问数组变量时会自动创建。例如：

```
[me@linuxbox ~]$ a[1]=foo
[me@linuxbox ~]$ echo ${a[1]}
foo
```

在这里，我们演示了数组元素的赋值和访问。在第一个命令中，数组 a 的第一个元素被赋值 foo。第二个命令显示了第一个元素的值，其中的花括号是为了避免 Shell 试图对数组元素名执行路径名扩展。

也可以使用 declare 命令创建数组：

```
[me@linuxbox ~]$ declare -a a
```

通过-a 选项，declare 创建了数组 a。

35.1.2 为数组赋值

为数组赋值有两种方法，单个值可以使用下列方法：

```
name[subscript]=value
```

其中，name 是数组名，subscript 是一个大于或等于 0 的整数(或者算术表达式)。注意，数组的第一个元素的索引是 0，而非 1。value 是赋给该元素的字符串或整数。

多个值可以使用下列方法：

```
name=(value1 value2 ...)
```

其中，name 是数组名，value 是依次赋给数组元素（从元素 0 开始）的一系列值。例如，如果我们想将一周中各天的缩写赋给数组 days，可以这么做：

```
[me@linuxbox ~]$ days=(Sun Mon Tue Wed Thu Fri Sat)
```

也可以通过指定各个值的索引，将值赋给特定元素：

```
[me@linuxbox ~]$ days=([0]=Sun [1]=Mon [2]=Tue [3]=Wed [4]=Thu [5]=Fri [6]=Sat)
```

35.1.3 访问数组元素

数组有什么用？就像电子表格程序可以执行很多数据管理任务一样，不少编程任务也可以使用数组来完成。

来看一个简单的数据采集和呈现示例。我们打算编写一个检查指定目录中文件修改时间的脚本 Hour。根据这些数据，输出一个表格，显示文件最后一次修改的小时数。该脚本可用于判断什么时候系统最为活跃。脚本 hours 的执行结果如下：

```
[me@linuxbox ~]$ hours .
Hour  Files  Hour  Files
----  -----  ----  -----
00    0      12    11
01    1      13    7
02    0      14    1
03    0      15    7
04    1      16    6
05    1      17    5
06    6      18    4
07    3      19    4
08    1      20    1
09    14     21    0
10    2      22    0
11    5      23    0

Total files = 80
```

在执行这个脚本时，指定当前工作目录为目标目录，最终生成的表格显示了一天的每个小时（0～23）中有多少文件被改动。相关代码如下：

```
#!/bin/bash

# hours: 对文件的修改时间进行计数
usage () {
      echo "usage: ${0##*/} directory" >&2
}

# 检查参数是否是一个目录
if [[ ! -d "$1" ]]; then
      usage
      exit 1
fi

# 初始化数组
for i in {0..23}; do hours[i]=0; done

# 收集数据
for i in $(stat -c %y "$1"/* | cut -c 12-13); do
      j="${i#0}"
      ((++hours[j]))
```

```
    ((++count))
done

# 显示数据
echo -e "Hour\tFiles\tHour\tFiles"
echo -e "----\t-----\t----\t-----"
for i in {0..11}; do
    j=$((i + 12))
    printf "%02d\t%d\t%02d\t%d\n" \
        "$i" \
        "${hours[i]}" \
        "$j" \
        "${hours[j]}"
done
printf "\nTotal files = %d\n" $count
```

该脚本由一个函数（usage）和包含4部分的主体代码组成。在第一部分中，我们检查是否指定了命令行参数以及该参数是否为目录。如果不是，则显示用法信息并退出脚本。

第二部分将数组hours的所有元素赋值为0，完成数组的初始化。数组在使用之前并不是必须做预处理，但是我们的脚本需要确保所有元素不为空。注意循环的构建方式。利用花括号扩展{0..23}，我们可以轻松地产生for命令所需的单词序列。

第三部分通过对目录中的每个文件执行stat命令来采集数据。我们使用cut从结果中提取占两个数位的小时数。在循环内部，需要删除小时数的前导0，因为Shell会尝试将值00～09解释为八进制数。接下来，增加对应于小时数的数组元素值。最后，增加计数器（count）的值，跟踪目录中的总文件数量。

第四部分显示数组内容。首先输出表头，然后进入循环，生成4列输出。最后，显示总文件数量。

35.2 数组操作

很多常见的数组操作，例如确定数组元素的数量、删除数组、数组排序等，在脚本编程中有诸多应用。

35.2.1 输出数组的全部内容

索引*和@可用于访问数组的所有元素。和位置参数一样，但@更实用一些。来看下面的演示：

```
[me@linuxbox ~]$ animals=("a dog" "a cat" "a fish")
[me@linuxbox ~]$ for i in ${animals[*]}; do echo $i; done
a
dog
a
cat
a
fish
[me@linuxbox ~]$ for i in ${animals[@]}; do echo $i; done
a
dog
a
cat
a
fish
[me@linuxbox ~]$ for i in "${animals[*]}"; do echo $i; done
a dog a cat a fish
[me@linuxbox ~]$ for i in "${animals[@]}"; do echo $i; done
a dog
a cat
a fish
```

我们创建了数组 animals 并为其赋值了 3 个长度为 2 个单词的字符串，接着执行了 4 个循环，观察单词分割对数组内容的效果。如果不使用引号，${animals[*]}和${animals[@]}的效果一样。*表示法会产生一个包含数组全部内容的单词，而@表示法会产生 3 个长度为 2 个单词的字符串，这正是数组“真正的”内容。

35.2.2 确定数组元素的数量

通过参数扩展，我们可以使用类似获取字符串长度的方式来确定数组中元素的数量。来看一个例子：

```
[me@linuxbox ~]$ a[100]=foo
[me@linuxbox ~]$ echo ${#a[@]} # number of array elements
1
[me@linuxbox ~]$ echo ${#a[100]} # length of element 100
3
```

我们创建了数组 a，将字符串 foo 赋值给数组元素 100。接着，使用@表示法，通过参数扩展检查数组长度。最后，查看包含字符串 foo 的数组元素 100 的长度。注意，在为数组元素 100 赋值字符串的时候，Bash 报告该数组只有一个元素。这和有些编程语言的不一样，后者会将未使用的数组元素（元素 0～99）初始化为空并纳入统计范围。在 Bash 中，数组元素仅在被赋值的时候才存在，无论其索引是什么。

35.2.3　查找数组使用的索引

在为数组元素赋值时，Bash 允许数组中出现“间隙”。有时候我们需要确定哪些数组元素是存在的，这可以通过参数扩展来做到：

```
${!array[*]}
${!array[@]}
```

其中，array 是数组变量名。和使用*和@等表达式一样，出现在双引号中的@最为实用，因为这种形式会扩展成多个独立的单词：

```
[me@linuxbox ~]$ foo=([2]=a [4]=b [6]=c)
[me@linuxbox ~]$ for i in "${foo[@]}"; do echo $i; done
a
b
c
[me@linuxbox ~]$ for i in "${!foo[@]}"; do echo $i; done
2
4
6
```

35.2.4　向数组尾部添加元素

如果我们需要向数组尾部添加元素，那么即便知道数组元素个数也没什么用，因为*和@返回的值无法告诉我们数组的最大索引是多少。幸运的是，Shell 提供了相应的解决方法。通过赋值操作符+=，可以自动将值添加到数组尾部。在下面的例子中，我们先将 3 个值赋给数组 foo，再追加 3 个：

```
[me@linuxbox ~]$ foo=(a b c)
[me@linuxbox ~]$ echo ${foo[@]}
a b c
[me@linuxbox ~]$ foo+=(d e f)
[me@linuxbox ~]$ echo ${foo[@]}
a b c d e f
```

35.2.5　数组排序

和电子表格一样，经常会需要对数组排序。Shell 并没有提供直接的排序方法，不过稍微写点儿代码就可以轻松实现排序：

```
#!/bin/bash

# array-sort: 对数组排序

a=(f e d c b a)
```

```
echo "Original array: ${a[@]}"
a_sorted=($(for i in "${a[@]}"; do echo $i; done | sort))
echo "Sorted array:   ${a_sorted[@]}"
```

执行结果如下：

```
[me@linuxbox ~]$ array-sort
Original array: f e d c b a
Sorted array:   a b c d e f
```

该脚本利用命令替换技巧,将原始数组(a)的内容复制到另一个数组(a_sorted)。通过更改命令管道设计，这个技巧可用于多种数组操作。

35.2.6 删除数组

unset 命令可以删除数组：

```
[me@linuxbox ~]$ foo=(a b c d e f)
[me@linuxbox ~]$ echo ${foo[@]}
a b c d e f
[me@linuxbox ~]$ unset foo
[me@linuxbox ~]$ echo ${foo[@]}

[me@linuxbox ~]$
```

unset 也可用于删除单个数组元素：

```
[me@linuxbox ~]$ foo=(a b c d e f)
[me@linuxbox ~]$ echo ${foo[@]}
a b c d e f
[me@linuxbox ~]$ unset 'foo[2]'
[me@linuxbox ~]$ echo ${foo[@]}
a b d e f
```

在这个例子中，我们删除了数组的第 3 个元素（索引为 2)。记住，数组元素从索引 0 开始，而不是 1！另外还要注意，一定要把数组元素引用起来，以免 Shell 执行路径名扩展。

有意思的是，对数组赋空值并不会清空其内容。

```
[me@linuxbox ~]$ foo=(a b c d e f)
[me@linuxbox ~]$ foo=
[me@linuxbox ~]$ echo ${foo[@]}
b c d e f
```

引用数组变量时如果不使用索引，则引用的是索引为0的数组元素。

```
[me@linuxbox ~]$ foo=(a b c d e f)
[me@linuxbox ~]$ echo ${foo[@]}
a b c d e f
[me@linuxbox ~]$ foo=A
[me@linuxbox ~]$ echo ${foo[@]}
A b c d e f
```

35.3 关联数组

Bash 4.0及以上版本支持关联数组。关联数组使用字符串，而非整数作为数组索引。这种能力引入了一些有意思的数据管理方法。例如，我们可以创建一个名为colors的数组，使用颜色名称作为索引：

```
declare -A colors
colors["red"]="#ff0000"
colors["green"]="#00ff00"
colors["blue"]="#0000ff"
```

和整数索引数组不同，后者只需通过引用就能得以创建，而关联数组必须使用declare命令的-A选项创建。访问关联数组元素的方法和整数索引数组大同小异。

```
echo ${colors["blue"]}
```

在第36章中，我们会介绍一个充分利用关联数组来生成报告的脚本。

35.4 总结

如果我们在Bash手册页中搜索单词array，会发现很多搜索结果中有Bash使用数组的身影。尽管其中多数用法都相当晦涩艰深，但在某些特殊情况下，指不定也能派上用场。事实上，数组在Shell编程中远未得到充分利用，主要原因在于传统的UNIX Shell程序（如sh）不支持数组。这实在是一种遗憾，因为数组在其他编程语言中应用广泛，是解决很多编程问题的“利器”。

数组和循环之间存在一种天然连接，通常都会配合使用。下面这种形式的循环尤为适合计算数组索引：

```
for ((expr; expr; expr))
```

第36章 其他命令

终于来到了 Linux 之旅的最后一站，我们将在这里讨论一些其他命令。尽管前文已经涵盖了大量的基础知识，可是仍有不少的 Bash 特性我们尚未触及。其中大部分颇为难懂，主要对那些负责将 Bash 集成入 Linux 发行版的用户有用。但还有少数特性，尽管也不常用，但它们对于解决特定的编程问题还是有帮助的。在本章中，我们就来讲一讲它们。

36.1 分组命令与子 Shell

Bash 允许命令分组，有两种实现命令分组的方法：分组命令和子 Shell。

分组命令的用法如下：

```
{ command1; command2; [command3; ...] }
```

子 Shell 的用法如下：

```
(command1; command2; [command3;...])
```

这两种方法的区别在于分组命令使用花括号划分命令，而子 Shell 使用括号。

注意，Bash 实现分组命令的方式要求，必须用空格符将花括号与命令分隔开，闭合花括号之前的最后一个命令必须以分号或换行符终止，这一点非常重要。

那么，分组命令和子 Shell 有什么好处？尽管两者存在重要差异，但都能用于管理重定向。考虑下列对多个命令进行重定向的脚本片段：

```
ls -l > output.txt
echo "Listing of foo.txt" >> output.txt
cat foo.txt >> output.txt
```

代码相当直观，3 个命令都将输出重定向到 output.txt。利用分组命令，可以这样改写：

```
{ ls -l; echo "Listing of foo.txt"; cat foo.txt; } > output.txt
```

子 Shell 的写法类似：

```
(ls -l; echo "Listing of foo.txt"; cat foo.txt) > output.txt
```

利用这项技术，能让我们少敲键盘。但是，分组命令或子 Shell 真正的闪光点体现在使用管道的时候。如果要构建命令管道，将多个命令的结果合并成单一流往往更实用。分组命令或子 Shell 可以轻松实现，例如：

```
{ ls -l; echo "Listing of foo.txt"; cat foo.txt; } | lpr
```

在这里，我们合并了 3 个命令的输出并通过管道将其传给 lpr 的输入，生成报告。

在下面的脚本中，你会看到分组命令，还有可与关联数组配合使用的多种编程技术。这个脚本名为 array-2，如果指定了目录名，它会输出该目录中的文件列表以及文件的属主和属组。在列表结尾处，脚本还会输出属主和属组所拥有的文件总数。对目录/usr/bin 执行该脚本的结果如下（为简洁起见，对内容做了删减）：

```
[me@linuxbox ~]$ array-2 /usr/bin
/usr/bin/2to3-2.6                          root      root
/usr/bin/2to3                              root      root
/usr/bin/a2p                               root      root
/usr/bin/abrowser                          root      root
/usr/bin/aconnect                          root      root
/usr/bin/acpi_fakekey                      root      root
/usr/bin/acpi_listen                       root      root
/usr/bin/add-apt-repository                root      root
--snip--
/usr/bin/zipgrep                           root      root
/usr/bin/zipinfo                           root      root
```

```
/usr/bin/zipnote                              root    root
/usr/bin/zip                                  root    root
/usr/bin/zipsplit                             root    root
/usr/bin/zjsdecode                            root    root
/usr/bin/zsoelim                              root    root

File owners:
Daemon    :    1 file(s)
root      : 1394 file(s)

File group owners:
crontab   :    1 file(s)
daemon    :    1 file(s)
lpadmin   :    1 file(s)
mail      :    4 file(s)
mlocate   :    1 file(s)
root      : 1380 file(s)
shadow    :    2 file(s)
ssh       :    1 file(s)
tty       :    2 file(s)
utmp      :    2 file(s)
```

脚本内容（附带行号）如下：

```
1     #!/bin/bash
2
3     # array-2: 使用数组来记录文件所有者
4
5     declare -A files file_group file_owner groups owners
6
7     if [[ ! -d "$1" ]]; then
8         echo "Usage: array-2 dir" >&2
9         exit 1
10    fi
11
12    for i in "$1"/*; do
13        owner="$(stat -c %U "$i")"
14        group="$(stat -c %G "$i")"
15        files["$i"]="$i"
16        file_owner["$i"]="$owner"
17        file_group["$i"]="$group"
18        ((++owners[$owner]))
19        ((++groups[$group]))
20    done
21
```

```
22      # 列出收集的文件
23      { for i in "${files[@]}"; do
24          printf "%-40s %-10s %-10s\n" \
25              "$i" "${file_owner["$i"]}" "${file_group["$i"]}"
26      done } | sort
27      echo
28
29      # 列出所有者
30      echo "File owners:"
31      { for i in "${!owners[@]}"; do
32          printf "%-10s: %5d file(s)\n" "$i" "${owners["$i"]}"
33      done } | sort
34      echo
35
36      # 列出组
37      echo "File group owners:"
38      { for i in "${!groups[@]}"; do
39          printf "%-10s: %5d file(s)\n" "$i" "${groups["$i"]}"
40      done } | sort
```

让我们来看一看这个脚本的具体内容。

第 5 行：关联数组必须使用 declare 命令的-A 选项创建。在该脚本中，我们创建了如下 5 个数组。

- files 包含目录中各个文件的名称，以文件名作为索引。
- file_group 包含各个文件的属组，以文件名作为索引。
- file_owner 包含各个文件的属主，以文件名作为索引。
- groups 包含属于索引属组（indexed group）的文件数量。
- owners 包含属于索引属主（indexed owner）的文件数量。

第 7～10 行：检查以位置参数形式传入的目录名是否有效。如果无效，则显示用法信息，返回退出状态值 1 并退出脚本。

第 12～20 行：循环遍历目录中的文件。第 13～14 行使用 stat 命令提取文件的属主和属组并使用文件名作为数组索引，第 16～17 行将其分别保存在相应的数组中。与此类似，文件名本身保存在 file 数组中（第 15 行）。

第 18～19 行：属于文件属主和属组的文件总数递增 1。

第 22～27 行：输出文件列表。通过使用"${array[@]}"参数扩展，将数组扩展成元素列表，每个数组元素都被视为独立的单词。这使文件名中可以包含嵌入的空白字符。另外要注意，整个循环都出现在花括号中，因而形成了分组命令。如此一来，就可以将循环的整个输出通过管道传给 sort 命令。由于扩展后的数组元素是无序的，所以有必要进行排序。

第 29～40 行：这两个循环和文件列表循环差不多，除了使用的是"${!array[@]}"

参数扩展，其扩展结果为数组索引列表，而非数组元素列表。

进程替换

虽然分组命令和子 Shell 看起来相似，并且都可以用来为重定向合并数据流，但两者存在一处重要的差异。分组命令在当前 Shell 中执行命令，而子 Shell（正如名称所示）则在当前 Shell 的副本中执行命令。这意味着要复制当前 Shell 的环境以创建一个新的 Shell 实例。当子 Shell 退出时，环境副本也随之消失，对子 Shell 环境（包括变量赋值）所做出的任何改动同样也会丢失。因此在大多数情况下，除非脚本需要子 Shell，否则，分组命令是更为可取的选择。分组命令不仅更快，而且需要的内存也更少。

我们在第 28 章中了解了子 Shell 环境存在的问题，当时发现管道中的 read 命令并未按照预想工作。回顾一下，如果我们构建这样的管道：

```
echo "foo" | read
echo $REPLY
```

REPLY 变量的内容始终为空，因为 read 命令是在子 Shell 中执行的，所以当子 Shell 退出时，其中的 REPLY 也随之销毁。

由于管道中的命令总是在子 Shell 中执行的，因此任何对变量赋值的命令都会有此问题。幸运的是，Shell 提供了一种叫作进程替换的独特扩展形式，它可以解决这个问题。

进程替换有两种书写形式。

对于产生标准输出的进程，形式如下：

```
<(list)
```

对于从标准输入处获取输入的进程，形式如下：

```
>(list)
```

其中，list 是命令列表。

要想解决 read 命令的问题，我们可以像这样使用进程替换：

```
read < <(echo "foo")
echo $REPLY
```

进程替换允许我们将子 Shell 的输出结果视为普通文件，以便进行重定向。事实上，输出结果是扩展结果，我们可以查看其真正的值，例如：

```
[me@linuxbox ~]$ echo <(echo "foo")
/dev/fd/63
```

使用echo查看扩展结果，可以看到子Shell的输出结果是由名为/dev/fd/63的文件提供的。

进程替换通常结合包含read的循环使用。来看一个read循环示例，该循环用来处理子Shell创建的目录列表：

```
#!/bin/bash

# pro-sub: 进程替换演示

while read attr links owner group size date time filename; do
    cat << EOF
        Filename:   $filename
        Size:       $size
        Owner:      $owner
        Group:      $group
        Modified:   $date $time
        Links:      $links
        Attributes: $attr

EOF
done < <(ls -l | tail -n +2)
```

循环执行read，读取目录列表的每一行。列表本身是由脚本的最后一行生成的，该行将进程替换的输出重定向到循环的标准输入。进程替换管道内的tail命令清除了目录列表中的第一行。

脚本的执行结果如下：

```
[me@linuxbox ~]$ pro-sub | head -n 20
Filename:   addresses.ldif
Size:       14540
Owner:      me
Group:      me
Modified:   2009-04-02 11:12
Links:      1
Attributes: -rw-r--r—

Filename:   bin
Size:       4096
Owner:      me
Group:      me
Modified:   2009-07-10 07:31
Links:      2
Attributes: drwxr-xr-x

Filename:   bookmarks.html
```

```
Size:        394213
Owner:       me
Group:       me
```

36.2 陷阱

在第 10 章中，我们知道了程序是如何响应信号的。同样，我们也可以将这种功能添加到自己的脚本中。虽然到目前为止，我们所写的脚本还用不着这么做（因为其执行时间都很短，也不会创建临时文件），但对更大、更复杂的脚本而言，信号处理例程还是有用武之地的。

在我们设计复杂的大型脚本时，要考虑到当脚本正在执行的时候，用户选择注销或关闭计算机会出现什么情况，这一点非常重要。如果发生这种事件，所有受影响的进程都会接收到信号。进而，由代表这些进程的程序负责执行相应的操作，确保进程正确有序地结束。假设我们编写了一个脚本，它会在执行期间创建临时文件。在良好的设计中，脚本会在结束工作时删除该临时文件。如果接收到信号，表明程序要提前结束，好的做法是让脚本删除临时文件。

Bash 为此提供了一种称为陷阱（trap）的机制。陷阱是由名称对应的内建命令 trap 实现的，该命令的用法如下：

```
trap argument signal [signal...]
```

其中，argument 是被作为命令读取的字符串，signal 是信号名称，会触发执行相应的信号处理命令。

下面是一个示例：

```
#!/bin/bash

# trap-demo: 简单信号处理演示

trap "echo 'I am ignoring you.'" SIGINT SIGTERM

for i in {1..5}; do
      echo "Iteration $i of 5"
      sleep 5
done
```

该脚本定义了一个陷阱，在脚本执行期间，只要接收到 SIGINT 或 SIGTERM 信号就执行 echo 命令。

当用户按 Ctrl-C 组合键尝试中断脚本执行的时候，执行结果如下所示：

```
[me@linuxbox ~]$ trap-demo
Iteration 1 of 5
Iteration 2 of 5
^CI am ignoring you.
Iteration 3 of 5
^CI am ignoring you.
Iteration 4 of 5
Iteration 5 of 5
```

可以看到，每次用户尝试中断程序，脚本就会输出消息。

构建字符串来形成命令序列未免也太烦琐了，常见做法是指定 Shell 函数作为命令。在这个例子中，为每个信号指定了 Shell 函数：

```
#!/bin/bash

# trap-demo2: 简单信号处理演示

exit_on_signal_SIGINT () {
	echo "Script interrupted." 2>&1
	exit 0
}

exit_on_signal_SIGTERM () {
	echo "Script terminated." 2>&1
	exit 0
}

trap exit_on_signal_SIGINT SIGINT
trap exit_on_signal_SIGTERM SIGTERM

for i in {1..5}; do
	echo "Iteration $i of 5"
	sleep 5
done
```

该脚本中包含两个 trap 命令，分别对应一个信号。每个陷阱都指定了在接收到特定信号时执行哪个 Shell 函数。注意各个信号处理函数中的 exit 命令。如果没有 exit，脚本执行完函数后不会停止。

当用户在脚本执行过程中按 Ctrl-C 组合键，会显示下列执行结果：

```
[me@linuxbox ~]$ trap-demo2
Iteration 1 of 5
Iteration 2 of 5
^CScript interrupted.
```

临时文件

删除执行过程中所创建的用于保存中间结果的临时文件，这是在脚本中加入信号处理程序的原因之一。给临时文件命名是有讲究的。类 UNIX 系统中的程序会在专门的共享目录/tmp 中创建临时文件，但由于这是一个共享目录，不免存在某些安全隐患，尤其是对于那些拥有超级用户权限的程序。除为所有用户皆可访问的文件设置适当的权限之外，还需要让临时文件名无法预测，这可以避免临时文件竞争攻击（temp race attack）。创建一个不可预测（但仍具有描述意义）的临时文件名的方法如下：

```
tempfile=/tmp/$(basename $0).$$.$RANDOM
```

这样创建出的临时文件名由程序名、进程 ID（PID）以及随机整数组成。注意，Shell 变量$RANDOM 仅返回范围为 1～32767 的值。从计算机的角度来看，这个取值范围不算大，只用单个变量并不足以抵挡攻击。

更好的方法是使用 mktemp 程序（和标准库函数 mktemp 不同）命名和创建临时文件。mktemp 可以接受模板作为参数来构建临时文件名。该模板应该包括一系列 X 字符，这些字符会被相应的随机字母和数字代替。X 字符越多，随机字符也就越多。来看一个例子：

```
tempfile=$(mktemp /tmp/foobar.$$.XXXXXXXXXX)
```

这就创建了一个临时文件，同时将其名称赋给了变量 tempfile。随机字母和数字代替了模板中的字符 X。因此，最终的临时文件名（在本例中，还包含由特殊参数$$扩展后得到的 PID）可能如下：

```
/tmp/foobar.6593.UOZuvM6654
```

对于普通用户执行的脚本，最好避免使用/tmp 目录，而使用下列代码在用户主目录中创建的临时文件目录：

```
[[ -d $HOME/tmp ]] || mkdir $HOME/tmp
```

36.3 使用 wait 实现异步执行

我们有时候希望能够同时执行多个任务。所有的现代系统即便不支持多用户，但最起码也是支持多任务的。脚本也可以按照多任务的行为方式来构造。

这往往涉及启动脚本（父脚本），然后在这个父脚本执行的同时再启动一个或

多个子脚本，负责完成其他任务。但如果按照这种方式执行多个脚本，如何保持父脚本和子脚本之间的协作就成了问题。也就是说，如果父脚本或子脚本依赖对方，一个脚本在完成自己的任务之前必须等待另一个脚本完成它的任务，那该怎么办？

Bash 提供了内建命令 wait 来帮助管理异步执行（asynchronous execution）。该命令可以使父脚本在指定进程（也就是子脚本）结束之前先暂停执行。作为例子，我们需要两个脚本。第一个是父脚本：

```
#!/bin/bash

# async-parent: 异步执行演示（父脚本）

echo "Parent: starting..."

echo "Parent: launching child script..."
async-child &
pid=$!
echo "Parent: child (PID= $pid) launched."

echo "Parent: continuing..."
sleep 2

echo "Parent: pausing to wait for child to finish..."
wait "$pid"

echo "Parent: child is finished. Continuing..."
echo "Parent: parent is done. Exiting."
```

第二个是子脚本：

```
#!/bin/bash

# async-child: 异步执行演示（子脚本）

echo "Child: child is running..."
sleep 5
echo "Child: child is done. Exiting."
```

在这个例子中，可以看到子脚本并不复杂，真正的操作是由父脚本执行的。在父脚本中，启动子脚本并将其置入后台，使用 Shell 变量$!的值（总是包含最近置入后台的作业的 PID）将子脚本的 PID 保存在 pid 变量中。

父脚本继续执行，随后执行带有子脚本 PID 的 wait 命令。这使父脚本一直暂停到子脚本退出为止，这时父脚本也随之结束。

父脚本和子脚本在执行时产生下列执行结果：

```
[me@linuxbox ~]$ async-parent
Parent: starting...
Parent: launching child script...
Parent: child (PID= 6741) launched.
Parent: continuing...
Child: child is running...
Parent: pausing to wait for child to finish...
Child: child is done. Exiting.
Parent: child is finished. Continuing...
Parent: parent is done. Exiting.
```

36.4 具名管道

在大多数类 UNIX 系统中，可以创建一种叫作具名管道（named pipe）的特殊类型文件。具名管道可用于在两个进程之间形成连接，也可以像其他类型文件那样使用。虽然具名管道应用不多，但了解它总是好事。

客户端—服务器（client-server）是一种常见的编程架构，它可以使用具名管道这样的通信手段，也可以使用网络连接这样的进程间通信手段。

应用最为广泛的客户端—服务器系统自然是Web服务器和与之通信的Web浏览器。Web 浏览器作为客户端，向 Web 服务器发出请求，Web 服务器使用网页来响应浏览器。

具名管道的用法类似于文件，是一种先进先出（First-In First-Out，FIFO）的缓冲区。和普通的（不具名）管道一样，数据从一端进，从另一端出。具名管道可以像这样设置：

```
process1 > named_pipe
```

也可以这样：

```
process2 < named_pipe
```

其行为如同：

```
process1 | process2
```

36.4.1 创建具名管道

创建具名管道可以使用 mkfifo 命令来完成：

```
[me@linuxbox ~]$ mkfifo pipe1
[me@linuxbox ~]$ ls -l pipe1
prw-r--r-- 1 me    me    0 2018-07-17 06:41 pipe1
```

这里，我们使用 mkfifo 创建了一个名为 pipe1 的具名管道。使用 ls 检查该文件，可以看到属性字段的首字母是 p，表明这是具名管道。

36.4.2 使用具名管道

为了掩饰具名管道的工作方式，我们需要两个终端（或者两个虚拟控制台）。在第一个终端中，输入一个简单命令并将其输出重定向到具名管道：

```
[me@linuxbox ~]$ ls -l > pipe1
```

按 Enter 键之后，命令看起来似乎挂起了。这是因为尚未接收到来自具名管道另一端的数据。出现这种情况时，我们称具名管道被阻塞了。只要我们将进程挂载到具名管道的另一端并开始从具名管道中读取输入，它立刻就畅通了。在第二个终端中，我们输入下列命令：

```
[me@linuxbox ~]$ cat < pipe1
```

在第一个终端中产生的目录列表作为 cat 命令的输出结果，出现在了第二个终端中。只要具名管道不再阻塞，第一个终端中的 ls 命令就顺利结束执行了。

36.5 总结

我们的旅程终于结束了！现在唯一要做的事情就是练习、练习、再练习。尽管我们一路来已经学习了不少东西，但这也仅仅触及了命令行的“皮毛”而已，还有数以千计的命令行程序留待我们去发现和探索。就从/usr/bin 开始吧，你一定会有收获的！